Philipp G. Axt
Thomas Höfer
Klaus Vestner (Hrsg.)
BAYREUTHER INITIATIVE für Wirtschaftsökologie e. V.

Ökologische Gesellschaftsvisionen

*Kritische Gedanken
am Ende des Jahrtausends*

Mit Beiträgen von
Franz Alt
Thilo Bode
Ludwig Bölkow
Andreas Troge
u. a.

Springer Basel AG

Die Deutsche Bibliothek – CIP-Einheitsaufnahme

Ökologische Gesellschaftsvisionen : kritische Gedanken am Ende des
Jahrtausends / Bayreuther Initiative für Wirtschaftsökologie e.V. (Hrsg.).
  ISBN 978-3-7643-5417-6   ISBN 978-3-0348-6021-5 (eBook)
  DOI 10.1007/978-3-0348-6021-5
NE: Axt, Philipp [Hrsg.]

Gedruckt auf säurefreiem Papier, hergestellt aus chlorfrei gebleichtem Zellstoff.
TCF ∞
Umschlaggestaltung: Matlik und Schelenz, Essenheim

ISBN 978-3-7643-5417-6

9 8 7 6 5 4 3 2 1

Für
Gerhard Gollnick,
Ken Saro-Wiwa und
den Zimmermannssohn aus Nazareth

Inhalt

Visionen einer neuen Mobilität

Visionen für die Energie der Zukunft

Anhang

Prolog

Dieses Buch ist ein anderes Buch. Es wurde nicht wie die meisten Bücher geschrieben. Dieses Buch wurde gesprochen.

Auf Einladung der BAYREUTHER INITIATIVE für Wirtschaftsökologie e. V. fanden sich im Sommersemester 1995 namhafte Vertreter aus Gesellschaft, Politik und Wirtschaft an der Universität Bayreuth ein. Unter dem Titel «5 vor 2000 – Ökologische Gesellschafts- und Unternehmensvisionen» schilderten sie ihre persönliche Sicht und stellten Strategien für eine ökologische Zukunft Deutschlands und der Welt vor. Darunter befinden sich provokante Thesen und Aussagen, die zum Nachdenken und Hinterfragen anregen. Der Zuspruch bei der Bevölkerung, den Studenten, den Professoren, den Dozenten und den Medien war größer als erwartet, und an die Vorträge schlossen sich engagierte Diskussionen an.

Die Vorträge wurden aufgezeichnet und werden, um ihre Dynamik zu erhalten, so originalgetreu wie möglich wiedergegeben. Deshalb ist dieses Buch ein ungewöhnliches Buch.

Der individuelle Stil der einzelnen Beiträge macht seinen besonderen Reiz aus und hebt es von üblichen schriftlichen Werken ab. Die kritischen Fragen eines umweltbewußten Publikums zwangen die Referenten, Farbe zu bekennen. Sie offenbarten mehr aus ihrer Forschung und Praxis, als sie es in einem schriftlichen Beitrag getan hätten. Die interessantesten Fragen und Antworten der Diskussionen sind in das Buch übernommen worden.

In den Kapiteln Gesellschaft, Marktwirtschaft, Mobilität und Energie wird leichtverständlich ein breites Themenfeld abgedeckt. Brennpunkte der öffentlichen Debatte, wie beispielsweise der «Brent Spar»-Konflikt, wurden ebenfalls diskutiert und in das Buch aufgenommen.

Den Referaten sind kurze Einleitungen mit Gedanken von Professoren der Universität Bayreuth vorangestellt. Diese zeigen neue Blickwinkel auf und beleuchten damit die fachübergreifende Bedeutung des Themas Ökologie.

Am Ende des Buches findet sich eine Liste mit Literatur, die die angesprochenen Themen vertieft.

Dieses Werk wäre nicht entstanden ohne die Hilfe und das Engagement vieler Menschen, denen wir hiermit unseren besonderen Dank aussprechen möchten:

- den Referenten, besonders für die Überarbeitung der Redemanuskripte;
- dem Bayreuther Institut für Terrestrische Ökosystemforschung (BITÖK), besonders Dr. Thomas Gollan, und der Rechts- und Wirtschaftswissenschaftlichen Fakultät, besonders dem Lehrstuhl für Organisation von Professor Dr. Andreas Remer, für die Unterstützung als Mitveranstalter;
- dem Universitätsverein Bayreuth e. V., dem Genossenschaftsverband Oberfranken und der Deutschen Bundesstiftung Umwelt, ohne deren finanzielle Unterstützung dieses Projekt nicht möglich gewesen wäre;
- der Technischen Zentrale der Universität Bayreuth, besonders Stefan Dittrich, sowie der Gartencenter Feustel GmbH;
- der Universität Bayreuth in der Hoffnung auf eine bessere Zusammenarbeit;
- den Professoren für die einleitenden Worte zu den Vorträgen;
- den Mitgliedern der BAYREUTHER INITIATIVE für Wirtschaftsökologie e. V., die zum Gelingen beigetragen haben;
- Steffen Liebener, Markus Neugebauer und Katharina Promoli für die Hilfe beim Abtippen;
- Marcus Axt für seine spontanen Konzeptideen und die umfassende Hilfe sowie Katrin Bornhütter und Paolo Roseano.
- Merci, mon hérisson. – Merci, mon trésor.
- Unser Dank gilt auch unseren Eltern und Geschwistern für die Unterstützung

sowie Dir, lieber Leser, dafür, daß Du Dich mit Deiner Zukunft beschäftigst.

Bayreuth, Berlin und Nizza, im April 1996
Philipp G. Axt, Thomas Höfer, Klaus Vestner

Vom Umgang mit Visionen

Philipp Axt, Thomas Höfer, Klaus Vestner

> Wenn ich wüßte, daß morgen der Jüngste Tag wäre,
> würde ich heute noch ein Apfelbäumchen pflanzen.
> *Martin Luther*

Wir befinden uns in den letzten Jahren des Jahrtausends.

In einer erdgeschichtlich vernachlässigbaren Wirkungsperiode ist es uns gelungen, das natürliche Gleichgewicht des Ökosystems Erde massiv zu stören und teilweise zu zerstören. Das eigentlich Erschrekkende ist, daß wir zwar erkennen, wie wir unsere ureigensten Lebensgrundlagen vernichten, daß wir aber nichts dagegen unternehmen. Die Mehrheit der Menschen in unserer postindustriellen Konsum- und Erlebnisgesellschaft beschäftigt sich mit den Auswirkungen ihres Verhaltens auf Natur und Umwelt; dies schlägt sich aber noch zuwenig in ihrem Handeln nieder. Wesentliche Ursache dafür ist, daß uns Konzepte zum umweltschonenderen Handeln fehlen oder daß wir glauben, unser Einsatz könne sowieso nichts ändern. Wir verharren in Passivität und flüchten uns in die Illusion, daß alles nicht so schlimm sei.

So lebt der gemeine «homo consumens» in einer Traumwelt. Jeden Tag geht die Sonne von neuem auf, man kann die Luft atmen, und der Wald ist grün, trinkbares Wasser läuft aus der Wand, und der Strom kommt aus der Steckdose. Die Natur ist immer noch voller Paradiese, voll unberührter Schönheiten, die wir in wenigen Auto- oder Flugstunden erreichen können.

Aber wie lange noch? Wir müssen den Tatsachen ins Auge sehen und handeln, solange es noch möglich ist.

Bestandsaufnahme

Im Herbst 1995 hatte das Ozonloch über der Antarktis seine größte bisher gemessene Ausdehnung erreicht. Zudem sind sich die Klimaforscher über den Anstieg der Welttemperatur um mindestens 1,5 Grad

Celsius im nächsten Jahrhundert einig. All dies hat katastrophale Folgen für uns: drastische Zunahme der Hautkrebserkrankungen bereits heute; drohende Versteppung; Anstieg des Meerwasserspiegels mit akuter Gefährdung für Küstenregionen und flache Inseln; starke Zunahme der Unwetter und Wirbelstürme.

Vieles davon erfahren wir aus den Medien. Nicht weniger gefährlich jedoch ist die schleichende, unsichtbare Zerstörung und Ausbeutung der Natur, über die kaum berichtet wird – sie hat erschreckende globale Auswirkungen. Dies zeigt sich etwa am massiven Stickstoffeintrag in die Weltmeere und gnadenloser Überfischung, an der biologisch-genetischen Verarmung von Flora und Fauna, an der Vergiftung und Verstrahlung der Böden und des Grundwassers.

Regionale Umweltzerstörungen können vielleicht repariert werden, globale nie. Sie bedeuten immer, daß wir unsere Verantwortung auf kommende Generationen abwälzen. Unsere Nachfahren werden dadurch zum Handeln gezwungen und können nichts Wesentliches mehr ändern, weil ihre Lebensgrundlagen unwiederbringlich zerstört sind. Wir dagegen könnten die Katastrophe aufhalten.

Unsere Lebensweise geht an der Natur vorbei. Die Schätze dieses Planeten und seines Ökosystems sind uns wie ein Lottogewinn zugefallen. Die industrielle Revolution hat uns die ungehemmte Nutzung und Ausbeutung dieser Schätze ermöglicht. Doch statt das «Vermögen Erde» unter einer langfristigen Perspektive zu nutzen und von der Dividende zu zehren, sind wir fröhlich dabei, den Kapitalstock aufzubrauchen.

Es ist fünf vor zwölf und damit höchste Zeit zu handeln. Wir müssen unsere Lebensweise, unsere Gesellschaft und zuallererst unser Denken vollständig erneuern, wenn die Schöpfung auch in Zukunft existieren soll. Und das ist möglich, wenn wir uns jetzt dafür einsetzen.

Visionen sind Lösungen

Die grundlegende Frage ist, wie man die Umweltzerstörung verringern kann. Diesem Thema haben sich namhafte Vor- und Querdenker aus Wirtschaft, Politik und Forschung gestellt. Dabei sind sie auf interessante Antworten gestoßen – auf Visionen, die richtungsweisend für unsere Zukunft sind. Ihre Visionen sind keine Utopien, sondern konkrete, realisierbare Ideen. Sie zeigen uns Alternativen für den umweltgerechten Umgang mit der Natur auf.

Die BAYREUTHER INITIATIVE für Wirtschaftsökologie e. V. hat diese Visionen aufgegriffen. Wir wollen hierdurch Möglichkeiten des Umsteuerns für die wichtigsten menschlichen Lebensbereiche vorstellen.

Durch den Bericht des Club of Rome («Die Grenzen des Wachstums») fand 1972 die drohende Ressourcenknappheit erstmals weltweite Beachtung. *Uwe Möller*, Vorsitzender der Deutschen Gesellschaft Club of Rome, zeigt im ersten Kapitel des vorliegenden Buches, daß sich seitdem die Situation geändert hat. Heute liegt die Gefahr vorrangig in den Umweltauswirkungen, welche die Nutzung von Ressourcen mit sich bringt. Die Menschheit ist der Grenze der Belastbarkeit des Gesamtsystems Erde gefährlich nahe gekommen. Möller weist in seinem Beitrag auf die globale Dimension allen Handelns hin sowie auf die moralisch in keiner Weise legitimierten Ungleichgewichte und Ungerechtigkeiten bei der Nutzung der natürlichen Ressourcen.

Thilo Bode, Geschäftsführer von Greenpeace International, warnt vor der «Versloganisierung» der Umweltdiskussion und fordert, statt dessen die dringendsten Umweltprobleme endlich anzugehen. Dazu gehört für ihn eine Änderung der Rahmenbedingungen, die aber nur durch eine Verhaltensänderung erreicht wird. Neben Wirtschaft und Politik wendet sich Bode vor allem an die Konsumenten.

Wie wir zu einer umweltfreundlicheren Marktwirtschaft kommen können, zeigt *Walter R. Stahel*, Direktor des Genfer Institut de la Durée. Er plädiert dafür, eine Kreislaufwirtschaft einzuführen. Die Optimierung muß beim Produkt und seiner Nutzung ansetzen und nicht – wie heute üblich – bei der Entsorgung und dem Recycling. Bei all dem darf die soziale Ökologie nicht außer acht gelassen werden. Denn Menschen beschäftigen sich erst dann mit Umweltschutz, wenn der Frieden und ihre Grundbedürfnisse gesichert sind.

Josef Göppel, Mitglied des bayerischen Landtags und Vorsitzender des Umweltarbeitskreises der CSU, favorisiert regionale Wirtschaftskreisläufe. Heimatverbundenheit ist für ihn Lebensraumbewußtsein. Eine stärkere Identifizierung der Menschen mit ihrer Region fördert auch die Nachfrage nach lokalen Produkten. Dadurch werden traditionelle Wirtschaftsweisen erhalten und ökologisch unsinnige Transporte vermindert. Als unterstützende Rahmenbedingung ist eine ökologische Steuerreform dringend notwendig.

Diese Reform skizziert *Anselm Görres*, stellvertretender Vorsitzender des Fördervereins Ökologische Steuerreform, und er fordert, daß die Preise die ökologische Wahrheit widerspiegeln müssen. Er schildert seine konkrete Vorstellung eines markt- und ordnungskonformen Richtungswechsels in der Steuer- und Abgabenpolitik. Kernpunkt ist dabei eine aufkommensneutrale Energiesteuer. Durch Reduktion der Lohnnebenkosten werden der Wirtschaftsstandort Deutschland gestärkt und neue Arbeitsplätze geschaffen.

Andreas Troge, Präsident des Umweltbundesamts, drängt auf eine ökologische Neuorientierung im Verkehrswesen. Kostenklarheit und Kostenwahrheit müssen durchgesetzt werden, damit jeder Verkehrsteilnehmer die wahren Kosten seiner Mobilität spürt. Nur so ist ein echter Wettbewerb zwischen den Verkehrssystemen möglich. Troge tritt auch dafür ein, die staatlichen Rahmenbedingungen zu ändern.

Was die Schiene zu einer umweltfreundlichen Mobilität beiträgt, stellt *Frank Matthias Ludwig*, Leiter der Abteilung Verkehrs- und Konzernpolitik der Deutschen Bahn AG, dar. Er betont, daß der Grundstock für eine ökologische Bahn eine ökonomische Bahn ist. Die erfolgreich eingeleitete Bahnreform bietet somit die beste Voraussetzung, den Personen- und Güterverkehr umweltverträglicher zu gestalten. Es ist wichtig, die Stärken der anderen Verkehrsträger einzubeziehen und mit ihnen zusammenzuwirken.

Einen Ausblick in die Zukunft bietet *Heinz Dürr*, Vorstandsvorsitzender der Deutschen Bahn AG. Durch technische Innovation und verstärkten Computereinsatz will er den ökologischen und ökonomischen Herausforderungen begegnen.

Franz Alt, Publizist und Fernsehjournalist, tritt für die massive Förderung alternativer Energiequellen ein. Er zeigt an vielen eindrucksvollen Beispielen, daß erneuerbare Energie bereits heute wirtschaftlich eingesetzt werden kann. In der Energiewirtschaft muß der längst fällige Paradigmenwechsel vollzogen werden. Seine Vision ist eine dezentrale Energieversorgung, bei der die jeweiligen regionalen Gegebenheiten genutzt werden. Dabei liegt es in der Verantwortung jedes einzelnen, für eine Neuorientierung zu sorgen.

Das Aus für die klassischen Energieträger sieht *Ludwig Bölkow*, Gründer von Messerschmitt-Bölkow-Blohm (MBB). Die Atomenergie kommt für ihn nicht in Frage, weil die Entsorgung nicht lösbar ist. Sein gesellschaftspolitisches und ingenieurwissenschaftliches Testament ist das Konzept einer solaren Wasserstoffwirtschaft. Er fordert zudem einen freien Markt in der Energieversorgung, um die Wettbewerbschancen erneuerbarer Energien zu verbessern. Er appelliert an die Verantwortung der Entscheidungsträger, heute die Weichen für das langfristige Überleben der Menschheit zu stellen.

Zukunft beginnt heute. Unsere Gesellschaft benötigt einen grundlegenden Konsens über den Weg in die Zukunft: weitermachen wie bisher – oder langfristige Sicherung des Überlebens. Denn Zeit ist, was fehlt. Unsere Generation ist die letzte, die in der Lage ist, zu agieren, statt zu reagieren. Wenn die Erde auch im Jahr 3000 noch lebensfähig sein soll, dann reicht es nicht, von ökologischen Visionen zu träumen oder über sie zu diskutieren. Ihre Umsetzung kann nicht auf die oft nachhinkenden Aktionen von oben warten, sondern muß auch von unten eingefordert und eingeübt werden.

Noch nie war die Notwendigkeit und die Chance zur Veränderung so groß wie heute. Unser Buch soll dazu beitragen, daß die ökologische Diskussion neu angefacht wird und schneller zu zukunftsweisenden Alternativen führt, damit bessere Wege beschritten werden. Wir hoffen, mit dieser eigenen Vision hierfür einen kleinen Beitrag leisten zu können und Denkanstöße zu geben, die zum Handeln anregen und die Gesellschaft aus ihrer Passivität befreien.

Gott hat uns diese Erde geschenkt. Retten wir sie, um sie unseren Kindern weiterzugeben!

Visionen
für die Gesellschaft der Zukunft

Die Menschheit steht am Ende des zweiten Jahrtausends vor einem Wendepunkt. Sie ist gleichzeitig Urheber und Opfer der globalen Umweltzerstörung. Diese Erkenntnis muß endlich zu einer «ökologischen Wende», zum Aufbruch zu einer nachhaltigen Gesellschaft, führen.

Dabei ist es notwendig, daß diese Wende – im Gegensatz zu früheren Gesellschaftsumbrüchen – weltweit und zeitgleich erfolgt. Die industrielle Revolution begann vor 200 Jahren und ist noch nicht beendet, doch die ökologische Revolution muß, wenn sie Erfolg haben soll, in wenigen Jahren bzw. Jahrzehnten unsere Gesellschaft global erneuern. Diese Erneuerung darf nicht nur auf technische und ökonomische Aspekte beschränkt bleiben, sondern muß sich auch in der gesamten Lebensweise manifestieren. Daher ist es wichtig, daß sie den nichtrationalen, emotionalen Lebensbereich der Menschen einschließt.

Der Zeitpunkt ist günstig, um die vorhandene Veränderungsbereitschaft am Ende des Jahrtausends zu einem Aufbruch zu nutzen und die allgemeine Ernüchterung über Politik, Wirtschaft und Gesellschaft in eine neue kollektive Zuversicht zu verwandeln. Dazu benötigen wir ganzheitliche Konzepte. Die erste Studie des Club of Rome zeigt dies deutlich. Sie betrachtet die Welt nicht nur aus unserer Wohlstandssicht, sondern berücksichtigt auch die Bedürfnisse der unterentwickelten

Länder. Daraus ergibt sich die Frage nach der gerechten Verteilung der Ressourcen, die sich nur mit einem ethischen Ansatz beantworten läßt.

Ethische Spannungen zeigen sich ebenfalls innerhalb der modernen Industriegesellschaft. Unternehmen und Verbraucher dürfen sich nicht länger gegenseitig die Schuld an der Umweltzerstörung vorwerfen. Die gemeinsame Verantwortung für die ökologische Zukunft sollte offen diskutiert und gemeinsam getragen werden. Beide Parteien können nur zusammen überleben oder zugrunde gehen.

Aber auch der Staat, der die politisch-wirtschaftlichen Rahmenbedingungen schafft, muß aktiver werden. Viele Anstöße kommen von Nichtregierungsorganisationen wie Greenpeace, die auf die Umweltzerstörung aufmerksam machen, aber auch neuartige Alternativen entwickeln und anbieten. Durch ihre oft unkonventionellen Lösungswege können diese Gruppen innovative Ideen besser vorantreiben.

Eine neue Dimension des Denkens

Grenzen des Wachstums

Uwe Möller, Mitglied des Club of Rome

> Um zu seinem Wohlstand zu gelangen, verbrauchte
> Großbritannien die Hälfte der Ressourcen des Planeten;
> wie viele Planeten wird ein Land wie Indien benötigen?
> *Mahatma Gandhi*

Die Erkenntnis, daß grenzenloses Wachstum nicht möglich und noch weniger sinnvoll ist, war bis vor nicht allzu langer Zeit noch keine Selbstverständlichkeit. Heute wissen wir, daß wir gezwungen sind, die natürlichen Ressourcen nachhaltig zu nutzen, wenn wir nicht die Überlebensgrundlagen für die zukünftigen Generationen zerstören wollen. Die Grenzen des Wachstums, des wirtschaftlichen Wachstums, sind in erster Linie durch die Knappheit der Ressourcen dieses Planeten gesetzt. Sie werden bald zur Neige gehen, es sei denn, man findet irgendwo in einer fernen Galaxie «Nachschub». Doch das ist wohl eher illusorisch. Wo aber liegen diese vielzitierten Grenzen des Wachstums?

Der Club of Rome hat 1972 die Studie «Die Grenzen des Wachstums» in die Öffentlichkeit gebracht und damit eine neue Dimension des Denkens angestoßen. Inzwischen sind circa 25 weitere Studien herausgegeben worden. Wie soll man diese bewerten, und sind sie mit der ersten Veröffentlichung vergleichbar? Mit der Studie von 1972 ist es so wie mit einer grundlegenden Erkenntnis von Descartes oder einem bahnbrechenden Kunstwerk von Picasso oder irgendeines anderen Wissenschaftlers oder Künstlers. Auch in diesen Fällen kann nicht alle zehn Jahre wieder etwas Epochemachendes fabriziert werden.

Der Bericht «Die Grenzen des Wachstums» hat damals Furore gemacht, denn er wurde zunächst von der Fachwelt überwiegend kritisiert, hat aber den entscheidenden Anstoß dafür gegeben, daß sich das Bewußtsein für die globalen Zusammenhänge von Ökonomie und Ökologie entwickeln konnte.

Der Gründungsvater des Club of Rome ist Aurelio Peccei, ein Italiener, lange Zeit Manager bei Fiat. Ich weiß nicht, ob ihm dort die

Grenzen des Wachstums bewußt geworden sind, wo er ja viele Autos herstellen ließ, die nun nicht gerade zum Erhalt der Umwelt beigetragen haben. Vielleicht war es das schlechte Gewissen – wie auch immer, er war der Spiritus rector des Club of Rome. Der Club wurde 1968 gegründet, zu einer Zeit, als an den Universitäten die jungen Leute aufstanden und widerspenstig wurden. In West-Berlin, Hamburg und anderswo ging es gegen «den Muff unter den Talaren», dort wurde die APO aktiv.

Damals war Wachstum etwas völlig Normales. Nun stellte sich der Club of Rome aber folgendes vor: Wir haben einen Planeten mit zwei Fünfteln Erdoberfläche und drei Fünfteln Wasser und eine Atmosphäre. Es hat den Anschein, daß bisher im gesamten Planetensystem keine zweite Konfiguration von solchen natürlichen Gegebenheiten existiert hat, wo – irgendwann angefangen bei einfachen organischen Verbindungen über primitive Lebewesen – die Evolution dann über Hunderte von Millionen Jahren eben auch den Homo sapiens hat entstehen lassen. Nun gibt es immer mehr Menschen auf dieser Erde mit immer höheren materiellen Ansprüchen, die zu erfüllen immer mehr Rohstoffe und Energie verbraucht. Der Lebensstandard der modernen Zivilisation ist verbunden mit Rohstoffnutzung, mit Energieeinsatz bei der Herstellung von Produkten und auch bei ihrer Nutzung, siehe Tauchsieder oder Automobil. Die Erde ist jedoch begrenzt, und einer der entscheidenden Parameter der Begrenzung sind die Ressourcen. Deshalb haben die Gründer des Club of Rome die revolutionäre Frage gestellt: «Wie viele Menschen mit welchen materiellen Ansprüchen erträgt die Erde mit ihren begrenzten Ressourcen?»

«*End of pipe*»: Verdrängung statt Lösung

Nun war zu dieser Zeit schon Umweltbewußtsein vorhanden. Jedoch in einer völlig anderen Qualität: Es war eher ein punktuelles, ein regionales Umweltbewußtsein. Man erinnere sich, es gab den kreativen Politiker Willy Brandt, der Ende der sechziger, Anfang der siebziger Jahre mit dem Slogan warb: «Blauer Himmel über der Ruhr!» Denn folgendes war eingetreten: «Kumpel Willy» trug inzwischen weiße Hemden, er hatte auch ein Auto vor der Tür, schön lackiert, und mußte feststellen: Es gab zuviel Dreck! Hatte man bisher damit gelebt, so mochte man das nun nicht mehr.

So entstand die Umweltpolitik, aber was wurde gemacht? Man hat die Schornsteine höher gebaut. Und siehe da, der Dreck verwirbelte, die Luft wurde sauber – aus den Augen, aus dem Sinn!

Dann gab es einen zweiten Punkt: Die Massenzivilisation belastete das Abwasser, die Flüsse waren nicht mehr klar, Fische starben. Da sagte man: «Bauen wir Kläranlagen!» und reinigte die Abwässer.

Aber nun gab es den Klärschlamm, und einen Teil davon verkaufte man den Bauern als Dünger. Von Dioxinen und Schwermetallen wußte man nichts. Die analytische Chemie gab es noch nicht, man lebte gewissermaßen noch im Zustand der natürlichen Unschuld. Der Klärschlamm, den man auf den Äckern nicht unterbringen konnte, wurde per Schiff in der Nordsee, irgendwo in der Deutschen Bucht, verklappt, und siehe da: Eine halbe Stunde später, bei Wind und Wellen, roch es nicht mehr, sah man nichts mehr, also sagte man: «Problem gelöst.»

Der wachsende Zivilisationskomfort, vor allem in den Ballungsräumen, ließ den Müllberg wachsen. In Hamburg beispielsweise hat man morastige Feuchtwiesen gefunden nahe der Autobahn – das Müllproblem ist ja nicht nur ein Lagerungsproblem, sondern man will ja auch die Verkehrswege optimieren. Also sagte man: «Da machen wir jetzt Landschaftsgestaltung!» Der große Müllberg wurde angelegt. Man ging davon aus: flüssig/fest, alkalisch/sauer, schwarz/weiß – je gemischter der Müll, desto eher wird er sich neutralisieren. Man baute also einen schönen Müllberg und wollte darauf später Skigelände und Freizeitpark anlegen.

Aber daraus wurde nichts, weil eines Tages Dioxine entdeckt wurden, die den Müllberg in eine ökologische Zeitbombe verwandelt hatten. Die Sanierung der inzwischen vielzitierten Mülldeponie Georgswerder kostete den Hamburger Steuerzahler in den letzten fünfzehn Jahren etwa 150 Millionen Mark. Für die laufende Sicherung werden noch auf lange Zeit jährlich weitere Millionen anfallen.

So war es damals. Es gab so etwas wie eine lokale Umweltpolitik, aber man sah die Gesamtproblematik noch nicht. Und die Herren des Club of Rome (Damen waren damals noch nicht dabei) stellten sich nun die Frage: Wenn immer mehr Menschen auf dieser Erde einen immer höheren Lebensstandard beanspruchen, immer mehr Rohstoffe verbrauchen, Energie vergeuden und die Umwelt belasten – wird das die Welt aushalten, und werden die natürlichen Ressourcen reichen? Das war gewissermaßen die «kopernikanische Wende», das war das «neue Denken», um Michail Gorbatschow zu zitieren. Damals nannte man es noch nicht so, aber es war ein echter Durchbruch.

Nun hätten diese Ideen niemals die große Resonanz gefunden, wenn nicht gleichzeitig am Massachusetts Institute of Technology (MIT) in den USA einige Wissenschaftler gearbeitet hätten, die den Computer einsetzten, um den Wirtschafts- und Sozialwissenschaften neue Horizonte zu erschließen mit Hilfe der Systemanalyse (system analysis). War es in der Ökonomie doch stets schwierig gewesen, Zusammenhänge verbal zu erklären. Da sagte der Professor: «Also stellt euch vor: Bei A geben wir Gas, bei B bremsen wir ab, bei C machen wir ein bißchen backbord, bei D steuerbord, und was wird das dann?» Und wenn er mit dem fünften Schiff kam, wußte man schon nicht mehr weiter. So war es mit dem verbalen Erklären irgendwelcher Zusammenhänge – und dann folgte immer schnell die Zauberformel «ceteris paribus». Damit hielt man alles andere fest. Man traf so aber nie die Realität.

Dies änderte sich, als man über den Computer verfügte, Software entwickelte und in Systemen rechnen konnte. Das heißt also, x Gleichungen mit x Unbekannten mit verschiedenen Parametern. Und so etwas hatte man am MIT in verschiedenen Bereichen entwickelt; rechnergestützte Modelle waren dort schon an der Tagesordnung. Die Wissenschaftler des MIT kamen nun eines Tages mit den Leuten des Club of Rome zusammen, und diese sagten ihnen: «Rechnet uns mal die Welt mit unseren Fragestellungen!»

Die Berechnung der Welt

So wurden bestimmte Parameter angenommen, ihre Wechselwirkungen in Gleichungen gegossen und diese in den Computer eingegeben. Es wurde gefragt, wie lange die Rohstoffe reichen, wie es mit den Energiereserven aussieht, wie es zu Umweltbelastungen kommt. Als Ergebnis erhielt man beispielsweise, daß es nach 2015 erste Engpässe bei Rohstoffen geben könnte.

Da diese Zusammenhänge nicht verbal beschrieben, sondern gerechnet und quantifiziert wurden, hat die Studie im Jahr 1972 weltweit Aufmerksamkeit erregt. Damals begann die Mathematisierung der Wirtschaftswissenschaften; die ganze Zunft rechnete. Weil die komplexen Weltmodelle in Zukunftsszenarien gerechnet wurden, hatten sie etwas Provokantes an sich, und jeder Professor fühlte sich herausgefordert, das nachzurechnen und zu beweisen, daß die Ergebnisse falsch seien. Daraus ergab sich eine weitverbreitete Kritik am Modell und seinen verschiedenen Szenarien. Sei es, daß man die Parameter bzw. die Eingangsgrößen oder die angenommenen Wechselbeziehungen im Modell für nicht zutreffend hielt, sei es, daß der Denkansatz insgesamt in Frage gestellt wurde. So machten «Die Grenzen des Wachstums» damals Furore.

Wichtig dabei war: Als die Idee aufkam, ein Weltmodell zu rechnen, brauchte man natürlich Geld für Mitarbeiter und Maschinenstunden. Aber woher nehmen? Normalerweise geht man in den USA zur Rokkefeller Foundation, zur Ford Foundation oder sonst irgendwo hin und sagt: «Freunde, nun gebt uns dafür mal zwei Millionen Dollar!» Die wollten aber alle nicht; keiner war für dieses Projekt zu gewinnen.

Professor Eduard Pestel, einer der Gründungsväter des Club of Rome, von Haus aus Mechaniker, also richtiger Ingenieurwissenschaftler, aber mit einem umfassenden Wissensdrang, begeisterte sich für diese Idee eines Weltmodells. Als Vorsitzender des Kuratoriums der Volkswagen-Stiftung gelang es ihm trotz Widerständen, «VW-Gelder» für diese Sache zu mobilisieren, und so kam schließlich die Studie zustande. Das Ehepaar Donella und Dennis Meadows rechnete zusammen mit einem Team von jungen Wissenschaftlern mit den Daten von 1970 die Welt auf das Jahr 2000 hoch.

1992 ist die zweite Studie, «Die neuen Grenzen des Wachstums», erschienen, verfaßt von den Meadows und Jørgen Randers. Sie nahmen das Modell von 1972 und fütterten es mit den Daten aus dem Jahr 1990. Zwanzig Jahre später gelang es somit, eine erste Bilanz der 1972 getroffenen Voraussagen zu ziehen. Und siehe da: Hatte der erste Bericht aus dem Jahr 1972 in seinen Szenarien bei wachsender Weltbevölkerung sowie steigender Güterproduktion und zunehmenden Dienstleistungen vor allem Engpässe in der Rohstoffversorgung gesehen, so zeigt die Bilanz von 1990 Entwarnung an der Rohstofffront an. Zum einen haben sich die Reserven als größer erwiesen als damals angenommen. Zum anderen hat die steigende Recyclingquote zu einer Entlastung geführt. Zum dritten hat vor allem der technische Fortschritt es ermöglicht, Rohstoffe effizienter zu nutzen. Das heißt zum Beispiel: Leichtbauprofile statt schwerer Stahlträger.

Man hat also die Ressourcenproduktivität bei den Rohstoffen erhöht. Aber es hat sich herausgestellt, daß im Hinblick auf Energie und vor allen Dingen auf die Umwelt die Situation inzwischen schlimmer ist, als man 1972 angenommen hatte.

Die Menschheit im freien Fall

Was die Zahlen von 1990 in erschreckender Weise offenbaren, ist die Tatsache, daß die Belastung und die Zerstörung der natürlichen Umwelt in den vergangenen zwanzig Jahren doppelt so schnell zugenommen haben, wie in den Projektionen von 1972 befürchtet worden war. Das heißt, Dezimierung der Artenvielfalt, Zerstörung von Trinkwasserreserven, woraus sich in besonders bedrohten Regionen zunehmend kriegerische Auseinandersetzungen ergeben können. Dazu gehören das Waldsterben, die Zerstörung des Regenwalds, der Rückgang der Bodenfruchtbarkeit durch Erosion und Vordringen von Wüsten, die Verschmutzung von Meeren und Binnenseen, die Gefahren für die Gesundheit von Menschen, Tieren und die Vegetation durch die wachsende Zerstörung der Ozonschicht. Vor allem aber bestätigt der neue Bericht die Befürchtung, daß die mit der Nutzung der fossilen Energieträger verbundene Produktion von Treibhausgasen (besonders CO_2) in naher Zukunft das Klima spürbar verändern kann. Dies würde die heute vorhandenen Vegetationszonen und damit auch die Grundlagen der menschlichen Zivilisation gefährden.

Dennis Meadows wurde einmal von einem Reporter gefragt: «Herr Meadows, Sie haben 1972 die große Warnung gegeben und wollten damit ja die Menschheit aufrütteln, daß etwas geschieht. Nun stellen Sie fest, es ist schlimmer. Es ist also nichts geschehen. Wie fühlen Sie sich?»

Meadows hat darauf sarkastisch geantwortet: «Das ist etwa so: Sie springen irgendwo von einem hohen Wolkenkratzer, 500. Stockwerk, hinunter, so ein freier Fall ist wunderschön. Und beim 450. kommt ein

Reporter von NBC, wie Sie da gerade vorbeifliegen, und fragt: 'How do you feel?', und Sie sagen: 'Wonderful.' Zehn Jahre später, bei Stockwerk 120, sagen Sie auch noch: 'Just excellent. Couldn't be better'.»

Verstehen Sie? Das ist die Antwort auf die Frage: Es ist nicht fünf vor zwölf, sondern es ist eigentlich schon halb eins. Wir rasen in die Katastrophe hinein – das wollte Dennis Meadows damit sagen.

Der Club of Rome

Der Club of Rome ist ein Gremium von gegenwärtig hundert Persönlichkeiten aus allen Kontinenten, Religionen und Kulturen. Von Künstlern über Naturwissenschaftler bis hin zu Politikern und Ökonomen sind alle Fakultäten und Schattierungen vertreten. So gibt es im Club Befürworter wie Gegner der Kernenergie. Es ist also eine richtig bunte Mischung, und was für mich das Interessante ist: Man ist dabei und lernt einiges.

In Paris hat der Club ein kleines Büro. Ich erhalte als Mitglied zweimal im Jahr einen Brief, in dem die wichtigsten Angaben über die Aktivitäten des Club of Rome enthalten sind, und einmal im Jahr trifft sich der Club auf einem großen Kongreß. Damit tritt der Club of Rome an die Öffentlichkeit. Aber die wesentliche Arbeit des Club of Rome geschieht in kleineren Gruppen, die sich irgendwo treffen, Studien vorbereiten und diese der Öffentlichkeit vorstellen.

Wenn man Mitglied des Club of Rome ist, wird man immer gefragt: «Wo ist Ihr Plan für die Welt? Wo sind die fünf entscheidenden Knöpfe? Ihr wißt doch nun alles!» und so weiter. Darauf kann man nur sagen: «Die gibt es nicht!» Wir sind nur eine Gruppe von vielen, die sich um die Zukunft der Menschheit bemüht. Unser Vorzug ist es, daß ein sehr freier Kreis zusammenkommt, in dem man alle Dinge offen ansprechen kann. Ansonsten bemühen wir uns, das Durchschnittsalter zu senken und den Frauenanteil zu erhöhen.

Die rund 25 Studien des Club of Rome stammen von Einzelmitgliedern oder von kleinen Gruppen. Von diesen Studien sind meiner Meinung nach vier oder fünf von besonderem Wert. Und andere? Na, wie es häufig ist: Professoren schreiben ein Buch, das im Moment vielleicht aktuell ist, und ein halbes Jahr später gibt es neue Erkenntnisse. Fragestellungen, die zunächst als wichtig und zukunftsweisend angesehen wurden, gelten nach kurzer Zeit als überholt. Das ist immer so bei der Ernte: Man muß viel säen, damit vielleicht hier und dort eine vernünftige Pflanze wächst. Manche Berichte erlebten nach einiger Zeit jedoch eine Wiedergeburt, weil «alte» Fragestellungen wieder wichtig wurden – Bücher haben nun einmal ihre Schicksale!

Wichtig ist jedoch – und das wird häufig vergessen –, daß der Club of Rome mit seinem radikalen Denkanstoß eine Fülle von Institutionen in Wissenschaft und Forschung veranlaßt hat, sich mit seinen Themen zu beschäftigen. Und diese Institutionen verfügen großenteils über erhebliche finanzielle und wissenschaftliche Ressourcen und können daher umfangreiche, qualitativ vorzügliche Studien zu Zukunftsfragen der Menschheit erstellen, was der Club of Rome stets begrüßt und gewürdigt hat.

Der Club of Rome in seiner Konstruktion als relativ lockere internationale Vereinigung von Persönlichkeiten besitzt keine vergleichbaren Ressourcen. Nichtsdestotrotz hat er aber in dem Geflecht zukunftsorientierter Institutionen weiterhin seine besondere Bedeutung, liegt seine Stärke doch in seiner interdisziplinären Struktur und darin, daß sich alle Mitglieder der gemeinsamen Weltsicht des Club of Rome verbunden wissen. Daraus ergeben sich ein besonders fruchtbarer Dialog und häufig Denkanstöße, die der Club of Rome aufgrund seiner begrenzten Ressourcen nicht immer selbst in spektakuläre Studien oder Projekte einfließen lassen kann. Aber er wird auch weiterhin mit seinen Ideen befruchtend nach außen wirken über das große und vielfältige Netz von Verbindungen, über das seine Mitglieder in wichtigen Gremien und Institutionen in der internationalen wissenschaftlichen, kulturellen, wirtschaftlichen und politischen «Community» verfügen.

Die Verteilung der Ressourcen

Nun aber zu den entscheidenden Fragen. Ich will jetzt auf den Punkt bringen, worauf es ankommt.

Wenn wir heute die Welt betrachten, dann haben wir im wesentlichen drei größere ökonomische Zentren, die vielzitierte Triade: 360 Millionen Menschen in der NAFTA (North American Free Trade Agreement), in der sich die USA, Kanada und Mexiko 1994 zusammengeschlossen haben, dann wir in Westeuropa mit etwa 380 Millionen und schließlich in den Wachstumsregionen des pazifischen Raums rund 750 Millionen Menschen mit den 120 Millionen Japanern an der Spitze bis hin zu den Sonderwirtschaftszonen Chinas. Dort gibt es heute reale Zuwachsraten in der Ökonomie bis zu zwanzig Prozent – in den «Tiger»-Staaten, zum Beispiel Hongkong, Singapur, Taiwan und Südkorea, sind die Wachstumsraten sehr hoch.

Wenn wir zusammenrechnen, dann sind es etwa 1,5 Milliarden Menschen, die heute rund 85 Prozent der gesamten Weltwirtschaftsleistung bzw. des modernen Zivilisationskomforts erbringen mit der entsprechenden Beanspruchung von Rohstoffen, Energie und Natur (siehe Abbildung 1.1). Ich lasse jetzt die von Indianern geflochtenen Bastmatten und die von Afrikanern handgeschnitzten Holzfiguren außen vor,

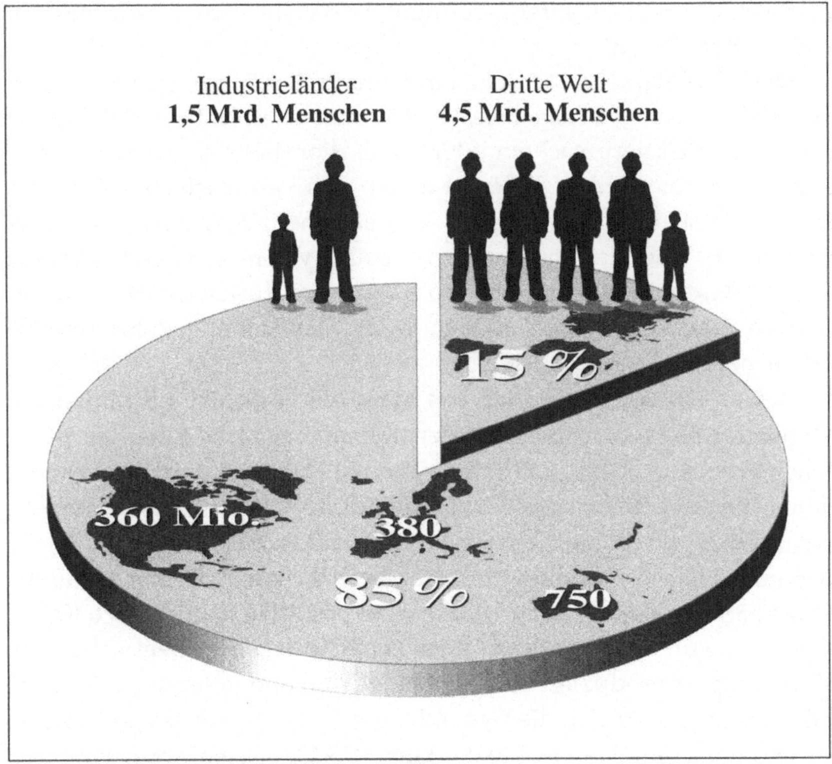

Abbildung 1.1: Ressourcennutzung im Vergleich

das sind «Peanuts». Aber wenn wir das moderne Bruttosozialprodukt nehmen, was unter Umweltgesichtspunkten von entscheidender Bedeutung ist, dann werden 85 Prozent dieses Bruttosozialprodukts von den 1,5 Milliarden in der Triade erwirtschaftet. Für diesen Teil der Weltbevölkerung sind damit die materiellen Probleme weitgehend gelöst. Sei es, daß man bereits über einen hohen Lebensstandard verfügt, sei es, daß man mit überdurchschnittlich hohen Zuwachsraten (vor allem in den «Tiger»-Staaten) auf dem Weg dazu ist.

Außerhalb der Triade, im sogenannten «Süden» des Planeten, leben fast 4,5 Milliarden Menschen weitgehend in Armut. Im Jahr 1997 werden es 4,5 Milliarden sein, und jedes Jahr kommen 100 Millionen Menschen dazu, trotz der Pest in Indien, trotz Golfkrieg und Somalia. Auch die Einschnitte durch Kriege, wie im ehemaligen Jugoslawien, oder durch Naturkatastrophen, wie die Überschwemmungen in Bangladesch mit 170 000 Opfern, vermindern das Bevölkerungswachstum nicht entscheidend.

Die 4,5 Milliarden Menschen außerhalb der Triade erwirtschaften heute nur etwa 15 Prozent des Weltbruttosozialprodukts. Wenn wir den industriell verursachten oder zivilisationsbedingten Flurschaden nehmen, dann werden 85 Prozent von uns verursacht – mehr oder minder. Wobei die Amerikaner in bestimmten Bereichen noch eins drauflegen, weil man in «god's own country» ein anderes Verhältnis zu den Ressourcen hat. Dort, wo man enger zusammenlebt, wie in Europa, wächst das Umweltbewußtsein, das Knappheitsbewußtsein möglicherweise etwas schneller.

Gehen wir vom Jahr 1995 aus, dann verbrauchen 1,5 Milliarden Menschen 85 Prozent der globalen Ressourcen, 4,5 Milliarden Menschen bleiben 15 Prozent. Wenn wir das in Lebensstandard umrechnen, dann ist das Verhältnis etwa 20:1 (Abbildung 1.2). Das heißt, jeder von uns in Europa verursacht etwa zwanzigmal soviel Umweltbelastung wie ein indischer Landarbeiter. Der bewirkt vor Ort zwar ebenfalls Flurschäden, beispielsweise durch seine primitive Landwirtschaft mit Abholzung und Bodenerosion. Aber er hat noch keine Chemikalien zur Verfügung, er produziert auch nicht viel Müll und rattert nicht laufend mit seinem Auto durch die Gegend, obwohl er es natürlich gerne täte.

Schauen wir nun einmal in das Jahr 2025. Das ist ganz gut, denn wer fragt in dreißig Jahren noch: «Herr Möller, was haben Sie damals hier in

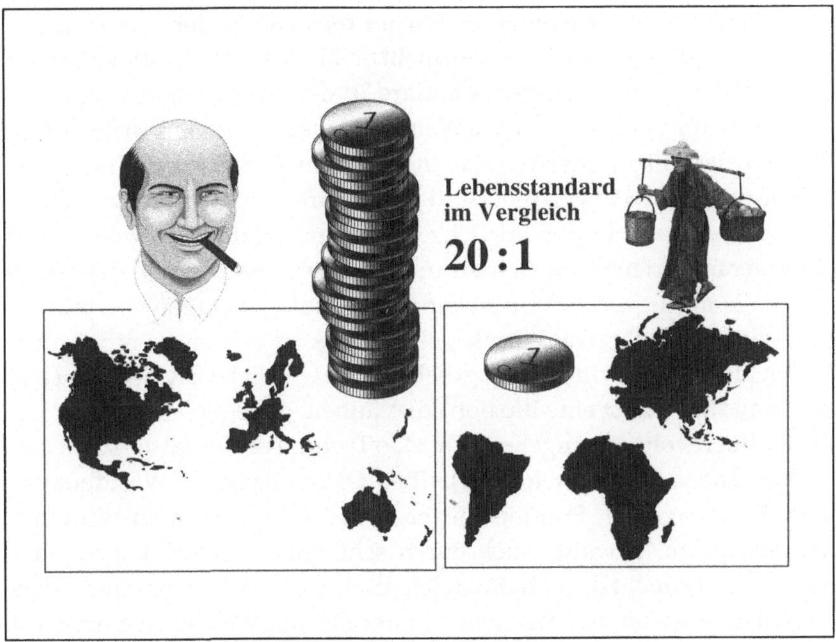

Abbildung 1.2: Vergleich des Lebensstandards

Bayreuth gesagt?» Wenn man eine Aussage darüber macht, wo am 1. Februar nächsten Jahres der Dollar steht, dann wird man daran erinnert. Aber in dreißig Jahren? Man braucht diesen Zeitraum jedoch als Vorlauf, um das Bewußtsein für die Probleme der Zukunft zu schärfen.

Die Bevölkerung in denjenigen Regionen, die bereits heute einen hohen Lebensstandard haben oder dabei sind, ihn mit hohen Wachstumsraten zu erreichen, wird vielleicht auf zwei Milliarden anwachsen, und die Bevölkerung in der Dritten Welt wird sich nochmals knapp verdoppeln. In dieser Rechnung sind kurzfristige Einschnitte und ein Rückgang des Wachstums durch Familienplanung inbegriffen. Die Bevölkerung nimmt trotzdem weiter zu, weil in den meisten Entwicklungsländern sechzig Prozent der Menschen unter 25 Jahren sind. Und selbst wenn diese in den nächsten zehn Jahren nicht mehr das Fortpflanzungsverhalten ihrer Eltern an den Tag legen – statt sieben, acht Kindern nur drei oder vier –, gibt es trotzdem einen immensen Schub.

Nun nehmen wir einmal an, wir im reichen Norden wären so bescheiden und sagten: «Wir wollen nicht mehr. Wir werden alle grün. Wir sind zufrieden mit dem Lebensstandard 20, den wir haben.» Der aktuelle Lebensstandard 1 in der Dritten Welt reicht weder zum Leben noch zum Sterben, deshalb müssen wir davon ausgehen, daß dort zumindest der Lebensstandard 5 angestrebt wird. Wir dürfen nicht vergessen: Diese Menschenmassen in den zurückgebliebenen Ländern, Regionen und Kontinenten orientieren sich an unserem Lebensstandard, der ihnen durch die modernen Kommunikationstechnologien tagtäglich präsentiert wird. «Schwarzwaldklinik», «Denver» und «Dallas» werden auch in den Slums der Dritten Welt gesehen. Die westliche Zivilisation setzt den Standard. Es ist eine Illusion, zu glauben, dagegen könne man mit der Kulturrevolution angehen, wie Mao Tsetung es einmal versucht hat.

Wir haben es erlebt im Verhältnis Ostdeutschland-Westdeutschland. Es hat «grüne» Stimmen gegeben: «Fallt bloß nicht auf Aldi und Mercedes rein, bewahrt euch euren schönen einfachen Lebensstandard.» Das ist nicht durchhaltbar. Ich fürchte, unser Lebensstandard ist das Ideal, das von den Menschen in der Dritten Welt angestrebt wird – und wer will ihnen einen Vorwurf daraus machen? Wir selbst sind bei unserem hohen Lebensstandard nur in ganz geringem Maß gewillt, zu opfern. Deswegen müssen wir davon ausgehen, daß die Dritte Welt dazu auch nicht bereit ist. Sie will ihren Lebensstandard erhöhen. Das müssen wir ihr zugestehen, weil die sich sonst weiter öffnende Wohlstandslücke revolutionäre Spannungen und Konflikte zwischen Arm und Reich hervorrufen würde.

Die «gerechte» Verteilung der Welt

Ein einfaches Rechenexempel macht deutlich: Wenn es im armen Süden in den nächsten Jahrzehnten gelingt, auch nur ein Viertel des heutigen Lebensstandards des reichen Nordens zu erreichen, würde dies bereits den globalen Ressourcenverbrauch verdoppeln – eine völlig untragbare Vorstellung, wenn wir auch den zukünftigen Generationen noch ihre Lebensgrundlage auf der Erde sichern wollen.

Machen wir eine einfache Mengenrechnung: 1,5 Milliarden reiche Menschen mal 20 Mengen pro Kopf – egal, ob das nun Dioxine, Schwefel, Energieverbräuche sind – ergibt 30. Auf der Gegenseite kommen 4,5 mal 1, das sind rund 5. Wir haben also gegenwärtig eine mengenmäßige Beanspruchung von Rohstoffen und Energie sowie eine Umweltbelastung in einer Maßzahl von 35 (siehe Abbildung 1.3, oberer Balken). Die Bevölkerung der Industriestaaten wächst nun bei gleichbleibendem Wohlstand von 1,5 auf 2 Milliarden, damit steigen die Ressourcenverbräuche von 30 auf 40. In den Entwicklungsländern erhöhen wir den Lebensstandard zusätzlich zum Bevölkerungswachstum auf 5. Somit haben wir 8 Milliarden Menschen mal 5, das gibt 40. Insgesamt kommen wir damit auf 80 (Abbildung 1.3, mittlerer Balken).

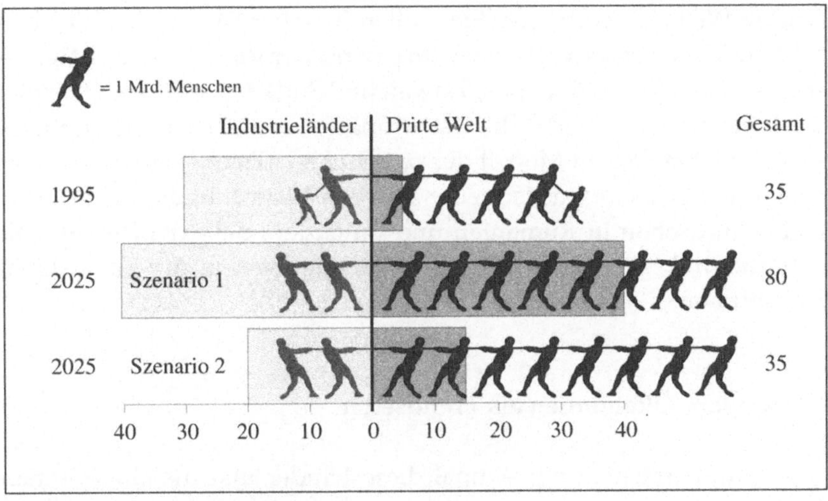

Abbildung 1.3: Szenarien für den Ressourcenverbrauch

Das heißt, daß sich allein dadurch der weltweite Ressourcenverbrauch verdoppelt. Was aber passiert, wenn die Entwicklungsländer einen Lebensstandard von 20 erreichen wollen? Die Maßzahl 5 ist ja nur ein Bruchteil unseres Lebensstandards, etwa mit dem in der Zeit vor dem Ersten Weltkrieg vergleichbar. Eine Verdoppelung der Mengen ist aber undenkbar, wenn wir davon ausgehen, daß bereits die heutige Ressourcenausnutzung und -verschwendung wahrscheinlich jenseits des Guten sind.

Deswegen betrachten wir jetzt einmal das grüne Szenario. Wir senken unseren Standard von 20 auf 10 und haben somit einen Verbrauch von 20 (2 Milliarden Menschen mit dem Lebensstandard 10). Wenn der Gesamtverbrauch von 35 nicht steigen darf, dann bleiben für die Menschen der Dritten Welt 15 Mengen übrig. 15 durch 8 Milliarden Menschen ergibt einen Lebensstandard von knapp 2 (vgl. Abbildung 1.3, unterer Balken). Wenn wir unseren Lebensstandard halbieren würden – das wäre mein Lebensstandard von 1965 –, dann wäre für die Dritte Welt höchstens der Lebensstandard 2 drin.

Wie immer man es rechnet, es ist völlig undenkbar, den Zivilisationsstandard, den wir heute haben, auf die Menschenmassen in der Dritten Welt zu übertragen. Sie wollen ihn aber haben, und ihr Ideal sind die Sonderwirtschaftszonen im pazifischen Raum und die «Tiger»-staaten. Hongkong, Singapur, Taiwan und Südkorea sind zum Beispiel das Ideal der Inder. Selbst die Osteuropäer, unter anderem Lech Walesa, haben von diesem Modell der pazifischen «Tiger» geträumt. Denn ein Großteil Osteuropas ist heute auf dem Marsch in die Dritte Welt. Es beginnt schon in Rumänien und Bulgarien, die gar nicht so weit entfernt sind, ganz zu schweigen von Regionen in der ehemaligen Sowjetunion.

Die «Tiger»-Ökonomien als Trendsetter

Aber nun betrachten wir einmal diese Länder und die chinesischen Sonderwirtschaftszonen, wo mit unserer heutigen Technologie eine Mengenexpansion durchgeführt wird – das geht eindeutig zu Lasten der Umwelt. Nun, man freut sich zunächst über den höheren Lebensstandard. Und wenn man gestern noch vor dem Verhungern stand, dann beeindruckt die Warnung nicht, daß man möglicherweise in 25 Jahren an einer Dioxinvergiftung sterben wird. Das ist heute noch kein Thema.

Das «Tiger»-Modell ist nicht übertragbar ohne schwerwiegende Umweltzerstörungen. Am Beispiel von Schanghai läßt sich das klar zeigen: Die Stadt allein hat 15 Millionen Einwohner. 100 Millionen Menschen leben zudem im Großraum Schanghai, in seiner Fläche etwa vergleichbar mit dem Ruhrgebiet, aber mit ungefähr dem Zehnfachen an Bevölkerung. Im Jahr 2025 werden rund zwei Drittel der 8 Milliarden Menschen in der Dritten Welt in solchen Agglomerationen von 30 bis 120 Millionen Menschen leben.

In Schanghai ist das Fahrrad heute immer noch das wichtigste Transportmittel. Dabei braucht man keine Räder mit 24 Gängen, sondern man hat vorne einen 48er und hinten einen 23er Zahnkranz. Alle fahren mit gemächlichem Tempo, ob jung oder alt. Die Fahrradflut fließt durch die Straßen wie ein zäher Brei, aber dieser Fluß ist immer gleichmäßig. Wenn Sie dort als Ausländer einmal schneller fahren wollen, kriegen Sie nur Ärger. Die Chinesen sind zudem wahre Fahrradkünstler. Stellen Sie sich das so vor: vorne die Oma, drei Kinder, hinten noch ein Schwein und unzählige andere Dinge. Deng Xiaoping hat nun seinen Landsleuten das Auto versprochen. Und schon stehen die Automobilfirmen bereit. Massenmobilität mit dem Auto ist dort jedoch völlig undenkbar.

Auch die Frauen träumen von der Zukunft – natürlich nicht davon, daß sie jeden Tag 300 Meter laufen müssen, um an ihrer Wasserstelle Schlange zu stehen, damit sie einen Eimer Wasser bekommen. Sondern sie möchten den modernen Küchenkomfort haben mit einem Geschirrspüler, einer Waschmaschine und anderem, was in diesen Ballungsräumen dann pro Kopf und Tag zu einem Verbrauch von 300 Litern Wasser führt. Woher das Wasser, wohin mit den Abwässern? Und was ist mit dem Müll? Das ist nicht darstellbar!

Der entscheidende Punkt ist: Machen wir heute noch alles mit einer Standardtechnologie T1, so brauchen wir für das Jahr 2025 völlig neue Technologien. In den Industrieländern können wir durch technischen Fortschritt, Steigerung der Ressourcenproduktivität usw. gegensteuern, so daß das momentane Verbrauchsniveau erhalten bleibt. Was die Katastrophe heraufbeschwört, sind die großen Zuwächse beim Rohstoff- und Energieverbrauch in der Dritten Welt.

So haben die Chinesen unermeßlichen Energiehunger. Da sie über riesige Mengen an Kohle verfügen, setzen sie auf die Kohletechnik. Inzwischen haben unsere Kohlekraftwerke einen Effizienzgrad von 40 Prozent (60 Prozent gehen noch durch den Schornstein oder in die Abwärme). Unsere Ingenieure sind froh, wenn sie mit verbesserten Verfahren auf 45 Prozent kommen. In China hingegen baut man heute mit der Technologie T0 oder T–1 die Kraftwerke der vorherigen Generationen mit 18 Prozent Effizienz. Was dort durch den Schornstein «gejagt» wird, ist unfaßbar. Damit werden unsere Bemühungen, mit noch so hohem Aufwand den Wirkungsgrad um einige Prozente zu erhöhen, weitgehend hinfällig. Diese Entwicklung ist besonders katastrophal, wenn wir an die CO_2-Emissionen und die Risiken des Treibhauseffekts denken.

Die offene Frage ist, ob die Menschheit überhaupt auf dringende Warnungen wird reagieren können. Es wird zwar viel geredet, aber zuwenig getan. Der entscheidende Durchbruch ist noch nicht da. Dabei wäre die Lösung relativ einfach: Der Verbrauch von Rohstoffen, Energie und Umwelt muß verteuert werden. Wir benötigen geschlossene Stoffkreisläufe, Wiederaufarbeitung von Produkten, längere Lebenszyklen. Wenn wir aus Kostengründen Rohstoffe, Energie und Umwelt sparen müssen, werden die Produktionsprozesse zwangsläufig arbeitsintensiver, und wenn das Bruttosozialprodukt buchstäblich wieder erarbeitet werden muß, werden hier auch neue Perspektiven für die Beschäftigung eröffnet.

Es gilt also, möglichst schnell den neuen Technologien zum Durchbruch zu verhelfen. Das Ziel ist, daß die Menschen in der Dritten Welt nicht unsere bisherige Standardtechnologie übernehmen, sondern die völlig neuen Technologien T2 oder T3, die eine vielfache Ressourcenproduktivität ermöglichen. Sie sind als Prototypen bereits weitgehend vorhanden, nur werden sie nicht in den Markt gebracht. Mit ihnen könnten die Menschen in der Dritten Welt ihre Wirtschaft entwickeln und sich einen höheren Lebensstandard erarbeiten.

Unsere Aufgabe besteht darin, diese Technologien im Markt durchzusetzen, um der Dritten Welt eine Alternative zu unseren Wohlstandsvorbildern anbieten zu können. Erforderlich bei uns ist also ein ökologisches Umsteuern der Wirtschaft. Wir müssen die Umwelt ökonomisieren und «mit der Natur rechnen», wie es der vorletzte Bericht an den Club of Rome fordert.

Das Schicksal der Menschheit entscheidet sich in den nächsten Jahrzehnten also in der Dritten Welt! Die entscheidende Frage ist: Welchen Entwicklungsweg ermöglichen wir den Menschen dort? Das ist ein Appell an unsere Fähigkeit, neue Märkte, Produkte und Verfahren zu entwickeln, die weltweit eine nachhaltige Ressourcennutzung ermöglichen. Der jüngste Bericht an den Club of Rome von Professor Ernst

Ulrich von Weizsäcker, Amory B. Lovins und L. Hunter Lovins belegt in eindrucksvoller Weise anhand vieler Beispiele, daß eine Ressourceneinsparung um den «Faktor vier» (so auch der Titel ihres Buches) heute schon möglich ist. Der weitere technische Fortschritt schließt den Faktor zehn in absehbarer Zeit nicht aus.

Schließlich kommt noch eines hinzu: Zur nachhaltigen Nutzung des Naturkapitals werden zu zwei Dritteln technische Lösungen beitragen können, aber auch unsere Ethik und unser Konsumverhalten sind gefordert. Wir müssen lernen, daß wir nicht mehr alles machen können, was wir wollen. Das setzt voraus, daß es eine Umwelterziehung und eine Vorbildfunktion von Eliten gibt – sofern diese noch existieren. Nur wenn wir diesen «Mix» aus Technik und Ethik herstellen können, hat die Menschheit eine Chance zu überleben, wenn überhaupt.

Hat die Menschheit eine Zukunft?

Wir müssen von einer Fülle von «Reibungsverlusten» ausgehen. Es wird keine «glatte Landung» geben. Wenn wir von der Zukunft der Menschheit sprechen, vergessen wir zudem eines: Wir sprechen nur von einem begrenzten Teil der Menschheit, der in materiellem Wohlstand und Frieden lebt. Für viele Menschen, vor allem auch für Kinder in der Dritten Welt, für Hunderte von Millionen von Menschen ist heute schon programmiert, daß sie keine Zukunft und nur eine niedrige Lebenserwartung haben. Wir dürfen nicht vergessen, daß für einen Großteil der Menschheit die Frage nach seiner Zukunft schon entschieden ist.

Wir benötigen einen großen globalen Transformationsprozeß im Hinblick auf Technik, Wirtschaft und Soziales. Und entscheidend kommt hinzu: Wir brauchen Frieden! Die Menschheit müßte alle Energien auf die Lösung der Frage konzentrieren: Wie können wir das Überleben sichern durch einen sozioökonomischen Wandel und durch wirtschaftlich-technologische und intellektuelle Investitionen?

Aber was macht ein Großteil der Menschheit? Im gleichen Atemzug, in dem wir über den friedlichen Aufbau dieser Welt sprechen, finden fünfzig militärische Konflikte statt, in denen man sich mit hoher Motivation wechselseitig umbringt, obwohl man sich doch für den friedlichen Aufbau engagieren sollte. Das ist die Realität, von Frieden sind wir weit entfernt! Unser Krisenmanagement ist immer noch unvollkommen. Das heißt, für die Zukunft brauchen wir vordringlich eine Friedensstabilisierungspolitik, also den Einsatz machtpolitischer Mittel. Die Konflikthaftigkeit dieser Welt wird wahrscheinlich noch zunehmen und auch die Möglichkeit, Konflikte auszutragen – mit den entsprechenden Schäden, weil immer mehr Waffen zur Verfügung stehen.

Die Notwendigkeit des Friedens stärker zu berücksichtigen ist mein Hauptanliegen im Club of Rome. Manches wird zu idealistisch gesehen. Für Afrika und einen Großteil der islamischen Welt ist die Zukunft besonders gefährdet. Aber auch in anderen Regionen ist der Frieden nicht auf Dauer garantiert, sondern sehr instabil. China mit demnächst eineinhalb Milliarden Menschen ist gegen innere Konflikte nicht gefeit. Aus sozioökonomischen, aber auch aus anderen Gründen könnte es, wie häufig in der chinesischen Geschichte, zu inneren Auseinandersetzungen kommen. Auch Indiens Stabilität ist vielfältigen Risiken ausgesetzt. Wir können nur hoffen, daß diese Gefahren nicht eintreten.

Die Jugend ist gefragt

Soweit eine nüchterne Bestandsaufnahme, die jedoch nicht zum Fatalismus verführen soll. Wir haben eine Fülle von Möglichkeiten, und dazu brauchen wir vor allen Dingen die jungen Menschen. Für Jugendliche im Alter von 15 bis 25 Jahren ist das Jahr 2025 von großer Bedeutung. Sie werden es in der Fülle und Mitte ihres Lebens erreichen. Wir müssen aber bereits heute handeln. Wir brauchen die neuen Technologien. Wenn wir uns alle dafür stark machen, den nötigen Umschwung herbeizuführen, dann ist eine lebenswerte Zukunft möglich. Dann haben wir eine Perspektive, etwas in dieser Welt zu verbessern. Ich hoffe, daß es die Jugend noch rechtzeitig merkt und ihre Stimme erhebt für ihre Zukunft, solange es noch kurz vor zwölf ist auf der Uhr dieses Planeten.

Die Macht der Verbraucher

Präzedenzfall «Brent Spar»

Florian Patron

> David tat seine Hand in die Hirtentasche und nahm
> einen Stein daraus und schleuderte ihn und traf
> Goliath an der Stirn.
> *1. Samuel 17, 49*

Bei dem rotgelben Turm, der 28 Meter aus der Nordsee herausragte, handelte es sich um einen schwimmenden Öltank. Mächtige Ankerketten befestigten den 14 500 Tonnen schweren Riesen in der Nähe des Brent-Ölfelds. Dieses Feld ist einer der ertragreichsten Öllieferanten der «Goldgrube» Nordsee. Die Plattform hatte 109 Meter Tiefgang und eine Kapazität von insgesamt 300 000 Barrel (41 000 Tonnen) Öl. Sie diente als Lager zwischen Bohrinseln und Tankern, bevor sie durch ein umfassendes Pipelinesystem am Grund der Nordsee ersetzt wurde. Bereits seit 1991 war sie nicht mehr in Betrieb.

Die Ereignisse

Am 30. April 1995 besetzten Greenpeace-Aktivisten aus Großbritannien, den Niederlanden und Deutschland die ausrangierte Ölplattform «Brent Spar», 190 Kilometer nordöstlich der Shetland-Inseln. Der Shell-Konzern hatte zuvor angekündigt, die Anlage in der Nordsee versenken zu wollen. Greenpeace stützte sich bei der Besetzung auf Angaben von Shell United Kingdom, nach denen die Plattform rund hundert Tonnen mit Schwermetallen versetzte Ölschlämme und rund dreißig Tonnen schwach radioaktive Salzablagerungen enthielt. Am 23. Mai räumte Shell die «Brent Spar». Die deutsche Bundesumweltministerin Angela Merkel sprach sich dagegen aus, die Plattform an einer 2000 Meter tiefen Stelle im Ostatlantik zu versenken. Greenpeace veröffentlichte am 1. Juni eine Meinungsumfrage, die eine überwältigende Boykottbereitschaft der deutschen Bevölkerung und Autofahrer dokumentierte.

Weitere Stimmen gegen eine Versenkung der «Brent Spar» wurden laut. In den frühen Morgenstunden des 7. Juni besetzten Greenpeace-Aktivisten zum zweitenmal die Ölplattform. Die Nordseeschutzkonferenz in Esbjerg (Norwegen) am 8. und 9. Juni diagnostizierte den desolaten Zustand der Nordsee. Die Boykottaufrufe von Verbänden, Vereinen und Meinungsträgern, auch im Ausland (vor allem in den Niederlanden und Großbritannien), verstärkten sich. Greenpeace dagegen hatte zu keinem Zeitpunkt zu einem Boykott aufgerufen. Trotz aller Aufrufe begann Shell, ständig begleitet vom Greenpeace-Schiff «Altair», am 12. Juni damit, die erneut geräumte Plattform an den Versenkungsort zu schleppen. Mittlerweile verstärkten sich die Proteste in Deutschland. Die Tankstellenpächter von Shell verzeichneten tägliche Umsatzeinbußen von zwanzig bis dreißig Prozent.

In einer spektakulären Aktion setzte ein Greenpeace-Hubschrauber am 16. Juni im Beisein von Medienvertretern zwei Kletterer auf der Ölplattform ab. Die Plattform blieb nun endgültig besetzt. Tagelang stand der 14500 Tonnen schwere Stahlkoloß im Mittelpunkt der Medien, und die Autofahrer mieden die Tankstellen des Ölkonzerns. Die aufgeheizte Stimmung fand einen traurigen Höhepunkt in drei Brandanschlägen auf Shell-Tankstellen.

Vier Tage nach der dritten Besetzung, eineinhalb Monate nach der ersten Aktion, hatte das Spektakel ein Ende. Am 20. Juni um 19 Uhr erklärte Shell sich bereit, auf die Versenkung zu verzichten. Greenpeace-Chef Thilo Bode, der einen Tag zuvor bei der BAYREUTHER INITIATIVE für Wirtschaftsökologie e. V. den nachfolgenden Vortrag gehalten hatte, glaubte aber zeitweise nicht mehr an einen Erfolg.

Zum erstenmal hatte die Macht der Verbraucher einen Weltkonzern in die Knie gezwungen. Die ausgediente Plattform wurde in den norwegischen Erfjord geschleppt, wo sie am 11. Juli 1995 verankert wurde.

Ein träger Riese ist einfacher zu besiegen

Die Entsorgung der «Brent Spar» ist ein Probelauf. In den nächsten Jahren sollen rund 400 Plattformen außer Betrieb genommen werden. Die Ölkonzerne würden sie aus ökonomischen Gründen am liebsten im Meer versenken (das entspräche der Versenkung von sechs Millionen Pkw!). Die Umweltorganisation Greenpeace, die sich seit ihrer Gründung für die Weltmeere engagiert, fürchtet dieses Szenario schon seit einiger Zeit. Ihr Anliegen war es daher, die Versenkung der ersten Plattform und damit den Präzedenzfall zu verhindern.

Warum wählten die Umweltaktivisten Shell als Kampagnengegner aus und nicht die auch an der Plattform beteiligte Esso? Eine Greenpeace-Aktion hat mehrere Erfolgsfaktoren, der wichtigste aber ist die Öffentlichkeit. Shell Deutschland führte zu dieser Zeit eine rührende, dreißig Millionen Mark teure Imagekampagne durch, die dokumentieren sollte, daß der Konzern sich «um mehr als Autos kümmere». Eine derartig massive Medienpräsenz und die Empfindlichkeit des neuen Images waren eine ideale Angriffsfläche.

Ein weiterer Grund war die Organisationsstruktur des Konzerns. Shell ist ein Verbund von Unternehmen, die in den verschiedenen Ländern sehr eigenständig arbeiten. Die Kommunikation und Entscheidungsprozesse zwischen den Landeszentralen sind umständlich und langwierig, was es dem Multi schwermacht, in Krisenfällen schnell zu reagieren. Ein träger Riese ist einfacher zu besiegen.

Über Sympathisanten und Demonstranten

Wie immer bei dramatischen Ereignissen sind unter den Kritikern auch einige, die protestieren, um die Fünfzehn-Sekunden-Medienpräsenz für eigene Zwecke zu nutzen. Obwohl es sich oft um billigen Populismus oder gar Zynismus handelt, helfen solche Trittbrettfahrer. Jeder Protest schafft mehr Öffentlichkeit, ob für die Sache oder für die Demonstranten.

Auf dem Höhepunkt der Unmutsäußerungen protestierte sogar der Auto Club Europa (ACE) energisch gegen die Versenkung. Genauso kurios, aber der Aktion dienlich, handelten wir, die umweltbewußten Autofahrer, die entschlossen und mit dem kämpferischen Mut der Greenpeace-Aktivisten vor der Shell-Tankstelle abbogen, um diesmal bei Esso zu tanken. So hat jeder seinen kleinen Beitrag zum Schutz der Nordsee geleistet.

Die zum Finale der Aktion brisante Stimmung war künstlich erzeugt. Sie wurde von den auf derartige Öffentlichkeitslawinen spezialisierten professionellen Greenpeace-Campaignern initiiert.

Greenpeace mußte am Ende einen schwerwiegenden Fehler eingestehen. Die Behauptung, auf der «Brent Spar» befänden sich zusätzlich
noch 5500 Tonnen Rohöl, stellte sich als falsch heraus. Aber diese
Falschaussage war im Hinblick auf die Grundforderung, Plattformen
nicht im Meer zu versenken, ohne Belang.

Schwächen in der Darstellung

Royal Dutch/Shell hat 1995 ein Rekordjahr erlebt. Die Gruppe steigerte
ihren Umsatz um dreizehn Prozent auf 95,45 Milliarden Pfund. Konzernchef John Jennings kommentierte die dramatischen Umweltsünden des Konzerns, die 1995 mit der «Brent Spar» und den enormen
Umweltschäden in Nigeria ans Licht kamen, als «Schwächen in der
Darstellung nach außen» («Süddeutsche Zeitung», 22. Februar 1996).

Ob Umweltvergehen auch weiterhin die Glaubwürdigkeit ihrer
Verursacher schädigen, liegt an uns und den Umweltorganisationen.
An jenen, die aufstehen und sagen: «So nicht!»

Einführung in den Vortrag von Thilo Bode

Greenpeace – nur wenige sind besser berufen

Thomas Bargatzky, Lehrstuhl für Ethnologie,
Universität Bayreuth

Die Qualität unserer Einstellung gegenüber der Natur in der Moderne wird deutlich erkennbar, wenn wir sie mit den Anschauungen der Menschen in früheren Epochen vergleichen. So gründet bei Aristoteles das Wesen der Dinge in den Eigenschaften, die sie in sich selbst tragen. Daher können wir die Natur aus aristotelischer Perspektive nur erkennen, wenn wir sie aus sich selbst heraus verstehen.

Im Alten Testament loben die Geschöpfe den Schöpfer durch das, was sie sind (Psalm 104), und der Mensch ist zu ihrem Herrn und Hüter bestellt. Genau das meint jenes Gebot, der Mensch möge sich die Erde untertan machen (Genesis 1,28). Erst seit der Neuzeit wird dieses Gebot als Freibrief zur Ausbeutung der Natur mißverstanden. In der Neuzeit vollzog sich auch die Abkehr von der aristotelisch-teleologischen Sicht der Natur. Dies geschah nicht etwa wegen ihrer Fehlerhaftigkeit oder Ungenauigkeit, sondern weil sie ungeeignet ist, uns zu Herren und Meistern der Natur zu machen – so René Descartes.

Ethische Entscheidungen stehen also am Beginn des neuzeitlichen Zugriffs auf die Natur; und auch am Beginn der Versuche, die Natur davor zu schützen, stehen Entscheidungen ethischer Art. Einen Naturschutz im engeren Sinn – als Schutz der außermenschlichen Natur – verzeichnen wir seit den dreißiger Jahren des 19. Jahrhunderts als Folge der fortschreitenden Ausbeutung der Naturkräfte. Naturschutz im weiteren Sinne – nämlich als Schutz der menschlichen Natur – gibt es aber bereits seit dem Beginn des geschriebenen revolutionären Verfassungsrechts in Frankreich und Nordamerika, wo den Menschen natürliche Rechte zugeschrieben werden, die ihnen durch keine politische Macht entzogen werden können. Von hier ging der Gedanke universeller Menschenrechte aus, über den im Abendland heute ein Grundkonsens besteht. Was uns in der Moderne aber mehr denn je fehlt, ist eine grundsätzliche Einigkeit über universelle Rechte der

Natur. Daher gibt es auch keine ökologische Ausrichtung der Gesellschaft.

Nur wenige sind besser dazu berufen, zu diesem Thema zu sprechen, solch eine Ausrichtung der Gesellschaft anzumahnen, als Greenpeace und sein Geschäftsführer Thilo Bode. Liest man seinen Lebenslauf nach, dann entsteht zunächst freilich nicht der Eindruck eines Menschen, dem die Sorge um die Natur in die Wiege gelegt worden ist. Sein Studium der Soziologie und der Volkswirtschaftslehre in München und Regensburg schloß er 1972 mit dem Diplomvolkswirt ab. Es folgte eine Forschungstätigkeit an der Universität Regensburg zum Thema «Direktinvestitionen in Entwicklungsländern». Im Rahmen dieses Forschungsprojekts wurde er im Jahr 1975 promoviert; Thema der Dissertation war: «Direktinvestitionen in Malaysia». Es folgten eine Reihe von Consulting-Aufgaben bei Lahmeyer International in Frankfurt am Main. Zu nennen wäre zum Beispiel eine Beratertätigkeit für Planung und Überwachung von Infrastrukturprojekten in der Dritten Welt. Ähnliche Aufgaben übernahm Thilo Bode bei der Kreditanstalt für Wiederaufbau. Darauf folgte eine fünfjährige Tätigkeit als unabhängiger Berater für internationale Organisationen und Unternehmen, auch für Regierungen.

Seit 1989 ist Thilo Bode schließlich Geschäftsführer von Greenpeace Deutschland (und seit 1995 von Greenpeace International). Dieser Einsatz für Greenpeace erscheint nicht gerade als logische Konsequenz eines in der Wirtschaft verankerten beruflichen Lebenswegs. Daß die ökologische Ausrichtung des Individuums gelingen kann, haben Sie, Herr Dr. Bode, damit eindrucksvoll bewiesen. Wie aber kann die ungleich schwerere Aufgabe gelingen – die ökologische Ausrichtung der Gesellschaft?

Wie gelingt die ökologische Ausrichtung der Gesellschaft?
Thilo Bode, Geschäftsführer von Greenpeace International

> Ich habe die Gesellschaft nicht in dem Maße verändert,
> wie ich es mir gewünscht hätte.
> *François Mitterrand*

Ich freue mich sehr, daß ich heute hier sein kann. Natürlich bin ich etwas kribbelig, weil es bei uns zur Zeit viel zu tun gibt. Vielleicht kommen wir nachher noch einmal darauf zu sprechen.

Die heutige Frage heißt: Wie gelingt die ökologische Ausrichtung der Gesellschaft? Die Antwort heißt: Ich weiß es nicht! Ich kann es Ihnen nicht sagen. Ich kann höchstens ein paar Elemente zur Antwort beitragen. Aber es wäre absolut unanständig, zu sagen, wir wüßten es. Ich weiß nicht einmal, was das heißt, «die ökologische Ausrichtung der Gesellschaft». Vermutlich diejenigen, die das Referatsthema vorgegeben haben, auch nicht. Heißt es, daß die Gesellschaft ökologisch ausgerichtet ist, wenn 92 Prozent der Autofahrer nicht mehr bei Shell tanken?

Nachhaltige Entwicklung

Es ist kein Zufall, daß es so schwierig ist, ökologische Ausrichtung zu definieren. Wenn man sich einmal ernster mit der Frage beschäftigt, was man darunter verstehen soll, dann kommt man schnell zum Begriff «nachhaltige Entwicklung». Nachhaltige Entwicklung ist ein beliebter Modebegriff. Er ist meines Wissens 1987 geprägt worden. Damals haben die Vereinten Nationen einen Bericht anfertigen lassen, Kommissionsleiterin war Frau Brundtland, die heutige norwegische Ministerpräsidentin. Sie hat nachhaltige Entwicklung, grob gesprochen, auf diese Weise definiert: Man müsse in der Gegenwart so wirtschaften, daß dies nicht auf Kosten der kommenden Generation gehe.

Das ist eine sehr weite Begriffsbestimmung, wie Sie sich vorstellen können. Im Gegensatz dazu gibt es auch engere Definitionen, die eher ökologisch-technischer Art sind. Zum Beispiel diejenige, die sich die Enquete-Kommission des Deutschen Bundestags zum Schutz der Erdatmosphäre zu eigen gemacht hat: Die Rate des Abbaus nachwachsender Ressourcen dürfe nicht höher sein als die Rate ihrer Regeneration. Endliche Rohstoffe dürften nicht schneller ausgebeutet werden, als sie durch nachwachsende Rohstoffe ersetzt werden könnten. Und: Die Belastung der Ökosysteme dürfe nicht so stark sein, daß diese gefährdet würden. Das ist eine äußerst strenge Definition, deren Kriterien meiner Meinung nach fast unerreichbar sind.

Dann gibt es andere Definitionen wie zum Beispiel die, die der Unternehmerrat für nachhaltige Entwicklung verwendet. Sie kennen vielleicht das Buch von Stephan Schmidheiny, «Kurswechsel». Das Dokument ist zur Konferenz von Rio vorgelegt worden. Darin wird nachhaltige Entwicklung im wesentlichen gleichgesetzt mit der sogenannten «Effizienzrevolution»; das heißt nichts anderes, als möglichst wenig Rohstoffe und Energie pro Produkteinheit zu verbrauchen.

Problematisch ist heute, daß fast jeder den Begriff der nachhaltigen Entwicklung mit Begeisterung benutzt. Besonders die Unternehmer gebrauchen ihn heute euphorischer als die Umweltbewegung. Der Begriff ist zur Worthülse verkommen. Wenn er erwähnt wird, denkt man, das ist etwas Gutes, und wenn man näher hinsieht, dann realisiert man, daß eigentlich alles verbale Masturbation ist.

Wenn ich Ihnen zum Beispiel einmal aus dem neuesten Umweltbericht der BASF vorlesen darf, wie hier dieser Begriff versloganisiert wird: «Die schnell zunehmende Weltbevölkerung stellt die Menschheit vor wachsende Probleme. Die Befriedigung der Grundbedürfnisse wie Ernährung, Kleidung, Wohnen und Gesundheit gilt es zu gewährleisten, ohne zukünftigen Generationen die Chance zu ihrer Entwicklung zu nehmen. Die Antwort der Chemie ist das weltweite Leitbild des Sustainable Development. Damit verpflichtet sich die chemische Industrie, ihrer ökonomischen, sozialen und ökologischen Verantwortung ausgewogen gerecht zu werden.» Das klingt alles schön, ist aber sehr allgemein. Auf der anderen Seite sollte man vielleicht den Verfassern solcher Worthülsen zugute halten, daß es möglicherweise einige gibt, die es ernst meinen, und das ist besser als gar nichts.

Was ist die Antwort auf dieses Dilemma? Ich glaube, wir sollten viel bescheidener sein und uns endlich von diesen Phrasen verabschieden. Vielleicht sollten wir, wenn wir fragen: «Wo wollen wir hin?» einfach sagen: «Wir müssen Zeit gewinnen!» Wir müssen Zeit gewinnen, weil es eine dramatische Entwicklung ist, die wir ja gar nicht mehr bemerken, da man Umweltverschmutzung nicht mehr am eigenen Leib spürt. Aber was sich an Vernichtung von Ressourcen abspielt, hat so eine Geschwindigkeit angenommen, daß es tatsächlich zuerst darum geht, Zeit zu gewinnen. In welchen Bereichen? Da nenne ich einmal drei: die Ökosysteme Wälder und Meere und den Energieverbrauch. Ich plädiere dafür, daß man sich für diese Bereiche konkrete Ziele setzt, statt schwammige Definitionen vor sich herzuschieben.

Interessanterweise ist es nicht so wie zu den Zeiten, als der Club of Rome seinen ersten Bericht vorgelegt hat, als die Erschöpfbarkeit der endlichen Ressourcen im Vordergrund stand. Heute besteht die eigentliche Krise darin, daß die nachwachsenden Ressourcen überausgebeutet werden. Und zwar gilt das besonders für die Wald- und Meersysteme der Erde, in denen im wesentlichen alle Arten vorkommen.

Wenn die Urwälder weiter mit der gegenwärtigen Rate abgeholzt werden, werden im Jahr 2020 keine Urwälder mehr bestehen. Die Ausbeutung der Meere, besonders durch Fischerei und Übernutzung, bewirkt ebenfalls, daß die Artenvielfalt in diesem System nicht nur gefährdet ist, sondern dramatisch abnimmt. Das Artensterben vollzieht sich heute mit einer Geschwindigkeit von einem Faktor 1000 bis 10000. Das ist ein irreversibler Prozeß, denn die Arten, die weg sind, sind es endgültig.

Nun werden Sie einwenden, es hat schon immer Artensterben gegeben. Das ist richtig. Das Artensterben gehört zur Evolution. Die geläufigen Beispiele kennen Sie ja alle. Aber heute ist das Artensterben durch Menschenhand gemacht und vollzieht sich in dramatischem Tempo.

Ich weiß nicht, ob ich soweit gehen sollte, zu fragen: Warum wollen wir die Artenvielfalt erhalten? Da kommen wir auf ein Grundproblem. Warum ist die biologische Vielfalt erhaltenswert? Meine Antwort ist: Sie ist erhaltenswert, weil die Menschheit beschlossen hat, sie zu erhalten. Es gibt nämlich Konventionen, wie die Konvention von Rio, die das glasklar sagen. Dahinter steckt ein ethisches Grundverständnis, das auch ich teile. Darauf will ich gar nicht eingehen. Ich sage nur, wenn die Menschheit beschlossen hat, die biologische Vielfalt zu erhalten oder den Prozeß der biologischen Evolution nicht irreversibel zu zerstören, dann sollte sie das auch tun, und man sollte sie anhalten, zu handeln.

Ein weiteres Ziel ist es, den Energieverbrauch zu reduzieren. Einmal, weil sich das Klima erwärmt, wenn zuviel fossile Energie verbraucht wird; die Auswirkungen der sogenannten Klimakatastrophe sind zwar nicht exakt vorauszusagen, aber das Vorsorgeprinzip gebietet hier, etwas zu tun. Zum anderen, weil die Intensität der Stoffumwandlungen und Materialströme, die auch in geschlossenen Stoffkreisläufen die Umwelt durch Emissionen, Abwärme und Abfälle belasten, letztlich vom Energieeinsatz abhängig ist. Die Umweltzerstörungen können nur reduziert werden, wenn der Energieverbrauch insgesamt zurückgeht. Deswegen muß dieser verringert werden. Internationale Konventionen wie das «International Panel on Climate Change» sagen, daß wir den Energieverbrauch bis Mitte des nächsten Jahrhunderts um achtzig Prozent reduzieren müssen.
Es bestehen also drei konkrete Ziele:

- Stopp des Raubbaus in den Meeren!
- Stopp des Raubbaus in den Wäldern!
- Runter mit dem Energieverbrauch um fünfzig bis achtzig Prozent!

Wenn man das durchführt, dann braucht man nicht länger über nachhaltige Entwicklung zu faseln.

Die nächste Frage ist natürlich: Wie gelingt es, diese Ziele zu erreichen?

Rahmenbedingungen

Wir haben in der Umweltpolitik eine ähnliche Situation wie in anderen politischen Gebieten, wie zum Beispiel im Bildungssystem, in der Rentenpolitik, im Gesundheitssystem oder bei der Steuerreform. Das sind alles gesellschaftliche Fehlentwicklungen oder Bereiche, die auf eine Reform warten. Jeder weiß, daß man etwas tun muß, aber es geschieht nichts.

Genauso ist es in der Umweltpolitik. Es geschieht zwar etwas, aber nicht genug. Ich habe vor zwanzig Jahren studiert, und ich rede mit vielen Studenten. Es ist einfach erschütternd, wenn man sich vorstellt, daß wir damals schon über die Reform der Universitäten diskutiert haben und sich praktisch nichts geändert hat. Welche Gesellschaft kann es sich eigentlich erlauben, solche Probleme ein Vierteljahrhundert aufzuschieben? Und wenn es um Überlebensfragen geht, bei denen wir noch viel weniger Zeit haben, dann wird es ernst.

Es ist bekannt, daß größere gesellschaftliche Veränderungen immer erst dann erfolgt sind, wenn der Leidensdruck groß genug war. Also, die Renten werden wahrscheinlich erst reformiert, wenn kein Geld mehr in der Rentenkasse ist. Und die Gesundheitsreform kommt erst in Gang, wenn die Krankenkassen nicht mehr zahlen können. Und das Verkehrssystem werden wir wahrscheinlich erst ändern, wenn wir alle nur noch stehen auf den Straßen.

Wird sich auch in der Umweltpolitik erst etwas ändern, wenn der Leidensdruck groß genug ist? Wenn das der Fall wäre, dann wäre es ziemlich fatal. Es besteht zumindest die Gefahr, daß wir den Leidensdruck gar nicht spüren. Abgesehen davon, daß Sie sich in Neuseeland und Australien ziemlich gut eincremen müssen, wenn Sie in die Sonne gehen. Die globale Erwärmung? War der letzte Sommer ein Ausdruck der Klimakrise? Wir wissen es doch gar nicht. Und wenn es ein bißchen wärmer ist, finde ich es sehr schön. Wir merken auch nicht direkt, daß die Urwälder in Kanada hopsgehen. Ich weiß, da gibt es zwar das Argument mit den Allergien, aber man kann ja nicht sagen, daß wir in eine ganz schreckliche, unmittelbar bevorstehende Zukunft taumeln. Im Gegenteil – ich komme gleich darauf zurück –, wir befinden uns in einer Phase der kulturellen Entwicklung, die durch so viel materiellen Reichtum und so viel Freiheit geprägt ist wie keine andere zuvor. Es könnte also sein, daß dieser Leidensdruck, der oftmals bewirkt, daß Gesellschaften sich ändern, in der Umweltpolitik gar nicht eintritt.

Jetzt möchte ich aber trotzdem nicht so pessimistisch sein und überlegen, was man denn pragmatisch tun kann, damit sich etwas ändert. Das Wichtigste ist – aus unserer Sicht heute –, daß sich die wirtschaftlich-rechtlichen Rahmenbedingungen für das Wirtschaften ändern müssen. Ich glaube, daß Bemühungen, in der Umweltpolitik praktische Fortschritte zu machen, vergeblich sind, wenn wir nicht das

Anreizsystem ändern. Heute ist es doch so, daß energieverschwenderisches Agieren belohnt und energiesparendes Verhalten bestraft wird. Das kennen wir alle, das Verursacherprinzip wird nicht eingehalten. Die externen Kosten des Energieverbrauchs sind bei weitem nicht in den heutigen Marktpreisen enthalten. Das Flugbenzin, das nicht besteuert wird, ist einer der krassen Fälle. Das führt natürlich dazu, daß viel Energie verbraucht wird, und der hohe Energieverbrauch ist ein wesentlicher Faktor für unsere zerstörerische Wirtschaftsweise.

Interessant ist einmal, sich zu überlegen, wann diese Entwicklung eingesetzt hat. Man kann zurückverfolgen, daß etwa Mitte der fünfziger Jahre der Übergang von der Industrie- zur Konsumgesellschaft stattgefunden hat. Damals ist das billige Erdöl in Erscheinung getreten. Das Erdöl mit seinem realen Preisverfall hat dazu geführt, daß wir heute immense Stoffdurchsätze in unserer Wirtschaft haben. Auch die Abfall-, die Zersiedelungs- und die Emissionsprobleme sind im wesentlichen Folgen dieses Energieverbrauchs. Die Menge an Abfall, die wir uns leisten, ist nichts anderes als vernichtete Energie.

Als dieses billige Energiepotential noch nicht im Markt war, war Recycling durchaus gängig. Ich erinnere an den Beruf des Kesselflikkers. Den gibt es heute gar nicht mehr, weil es billiger ist, den Kessel wegzuschmeißen und sich einen neuen zu holen. Oder wenn Sie einen Fernseher haben, der kaputt ist, den repariert Ihnen heute keiner mehr. Aufgrund der niedrigen Energiepreise ist die Arbeitsproduktivität enorm gestiegen in den letzten Jahrzehnten, schneller als die Kapitalproduktivität. Der Faktor, der relativ im Überfluß vorhanden ist, nämlich Arbeitskraft, ist eingespart worden durch technischen Fortschritt, und das, was knapp, endlich, begrenzt ist, wird im Übermaß verschwendet. Wir sind heute in einer Situation, wo die Preisrelation zwischen Material oder Kapital einerseits und Arbeit andererseits völlig pervertiert ist. Das wird man umdrehen müssen.

Damit komme ich zum Stichwort Energiebesteuerung. Die Energiepreise müssen konstant steigen, und die Preise für den Faktor Arbeit müssen konstant gesenkt werden. Natürlich muß das eine aufkommensneutrale Steuer sein. Aber wenn die Energiepreise nicht steigen – das muß doch jedem einleuchten –, dann können wir den Energieverbrauch nicht radikal senken. Wie soll man ein Sparauto oder Sparmobil im Markt durchsetzen, wenn das Benzin so billig ist? Wie soll man achtzig Prozent des Energieverbrauchs einsparen, wenn die Energiepreise nicht steigen? Das ist einfach nicht zu machen.

Eine Energiesteuer ist eine marktwirtschaftliche Lösung, da sie dem Verursacherprinzip entspricht. Was mich heute in der politischen Diskussion wundert, ist, daß dies von Unternehmern und Unternehmerverbänden zurückgewiesen wird, die jahrelang dafür gekämpft haben, daß endlich marktwirtschaftliche Lösungen ins Spiel kommen.

Im letzten Jahr haben wir beim Deutschen Institut für Wirtschaftsforschung (DIW) eine Studie in Auftrag gegeben, die konkreten Auswirkungen einer aufkommensneutralen Energiesteuerreform durchzurechnen. Die Ergebnisse sind ziemlich überraschend: auf volkswirtschaftliches Wachstum, Außenhandelsrelationen etc. keine negativen Auswirkungen; Verringerung des Energieverbrauchs um 25 Prozent; Arbeitsplätze in der Größenordnung von 500000 bis zu einer Million werden geschaffen. Das Gutachten hat die politische Diskussion enorm beflügelt. Alle gesellschaftlichen Gruppen, die ernsthaft darüber reden, beziehen sich heute auf diese Studie.

Diese Reform brauchen wir unbedingt. Sie ist aber nur eine notwendige und keine hinreichende Bedingung für eine «ökologische» Gesellschaft. Ungelöst ist nach wie vor die Frage des Wirtschaftswachstums.

Bei allen gesellschaftlichen Kräften, bei allen Parteien von den Grünen bis zur CSU wird in den Programmen implizit unterstellt, daß das Wirtschaftswachstum weitergeht. Es wird zwar mal von qualitativem Wachstum gesprochen, aber nicht genau gesagt, was das ist. Der eigentliche Punkt, daß wir, auch wenn wir noch so effizient Energie und Rohstoffe einsetzen, irgendwann einmal an die Effizienzgrenzen stoßen und der Stoffdurchsatz weiterwächst, wird ausgeklammert. Und das ist das Kernproblem, denn in einer begrenzten Welt ist ein unbegrenztes Wachstum nicht möglich. Ich habe noch keinen Wissenschaftler gesprochen, der sich damit beschäftigt, wie man den absoluten Stoffdurchsatz begrenzen kann, ohne die Dynamik der Marktkräfte zu blockieren. Ich finde, das ist die entscheidende Aufgabe für die Zukunft.

Unser System ist auf Wachstum angelegt. Es gibt Leute, die beschäftigen sich mit den Ursachen des Wachstumszwangs wie zum Beispiel Professor Binswanger in St. Gallen. Aber die Frage, wie wir Wachstumsgrenzen einhalten können, ohne die Wirtschaft zu ersticken, wird heute nicht behandelt. Das ist für mich die zentrale Frage, der sich nicht nur Politiker, sondern besonders auch Wissenschaftler stellen müssen.

Greenpeace hat ebenfalls keine Lösung, und wir wollen dazu demnächst wissenschaftliche Arbeiten vergeben.

Einbahnstraßendenken

Ein weiterer Aspekt ist die Forschungspolitik. Ich habe neulich auf dem Verkehrsforum in Berlin einen Vortrag halten müssen über die Frage «Forschungspolitik und nachhaltige Entwicklung». Da war ich wirklich überrascht. Das ist ja ein Bereich, in dem der Staat durch politische Maßnahmen etwas machen kann. Er liegt in seiner Zuständigkeit, und wenn nachhaltige Entwicklung oder das Überleben der Menschheit so wichtig ist, dann müßte man doch davon ausgehen, daß der Staat die Forschungspolitik im wesentlichen diesem Thema widmet. Aber da stößt man darauf, daß sehr viel Geld ausgegeben wird für Landminen, für Eurofighter, für Fusionstechnologie, und dann fragt man sich: Für wen und wessen Zukunft ist eigentlich ein Zukunftsministerium da? Vier Prozent des Forschungsetats gehen in die Ökologie. Und davon landen achtzig Prozent in «end of pipe»-Technologien und nur zehn Prozent im sogenannten integrierten Umweltschutz, der darauf ausgerichtet ist, nicht erst den Dreck zu machen und dann die Reparaturtechnik zu entwickeln, sondern von Anfang an Umweltverschmutzung zu vermeiden. Das «Zukunftsverständnis» unserer Regierung spiegelt sich in der von ihr betriebenen Forschungspolitik wider. Die Öffentlichkeit muß hier nachhaken.

Ich will nur kurz darauf eingehen, daß die Industrie eigentlich Innovationsmöglichkeiten besitzt, die in ihrem Charakter von der gängigen technologischen Entwicklung abweichen. Da hat es interessante Beispiele gegeben: die Entwicklung des FCKW- und FKW-freien Kühlschranks oder des ersten chlorfrei gebleichten Tiefdruckpapiers der Welt. Gegenwärtig machen wir sehr interessante Erfahrungen mit der Entwicklung des Dreiliterautos.

Es ist unglaublich, in welcher Einbahnstraße Unternehmen denken. Aus Angst vor Marktungleichgewichten und wegen eines sehr begrenzten Blickwinkels der Ingenieure werden im wesentlichen Fehlentwicklungen optimiert. Der FCKW/FKW-freie Kühlschrank, der ja nun wirklich keine technologische Wahnsinnserfindung ist – seit achtzig Jahren wird mit Naturgasen gekühlt –, war einfach nicht im Entwicklungsprogramm. Und Nikolaus Hayek, der das «Swatch-Auto» mit Mercedes entwickelt hat, hat mir einmal gesagt: «Der Piëch (Vorstandsvorsitzender der Volkswagen AG) kennt jede Schraube am Vierzylindermotor, aber einen Zweizylindermotor kann er sich nicht vorstellen.» Man sollte diese Aspekte nicht überbewerten, aber ich glaube, daß es hier auch um die Einstellung und die Weitsicht einer neuen Ingenieursgeneration geht.

Verhaltensänderungen

Daß alles vergeblich ist, wenn sich das Verhalten von Unternehmern, Politikern und Konsumenten nicht ändert, ist eine Binsenweisheit. Normalerweise heißt es ja am Ende von Vorträgen, wir bräuchten endlich ein anderes «Wertesystem». Was ist realistisch?

Unternehmen haben heute explizit eine gesellschaftspolitische Verantwortung übernommen. Es muß ja nicht in allen Fällen so kraß sein wie bei der Werbekampagne des Shell-Konzerns. Aber auch er hat die Richtlinien der Internationalen Handelskammer für Sustainable Development unterschrieben. Ich akzeptiere durchaus, daß die Unternehmen an die Grenze stoßen, was ihr ökologisches Engagement anbelangt. Man fordert zum Beispiel von ihnen, daß sie den Energieverbrauch und die Emissionen reduzieren und möglichst zu einer abfallfreien Produktion kommen. Das kostet natürlich Geld. Man könnte diese Investitionen wesentlich beschleunigen, wenn man eine Energiesteuer einführen würde.

Unternehmensethik bedeutet für mich heute, daß die Unternehmen an dem Ziel mitarbeiten, die Rahmenbedingungen zu ändern, also zum Beispiel daran, eine ökologische Steuerreform durchzusetzen. Es wäre also wichtig, daß große Unternehmen in Bonn und Europa etwas tun, um die Rahmenbedingungen zu ändern, und zwar über ihre Verbände, denn das sind ihre Organisationen, die Politik machen. Aber da gibt es ein unheimliches Bremsen. Die Verbände müssen den kleinsten gemeinsamen Nenner vertreten, und der rückständigste der Klienten prägt das

Verbandsprogramm. Sie sehen das am besten an Hans-Olaf Henkel, dem neuen Präsidenten des Bundesverbands der Deutschen Industrie (BDI). Das war ein durchaus fortschrittlicher und moderater Mann, bevor er diesen Job übernommen hat. Was der jetzt so losläßt, das ist unglaublich. Ich weiß nicht, ob Sie das interessante Dossier in der «Zeit» gelesen haben, wie der BDI und die europäischen Unternehmerverbände die Idee einer europäischen Energiesteuer zu Fall gebracht haben, so schwach sie auch gewesen sein mag. Das ist ein richtiges Lehrstück.

Aber wenn die Unternehmen über ihre Verbände jedweden Fortschritt zu ökologischen, wirtschaftsfördernden Rahmenbedingungen verhindern, dann sollten sie wenigstens so ehrlich sein, ihre Sprüche von der gesellschaftspolitischen Verantwortung nicht mehr zu dreschen. Hier müßte sich etwas ändern. Wenn Unternehmer mich fragen, was sie tun können, dann sage ich immer: «Spenden Sie nicht an Greenpeace, sondern schreiben Sie an den Verband, er soll fortschrittliche Verbandspolitik machen.»

Das Problem der Politiker kennen Sie: Macht auf Zeit, Verantwortung auf Dauer. Das ist ein unauflösbarer Gegensatz. Wenn man wieder an die Macht kommen will, dann lohnt es sich oft nicht, langfristige Entscheidungen zu treffen. Ich kenne hier keine Lösung, aber man müßte sich schon überlegen, wie man «incentives», Anreize, einbauen könnte, damit Politiker vernünftige, langfristige Entscheidungen fällen.

Ich rede nicht von Ökodiktatur. Ich bin komplett gegen diese Idee. Wir sind eine weitverbreitete Organisation und in vielen Ländern auch präsent, wo demokratische Freiheiten nicht so etabliert sind wie bei uns. In Diktaturen gibt es keine freien Informationen. Das ist ja einer der wesentlichen Nachteile der Diktatur. Das führt meistens dazu, daß die Umwelt vernachlässigt wird.

Bei den Konsumenten glaube ich auch nur an das Incentive-System. Ich glaube nicht an Appelle. Was sich mit dem Shell-Boykott abspielt, ist zum Teil sehr heuchlerisch, auch von der Konsumentenseite. Man tankt nicht bei Shell und fährt hundert Meter weiter zu Aral.

Ich glaube, es geht nur mit Zwang. Ich zum Beispiel funktioniere überhaupt nur mit Zwang. Wenn ich mal mit dem Auto fahre, dann fahre ich nicht nur 120, sondern schneller. Helmut Schmidt hat einmal gesagt: «Wenn man vernünftig ist, dann freut man sich, gezwungen zu werden.» Im übrigen hat jeder seine ökologischen Schwächen. Wenn man mal bei jedem einzelnen genau dahinterschaut, dann gibt es nur wenige ökologisch wirklich vernünftige Menschen. Wir brauchen alle ein Incentive-System, das uns zwingt, uns etwas ökologischer zu verhalten.

Jetzt haben Sie sicher schon festgestellt, daß ich in meinem Vortrag mehr Fragen gestellt habe, als Antworten zu geben. Ich habe aber einen Vorschlag, der vielleicht dazu führt, daß die Gesellschaft sich verändert. Denn über was reden wir hier eigentlich? Wir reden über eine Revolution. Wir können Ökosteuern und alles andere einführen. Aber wenn wir einmal ganz ehrlich sind, dann wissen wir, daß die Art und Weise, wie unsere Gesellschaft heute lebt, produziert, konsumiert und entsorgt, nicht durchzuhalten ist. Meine Generation schafft das noch, Ihre auch. Aber die nächste Generation nicht mehr. Wir brauchen mehr Offenheit in der Debatte. Wir kennen keine Lösungen, aber es wäre gut, wenn es diese Offenheit gäbe, wenn wir endlich von dem verbalen Konsens zu einem realen Konsens über unsere Zukunft kommen würden.

Ich weiß nicht, ob Sie das Grundsatzprogramm der CDU kennen. Das kann Greenpeace sofort unterschreiben. Wahrscheinlich würde das jeder von Ihnen auch unterschreiben. Aber das ist nur ein verbaler Konsens, es ist kein realer. Wenn es nämlich wirklich zu Änderungen kommt, dann zucken alle zurück. Wenn sich die Menschen entscheiden, nicht verhindern zu wollen, daß die biologische Vielfalt zerstört wird, dann finde ich es okay. Wenn die Mehrheit es will, dann würde ich mich danach richten. Ich möchte nur, daß die Menschheit und die Gesellschaft genau wissen, was sie tun. Und diese Debatte wird in der Gesellschaft nicht geführt. Am Sonntag wird gesagt, wir wollen die Natur bewahren, und am Montag ist «business as usual». Bei allen von uns.

Das hieße natürlich auch, daß die Unternehmer Abstand nehmen von ihren schrecklichen Imagekampagnen. Ich halte diese Werbeagenturen, die Konzernen wie Shell solche Programme aufschwatzen, schon für ziemlich irre. Aber der Konzern ist auch plemplem, wenn er so etwas macht.

Hysterie der Gesellschaft

Wer ändert Einstellungen? Natürlich die Leute, die die Medien beherrschen und die öffentliche Diskussion bestimmen. Aber auch die Politiker haben die Aufgabe, uns die Wahrheit einzuschenken. Ich gebe zu, das kollidiert mit dem Konflikt «Macht auf Zeit, Verantwortung auf Dauer». Wir sollten uns jedoch die Politiker danach aussuchen, ob sie uns die Wahrheit sagen. Dazu ein schönes Zitat von dem Journalisten Bernd Ulrich in der «Wochenpost». Er nimmt auf etwas Bezug, was man fast auch ein bißchen als «Hysterie der Gesellschaft der Industrieländer» bezeichnen kann. Wenn irgendeine politische Änderung zur Debatte steht, dann taucht sofort das Gespenst der Massenarbeitslosigkeit, des wirtschaftlichen Niedergangs und der Standortvorteilsverluste in der Debatte auf. Es heißt immer gleich, wir stünden kurz vor dem Untergang. Aber wenn wir diese Mentalität haben, dann können wir überhaupt nichts ausrichten. Bernd Ulrich schreibt:

«Nie vorher und nie wieder werden so viele Menschen über so viel materiellen Reichtum pro Kopf verfügen wie die Bewohner der westlichen Industriestaaten in der zweiten Hälfte des 20. Jahrhunderts. Ökologische Politik muß sich fragen, ob sie diese Tatsache verstecken oder lieber vertreiben soll. Und wenn dann aus so viel Reichtum so wenig Glück entspringt, dann brauchen wir eine Revolution des Gefühls, dann muß sich unsere Glücksproduktion sprunghaft effektivieren, dann müssen wir aus deutlich weniger Energie und Rohstoffen bedeutend mehr Zufriedenheit erzeugen. Ökologische Politik müßte darum jeder Art von sozialer und ökonomischer Hypochondrie entgegentreten.»

Ich halte das für sehr wichtige Worte.

Die Umweltbewegung

Ich habe noch etwas Kritisches anzumerken über die Umweltbewegung. Ich glaube, daß wir auch Fehler machen. Ich glaube, daß Greenpeace viel zu lange darauf verzichtet hat, den Autofahrer zu attackieren. Mittlerweile bin ich der Meinung, daß der Käufer eines Autos die gleiche moralische Verantwortung hat wie Herr Piëch. Wir können uns nicht immer nur die Unternehmer als Sündenböcke aussuchen. Das heißt jetzt nicht, daß ich hier in diesem Moment die Greenpeace-Strategie total ändere. Wir wissen schon, daß gewisse Leute an gewissen Stellen sitzen und Möglichkeiten haben, Dinge zu verändern. Aber es geht um moralische Verantwortung.

Wir erliegen auch manchmal dem ökologischen Mainstream und suggerieren ein bißchen, eine ökologische Wende sei schmerzfrei zu haben, wobei wir unterstellen, daß Schmerz etwas Schlechtes ist. Schmerz muß nicht schlecht sein, wenn nachher ein besserer Zustand eintritt. Schmerz kann heilsam sein.

Wir argumentieren auch gerne im Sinn der sogenannten «no regret policy»: Umweltpolitik schafft Arbeitsplätze, Umweltschutz schafft Wettbewerbsvorteile. Was haben wir nicht für Argumente, um die ökologische Steuerreform zu verkaufen! Dabei gibt es natürlich auch Nachteile. Und wenn wir ehrlich sind, wenn wir wirklich umsteuern wollen, dann wird es nicht ohne Schmerzen abgehen. Hierzu möchte ich wieder ein Zitat von Bernd Ulrich vorlesen:

«Der ökologische Mainstream propagiert die ökologische Steuerreform, mit der unterm Strich mehr Arbeitsplätze und weniger Schadstoffe geschaffen werden können. Das ist zumindest in der öffentlichen Wahrnehmung eine 'win-win-strategy' oder eine 'no regret policy'. Und das sollen die Leute glauben? Die globale ökologische Katastrophe ist zu verhindern ohne Verwerfungen, ohne Schmerz und ohne harten Verzicht? Es ist nur genausoviel Ökologie vonnöten, wie durch Effizienzsteigerung produziert werden kann? Was für ein glücklicher Zufall! Wenn die Ökologen recht haben, ihre Reformprojekte fast allen nutzen und fast niemandem schaden, können ihre Gegner nur Dummköpfe oder Bösewichte sein. Herr Piëch und Herr Kohl handeln dann nicht in etwa entsprechend den Wünschen ihrer Kundschaft, sondern im Auftrag der Finsternis. Die 'win-win-strategy' und die Sündenbock-Theorie hängen also eng zusammen.»

Mit dieser kritischen Bemerkung an die eigene Adresse möchte ich meinen Vortrag schließen.

Diskussion

Frage: Weshalb sind Sie nur für Zwang und nicht für Zuckerbrot? Die gesamten Produkte werden ja mit positiven Vorstellungen und Glück verkauft. Warum macht man das nicht bei Änderungen für die Umwelt, die anstehen?

Bode: Mit dem Zuckerbrot haben Sie natürlich recht. Ich habe das sehr kraß gesagt. So eine Steuerreform hat ja auch immer «incentives» und «disincentives». Es müssen auch Belohnungen dabeisein. Diese ganze Verzichtsgeschichte ist auch viel zu simpel, denn Verzicht muß ja nicht nur Verlust bedeuten. Der hohe Energieverbrauch hat etwas mit Geschwindigkeit zu tun. Und wenn unser Leben weniger schnell abläuft, hat das auch Vorteile.

Frage: Wie schnell sollen die vorgetragenen Änderungen durchgeführt werden? Eine Gesellschaft entwickelt sich ja langfristig und in verschiedenen Ebenen. Wie wollen Sie das umsetzen?

Bode: Interessant ist ja, daß wir wenig Zeit haben. Das ist uns sozusagen vorgegeben von außen. Wenn ich mir die Situation in den Wäldern und Meeren anschaue – wir spüren es nicht, aber es ist dramatisch, was sich da abspielt –, dann bleibt uns nur noch der Zeitraum einer Generation. Insofern beantwortet sich die Frage von selbst.

Frage: Sehen Sie Deutschland als einziges Land, von dem so eine Entwicklung ausgehen könnte, oder würden Sie das EU-weit anpacken?

Bode: Ich wurde sehr viel gefragt von Journalisten über diese «Hysterie des Boykotts» im Hinblick auf die Shell-Tankstellen. Da spielen andere Gründe eine Rolle, über die man noch nachdenken muß. Es gibt in anderen Ländern auch Umweltbewußtsein, es ist bloß anders. Wenn Sie sich in England mit einem Wal- oder Tierschützer anlegen, dann sind Sie hoffnungslos verloren. Da gehen die Emotionen unheimlich hoch.

Die Engländer haben eine relativ saubere Nordsee, denn den ganzen Dreck treibt es an die Küsten von Dänemark, Holland und Deutschland. Wenn wir Ölplattformen in der Nordsee hätten, Deutschland oder BMW, dann sähe die Reaktion etwas anders aus.

Ich bin mir gar nicht so sicher, ob Deutschland der Vorreiter ist in der Umweltpolitik. Obwohl ich sagen muß, daß in den Unternehmen das Verständnis für ökologische Probleme wohl am weitesten entwickelt ist. Ich habe neulich einen Vortrag vor Medienchefs großer europäischer und amerikanischer Konzerne gehalten. Da bin ich weitgehend auf Unverständnis gestoßen mit demselben Vortrag, den ich immer mit großem Erfolg vor deutschen Unternehmern halte.

Frage: Was wollen Sie denn eigentlich einem Entwicklungsland erzählen?

Bode: Wenn wir von einer Senkung des Ressourcen- und Energieverbrauchs der Industrieländer sprechen, muß das aus meiner Sicht – und das wird auch international so gesehen – mit einer Anhebung des

Verbrauchs in den Entwicklungsländern verbunden sein. Ressourcen und Energie müssen besser verteilt werden in der Welt. Das ist das eigentliche Problem. Ich glaube nicht, daß in Zukunft eine Gesellschaft das Recht haben kann, mehr endliche oder auch nichtendliche, nachwachsende Rohstoffe zu verbrauchen als andere. Vielleicht könnte dieser Verbrauch in Zukunft gehandelt werden, zum Beispiel über handelbare Kontingente. Dazu wird man kommen müssen. Das heißt also nicht, daß wir sagen: «Ihr verbraucht eh' schon sowenig. Ihr habt das Ziel also bereits erreicht.»

Frage: Das mit dem Konflikt mit Entwicklungsländern kam vorhin etwas kurz. Ich glaube, dahinter steckt eine wahnsinnige Brisanz. Ich weiß nicht, wie viele Millionen Chinesen in Zukunft Auto fahren wollen. Die fahren nicht das Dreiliterauto, sondern bestimmt ein Zehnliterauto. Wie lange geht so was gut?

Bode: Ich habe vorhin generell über den Ressourcenverbrauch gesprochen. Wir müssen ihn in Zukunft drastisch senken, damit die Entwicklungsländer die Möglichkeit haben, ihn zu erhöhen. Aber Sie haben in einer Sache recht: Die gesamte technologische Entwicklung muß bei uns einsetzen und dann als Modell dienen für die Dritte Welt. Wir können von den Chinesen nicht verlangen, daß sie das Dreiliterauto fahren, wenn wir immer noch in der S-Klasse herumgurken. Wobei interessant ist: Es gibt 13000 Mercedes in China, davon 8000 S-Klasse. Edzard Reuter hat neulich ganz stolz erzählt, als er aus China zurückkam: «Die S-Klasse ist der Renner in China.» Gleichzeitig steht in den Mercedes-Leitlinien für nachhaltige Entwicklung, möglichst energiesparsame Produkte zu erzeugen. Diese Glaubwürdigkeitslücke kommt einmal zum Krachen, wie das jetzt bei Shell passiert ist.

Frage: Ich glaube nicht, daß die ökologische Steuerreform insgesamt ohne Wachstum gehen wird. Sie haben kurz das qualitative Wachstum angesprochen. Ein Anwachsen des Dienstleistungssektors ist ja ebenfalls ein qualitatives Wachstum, das nicht unbedingt negativ auf die Umwelt einwirkt. Meiner Meinung nach ist Forschung und Entwicklung, sind neue Technologien, bessere Produkte nur möglich über Wachstum.

Bode: Es kann meinetwegen alles wachsen. Aber was nicht wachsen darf, ist der Durchsatz der materiellen Stoffe. Der Durchsatz der Materie wird irgendwann begrenzt sein durch das Angebot an endlichen Rohstoffen und die Knappheit von nachwachsenden. Nehmen wir den Papierverbrauch. Wir verbrauchen fast 300 Kilogramm pro Kopf im

Jahr in Deutschland. Zwanzig Prozent des Holzverbrauchs geht für die Papierproduktion drauf. Wenn dieser Verbrauch auch von den Chinesen erreicht wird, dann gibt es sofort keine Wälder mehr.

Wir können uns die Materie nicht aus den Fingern saugen. Es mag ein gewisses Wachstum der Dienstleistungen geben. Wir können sogar Produkte durch Nutzung ersetzen: Nicht mehr jeder hat einen Rasenmäher, die Dienstleistung Rasenmähen wird verkauft. Aber wenn Sie sich globales materielles Wachstum bei fünf Milliarden Menschen vorstellen, dann ist irgendwann Schluß.

Frage: Würden sie einen deutschen Alleingang bei der Einführung einer ökologischen Steuerreform befürworten, falls die anderen westlichen Industrienationen nicht mitziehen?

Bode: Das würde ich sofort befürworten. Das Risiko müssen wir einfach eingehen.

Frage: Wie sehen Sie das Problem der Überbevölkerung der Menschheit? Sind wir vielleicht heute schon zu viele Menschen auf der Erde?

Bode: Ja, wir sind zu viele Menschen auf der Erde. Ich weiß, daß die Bevölkerungsfrage immer etwas heikel ist bei Umweltverbänden. Es ist ein großes Problem, auch wenn ich natürlich weiß, daß ein Fünftel der Menschheit vier Fünftel aller Ressourcen verbraucht. Aber wenn wir die Schwellenländer und auch die Entwicklung in anderen Regionen der Welt ansehen, dann ist die absolute Zunahme der Bevölkerungszahl ökologisch ein großes Problem. Es wird noch größer, wenn es sich mit Armut verbindet. Die Zerstörung der maritimen Ökosysteme der Philippinen etwa gehen auf Armut, Bevölkerungszahl und destruktive Methoden zurück. Ich habe das Bevölkerungsthema im Vortrag nicht angeschnitten, aber natürlich muß man hier soviel wie möglich tun. Sie wissen, daß es nicht darum geht, Kontrazeptiva zu verteilen, sondern darum, eine gute Bevölkerungspolitik zu machen, um den Zuwachs zu begrenzen.

Frage: Geht es Greenpeace mehr um den Menschen oder mehr um die Natur? Geht es Ihnen darum, daß wir schöne Atolle haben, oder geht es Ihnen um eine Voraussetzung für eine menschenwürdige Umwelt?

Bode: So, wie wir es jetzt formulieren, wollen wir erreichen, daß man es schafft, nicht irreversibel in den Ablauf der biologischen Evolution einzugreifen. Es geht uns heute im wesentlichen um Artenvielfalt. Aber hier stößt man auf Konflikte, wo Nutzungsinteressen den

Erhaltungsinteressen gegenüberstehen. Natürlich sind wir der Meinung, daß wir natürliche Ressourcen nutzen dürfen und wollen, Wälder besonders, auch Urwälder. Aber es gibt auch Reservate, die wir erhalten müssen.

Frage: Wie sieht es mit der Finanzierung von Greenpeace aus?

Bode: Da steht viel in den Zeitungen. Sie wissen, daß wir in Deutschland ein sehr gutes Ergebnis haben und die internationale Organisation Finanzprobleme hat. Ich glaube, es sind simple Managementprobleme. Eine Organisation, die darauf eingestellt war, im Schlauchboot auf Zuruf zu kommunizieren und dann plötzlich einen Apparat mit tausend Angestellten und dreißig Büros in dreißig Ländern hat, ist hoffnungslos überfordert. Das sind richtige Wachstumsschmerzen.

Die Finanzlage sehe ich nicht problematisch. Wir müssen einfach die Kosten reduzieren und gute Arbeit machen. Wir fangen jetzt erst an, langsam über Qualität zu reden. Was macht eigentlich eine gute Kampagne aus? Diese «Brent Spar»-Kampagne war gigantisch. Sie war wirklich eine sehr gute Kampagne. Aber wir hatten dazu keinen Campaigner und kein Proposal. Unsere normalen Prozeduren haben überhaupt nicht gegriffen. Drei Leute hatten eine Idee, zwei weitere haben es geschafft, sie durchzusetzen, und der Rest der Organisation wußte gar nichts davon. Die haben das einfach gemacht. Das ist für mich immer wieder faszinierend. Ich kriege Alpträume, wenn ich daran denke, daß dieses Projekt durch den normalen Willensbildungsprozeß bei Greenpeace geschleust worden wäre, dann wäre das Projekt tot gewesen. Übrigens, dann hätte es den FCKW-freien Kühlschrank auch nicht gegeben.

Frage: Sie sagten, daß die Themen von Greenpeace eine gewisse Brisanz haben. Aber es gibt viele Themen, die vielleicht wichtiger wären, wie zum Beispiel die chronische Verschmutzung der Meere. Wie kann man solche Probleme öffentlich machen?

Bode: Es gibt zum Beispiel den Stickstoffeintrag in die Nordsee durch den Autoverkehr. Wir haben uns oft im Spaß überlegt, wir stellen uns an die Autobahn mit einem Transparent: «Rettet die Nordsee! Fahrt 100!» Das zeigt, wie schwierig es manchmal ist, ein Problem zu transportieren. Genauso schwierig ist es für eine Kampagnenorganisation in der Landwirtschaft. In der Landwirtschaft fehlt Ihnen der Gegner. Es sind so viele Landwirte. Man kann das gut finden oder nicht, daß wir so arbeiten. Aber ich halte es da wie ein Unternehmen. Ich sage: Laßt uns unsere Arbeitsweise kultivieren, verbessern und richtig stark machen, und überlasse es den anderen Organisationen, mit einer anderen Strategie zu arbeiten.

Unser Prinzip ist folgendes: Wenn es uns durch ein vielleicht nicht an erster Stelle der Brisanz stehendes Thema gelungen ist, den Gesamtkomplex in die Öffentlichkeit zu tragen, dann haben wir die Möglichkeit, etwas zu bewegen. Die Diskussion über die «Brent Spar» hat zum erstenmal seit langem wieder den Zustand der Nordsee in das Bewußtsein der Menschen transportiert. Ich kann Ihnen versprechen, wenn es die Ölplattform nicht gegeben hätte, die gar nicht auf der Tagesordnung der Nordseekonferenz stand, dann wäre es in den Medien bei kleinen Beiträgen über die Konferenz geblieben, wie vor zwei Jahren. Genauso ist es mit dem Dreiliterauto. Wir schaffen eine Öffentlichkeit, die uns die Möglichkeit gibt, unsere anderen Forderungen zu transportieren. Das ist ein Teil der Strategie.

Frage: Wie sehen Sie denn die Chancen für einen Stopp der französischen Atomtests im Pazifik? Was wollen Sie konkret tun?

Bode: Wir werden mit der «Rainbow Warrior II» im September im Mururoa-Atoll sein. Wir werden versuchen, dorthin zu fahren, wo wir nicht hinfahren dürfen. Wir werden wieder versuchen, Messungen am Atoll durchzuführen, das ja ziemlich bröselig geworden ist. Aber schon allein unsere Präsenz regt die Franzosen wahnsinnig auf. Wir dokumentieren unsere Präsenz, und zusammen mit der weltweit starken Kritik hat das sicherlich einen Effekt. Ich glaube jedoch nicht, daß die Franzosen von den Tests ablassen werden, und ich glaube auch nicht, daß es uns gelingt, die Versenkung der Plattform zu verhindern, obwohl ich das natürlich hoffe.

Frage: Wie hält es denn Greenpeace mit der direkten Demokratie? Oder ist das auch etwas, was den anderen Umweltverbänden überlassen wird?

Bode: Mit dieser Frage werden wir immer wieder konfrontiert. Wir definieren uns als Pressure-group in der Gesellschaft, die in der Demokratie eine wichtige Funktion hat. In der Demokratie unseres Zuschnitts gibt es nämlich keine Lobbypartei für die Natur. Es gibt keinen Anwalt für die Natur. Wir können noch nicht einmal im Interesse der Natur klagen. Das bedeutet: Um diese Aufgabe effektiv zu erfüllen, soll oder muß man sich nicht demokratisch strukturieren wie eine Partei. Es gibt

auch Verbände, die wenigstens annähernd basisdemokratisch strukturiert sind. Bei Robin Wood ist es so. Der BUND ist mehr im klassischen
Sinn demokratisch strukturiert. Wir sagen: Nein. Wir wollen uns intern
eher wie ein Unternehmen organisieren, um unsere Rolle in der Demokratie effektiv ausüben zu können. Es steht ja nirgends geschrieben und
ich halte es auch für eine zweifelhafte Forderung, daß ein Verband
demokratisch organisiert sein muß.

Fragen zu «Brent Spar»

*Frage: Es sind Vorwürfe gegen Greenpeace erhoben worden, daß diese «Brent
Spar»-Aktion aus sehr kommerziellen Gründen erfolgt sei. Was halten Sie
davon?*

Bode: Das war diese Geschichte mit «Frontal». Ich habe mich darüber sehr geärgert. Der Journalist ist ein alter Bekannter von mir. Er hat
mir vor dem Interview gesagt: «Ich stehe doch auf der 'schwarzen
Liste'.» Dann ich: «Ich gebe Ihnen noch eine Chance.» Daraufhin hat er
erwidert, daß er sich anstrenge.

Ich will Ihnen einmal erzählen, wie so etwas läuft. Er hat bei unserer
Pressestelle vorgespielt, daß er ein ungeschnittenes Interview machen
wolle. Ich habe die Antworten extra kurz gehalten, weil ich dem Mann
nicht getraut habe. Er hat es dann so gedreht, daß er meine Antworten
herausgeschnitten und mit Äußerungen von Shell-Leuten konfrontiert
hat, die ich gar nicht kannte. So kann man natürlich auch arbeiten. Das
ist die Gefahr bei Fernsehinterviews, weil die Autorisierungsmöglichkeiten ziemlich schlecht sind. Wenn Sie in der Zeitung ein Interview
geben, dann können Sie vorher sagen, daß Sie es lesen und autorisieren
wollen.

Der Hauptvorwurf ist, daß wir die Aktion nur gemacht hätten, um
Geld zu bekommen. Das ist so was von dumm! Das hieße ja, Greenpeace könnte überhaupt keine Geldprobleme haben. Das hieße, man suchte
sich irgendeine kleine Insel aus und sagte: Da springen wir jetzt drauf,
und dann verdienen wir Geld! Wenn der Mann das glaubt, dann stellt
er auch den Medien ein vernichtendes Zeugnis aus.

Wir arbeiten mit Konflikten. Wir suchen uns eine Konstellation aus,
in der man einen Gegner, einen Verbündeten und ein bestimmtes

ökologisches Problem hat – das muß übrigens nicht immer das wichtigste sein, aber es muß brisant sein und eine Dynamik haben. Und dann entfachen wir einen Konflikt. Wenn dieser Konflikt eine bestimmte Öffentlichkeit erreicht und Betroffenheit erzeugt, dann entsteht Druck. Wir arbeiten mit den Medien zusammen. Das können wir nur erreichen, wenn die Tatsachen stimmen. Wenn die Leute spüren, da ist nichts dahinter, das ist nichts Authentisches, dann wird es nicht angenommen. Wir haben viele Aktionen und Kampagnen gehabt, die Sie gar nicht wahrgenommen haben, weil sie verpufft sind. Deswegen können wir nicht einfach zündeln, um Geld zu verdienen.

Allerdings war die Shell-Kampagne eine kurz vorbereitete Sache, und wir hatten großes Glück. Eine solche Kampagne kann nur Greenpeace machen. Ich kenne sonst keine Organisation, die so etwas durchführen könnte.

Frage: Warum haben Sie bisher keinen einzigen Boykottaufruf gegen die Firma Esso gestartet, der fünfzig Prozent der Plattform gehören? Die haben sich meiner Meinung nach auch der Verantwortung zu stellen.

Bode: Das ist interessant. Wir haben ja nie zum Boykott aufgerufen. Wir haben Herrn Duncan von Shell Deutschland gesagt: «Sie glauben gar nicht, wie umweltbewußt sich der deutsche Autofahrer in seinen Kaufentscheidungen verhalten kann.» Mehr haben wir nicht erklärt. Ich will Ihnen sagen, warum. Formal können wir als Hauptgegner von Shell gar nicht zum Boykott aufrufen. Da würden wir enorme juristische Probleme kriegen.

Wir haben bei unseren Gegnern immer die Schwierigkeit, daß wir diskriminieren. Wir greifen uns immer einen heraus. In diesem Fall ist es Shell, nicht nur als Eigentümer, sondern auch als Verantwortliche für die Entsorgung. Wir wissen, daß Esso Miteigentümer der «Brent Spar» ist, und sagen es auch. Aber um einen Quasi-Boykott effektiv durchzuführen, muß die Botschaft extrem simpel sein. Die Richtung muß klar sein. Das hat ein strategisches Element. Das entspricht vielleicht nicht der reinen Lehre, aber wir sind ja auch nicht die Volkshochschule, sondern eine Pressure-group.

Frage: Was sagen Sie zu dem Argument, daß eine Versenkung der Plattform wesentlich weniger umweltschädlich sei als eine Entsorgung an Land?

Bode: Wenn Sie die Gutachten lesen, die Shell hat erstellen lassen, dann steht das nicht darin. Die Gutachten sagen, daß die geordnete

Entsorgung an Land natürlich weniger schädliche Effekte hat. Das Problem ist auch, daß es ein Präzedenzfall ist für die Entsorgung anderer Stationen. Generell besteht die Frage: Wie geht ein Konzern mit seinen Produkten um? Die Versenkung im Wasser ist eine unkontrollierte Freisetzung von Stoffen in die Ökosphäre. Das ist der schlechtere Weg der Entsorgung. Wir haben an Land zwar auch Probleme, aber wir können sie kontrollieren.

Frage: Welche Konsequenzen wird die «Brent Spar»-Kampagne für Greenpeace haben?

Bode: Wir haben über die Folgen der Kampagne diskutiert und darüber, was wir machen, wenn die «Brent Spar» versenkt wird. Das ist strategisch gar nicht so leicht. Aber eines wird auf jeden Fall sein. Wenn wir heute bei einem anderen Multi an die Tür klopfen und sagen: «Grüß Gott. Da sind wir. Wir haben bei Ihnen ein Problem entdeckt», dann werden die sehr viel vorsichtiger sein.

Ich weiß, daß diese Öffentlichkeit nicht allein unser Verdienst ist. Vor vier Wochen stand schon in «Spiegel» und «Focus», daß die Plattform versenkt werden soll. Beide Magazine hatten bei der Besetzung der Plattform Redakteure auf dem Schiff. Die Sache hat aber erst richtig geknallt, als die anderen großen gesellschaftlichen Gruppen auf den Zug aufgesprungen sind. Die erste, die sich solidarisiert hat, war die Junge Union Bayern. Ja, wirklich. Das finde ich großartig. Und dann kamen alle dazu: Gewerkschaften, Kirchen usw., und es ist losgegangen mit dieser unheimlichen Dynamik. Diese Kampagne, die ein großer Publicityerfolg ist – nicht unbedingt ein realer –, wird meiner Meinung nach auch langfristig erhebliche Auswirkungen haben auf die Frage: Wie entsorgen wir die anderen 400 Ölplattformen in der Nordsee? Wenn wir die nächsten Tage noch gut weitermachen, dran bleiben und wenn hoffentlich nichts passiert – denn es geht ziemlich zur Sache da oben –, dann wird das einen nachhaltigen Eindruck hinterlassen. Die nächste Forderung an Shell wird sein, einen Entsorgungsplan vorzulegen und nicht mehr «case by case» vorzugehen.

Frage: Wann ist Greenpeace überflüssig?

Bode: Ich werde das nicht mehr erleben. Das steht fest.

Visionen
einer besseren Marktwirtschaft

Die Wirtschaft ist heutzutage als Dreh- und Angelpunkt aller potentiellen Veränderungen anzusehen. Durch ihre zunehmend globale Verflechtung nimmt sie eine zentrale Stellung ein. Sie ist als Teil der Gesellschaft aus ihr hervorgegangen und intensiv mit allen ihren Bereichen verknüpft. Daraus ergibt sich die besondere ethische Verantwortung der Unternehmen für die Zukunft der Menschheit. Sie müssen sich für ein wirkungsvolles Umsteuern hin zu einer zukunftsfähigen Gesellschaft einsetzen. Neue Konzepte sind über den «Hebel des Markts» am schnellsten zu verbreiten. Aber auch die Wirtschaftspolitik hat ihre Verantwortung wahrzunehmen und die notwendigen Rahmenbedingungen für die Ökologisierung der Marktwirtschaft zu schaffen.

Neue Konzepte für die Ökonomie setzen vor allem bei der bisher vorherrschenden Prämisse des ewigen Wachstums an. In einer endlichen Welt, in der wir uns befinden, ist endloses quantitatives Wachstum nicht möglich. Daher muß auf Dauer ein sogenanntes «qualitatives Wachstum» erreicht werden, das heißt Wohlstandssicherung bei vermindertem Ressourcenverbrauch.

Im Mittelpunkt der meisten Visionen steht somit eine ökologische Steuerreform. Durch sie wird auf der einen Seite die Energienutzung verteuert und auf der anderen Seite in gleicher Höhe die Belastung des

Faktors Arbeit verringert, beispielsweise durch die Senkung der Lohn-nebenkosten. Davon verspricht man sich eine «doppelte Dividende». Der Ressourcenverbrauch soll verringert und gleichzeitig die Nachfrage nach Arbeitskräften erhöht werden.

Daneben ist die Betonung des Servicegedankens wichtig. Neue Konzepte dieser Art stellen den Verkauf des vom Kunden eigentlich gewünschten Nutzens an Stelle des Produktverkaufs in den Vordergrund. Damit ergeben sich vielversprechende Möglichkeiten, die Masse der ge- und verbrauchten Materialströme zu vermindern, ohne Einbußen an Wohlstand oder Lebensqualität hinnehmen zu müssen. Das Ziel ist, sich an eine Kreislaufwirtschaft anzunähern, um mit einem möglichst geringen Rohstoffeinsatz auszukommen.

Schließlich sollten sich die Verbraucher vermehrt auf regionale Produkte zurückbesinnen, um die heute üblichen, ökologisch und volkswirtschaftlich sinnlosen Transporte quer durch alle Welt zu vermindern.

Einführung in den Vortrag von Walter R. Stahel
Fugen zwischen festen Basaltsteinen
Dieter Fricke, Lehrstuhl für Finanzwissenschaft,
Universität Bayreuth

Herr Stahel hat mir soeben mitgeteilt, daß er einige sehr revolutionäre
Thesen verkünden wird, die vielleicht auf großen Widerspruch stoßen.
So muß ich mit der Laudatio ein klein wenig vorsichtig sein. Leichter
würde mir eine Laudatio am Schluß fallen. Aber Werdegang, Lebenslauf und die derzeitigen Tätigkeiten von Herrn Stahel versprechen auf
jeden Fall einen sehr anregenden Vortrag.

Herr Stahel hat an der ETH Zürich das Fach Architektur studiert
und sich dabei auch der Orts-, Regional- und Landesplanung zugewandt, was ihn für die heute wichtigen Fragestellungen in der Umweltdiskussion offen machte. Nach seinem Studium war Herr Stahel mehrere Jahre in der Schweiz und Großbritannien tätig. Zunächst als Architekt, später im Battelle Forschungszentrum in Genf und dann als
persönlicher Assistent des Präsidenten einer Holding mit weltweiter
Aktivität in Industrie, Seeschiffahrt, Bahnen und Immobilien. Es handelt sich also nicht um einen wirtschaftsfernen Theoretiker, sondern
um jemanden, der aus der eigenen beruflichen Praxis viele der heute
nicht mehr unproblematischen Begleitumstände von Produktion und
Absatz kennt.

Er ist seit 1984 als unabhängiger Berater tätig, und zwar als «Pro-
duktdauerforscher». Das sage ich neidvoll, denn angesichts des fortge-
schrittenen Examenstermins fühle ich mich zur Zeit eher zum «Dauer-
prüfer» degeneriert. Um so mehr freut es mich, heute – anläßlich dieses
Vortrags – wieder einmal neue Impulse aufnehmen zu können.

Solche für die Wissenschaft wichtigen Impulse kommen ja, und das
ist für die Nationalökonomie nichts Neues, oftmals aus ganz anderen
Disziplinen. Die Dogmengeschichte der Ökonomie ist ein überzeugen-
der Beleg dafür: Einmal stammen befruchtende Gedanken aus der
Religion, ein anderes Mal aus der Physik oder aus der Medizin. Neue
Ideen aus anderen Disziplinen wiesen häufig neue Wege. Oftmals sind
es, wie ein früherer Präsident der Deutschen Forschungsgemeinschaft
es einmal ausgedrückt hat, gerade die Fugen zwischen den festen

Basaltsteinen der Fakultäten, wo neues Leben sprießt und wo sich Zukunftsträchtiges entwickelt. Auf solche Dinge setzen wir in dieser Vortragsreihe.

Der wichtigste Punkt: soziale Ökologie
Die Industriepolitik beim Übergang zu einer Kreislaufwirtschaft
Walter R. Stahel, Direktor des Institut de la Durée

> Fortschritt ist das Taumeln von einem Irrtum
> in den anderen.
> *Henrik Ibsen*

Es ist mir ein Vergnügen, die Thesen, mit denen ich Wirtschaftsführer und Politiker oft mehr belästige als überzeuge, auch mit jüngeren Leuten diskutieren zu können. Bildung kann zwar zu Verbildung, aber auch zu Offenheit führen.

Ich möchte mit der Kreislaufwirtschaft beginnen, dann auf den Übergang von der Industriegesellschaft zur Kreislaufwirtschaft, bzw. den Umbau der ersteren, und auf die Notwendigkeit dieses Umbaus eingehen, um endlich eine Industriepolitik zu skizzieren, die dieser Kreislaufwirtschaft entspricht.

Sustainability

Zu den Visionen, den Zielen und dem Handeln, die in der Broschüre zu dieser Vortragsreihe angesprochen sind, eine Bemerkung. Die Kreislaufwirtschaft allein ist noch keine Vision; was wir brauchen, ist die Vision einer zukunftsfähigen Gesellschaft. «Sustainable» kann man sehr einfach auf «society» und «economy» anwenden. Der Begriff der «Kreislaufwirtschaft» hingegen läßt sich nicht zur «Kreislaufgesellschaft» umformen, ohne den Sinn zu verlieren. Ich glaube aber, daß es sehr wichtig ist, vor Augen zu haben, daß die Wirtschaft immer auch ein Teil der Gesellschaft ist. Wird die Gesellschaft als Ganzes nicht nachhaltig, dann wird auch die Kreislaufwirtschaft kaum zukunftsfähig sein.

Was bedeutet die Vision «Nachhaltigkeit» oder «Zukunftsfähigkeit»? Nachhaltigkeit oder Sustainability ist ein vernetzter, mehrschich-

Nachhaltigkeit

Der deutsche Ausdruck ist etwa 200 Jahre alt und stammt aus der Landwirtschaft: einen möglichst großen Nutzen aus dem Wald ziehen (Zinsen in Form von zum Beispiel Holz, Tieren, heute auch Erholungswert), ohne jedoch das Kapital Wald kurz- oder langfristig zu mindern. Nachhaltigkeit ist ein mehrdimensionaler und vernetzter Begriff, der auf mehreren Säulen ruht, die hier schlagwortartig skizziert werden:

1. **Lebensunterstützende Funktion der Natur**: der Naturschutz im eigentlichen Sinn, wie er sich in Naturparks und ähnlichen «nichtproduktiven» Landschaften zeigt (Stichworte Artenvielfalt, Trinkwasser, Ackerland).
2. **Toxikologie**: die «chemische Ecke» der Umweltbelastung, welche weniger für die Natur als für den Menschen eine Gefahr bedeutet (Stichworte Dioxin, Schwermetalle, Akkumulation).
3. **Ressourcenströme**: der Konsum an Stoffen und Energie, für den Menschen als Problem weniger sichtbar, für den Planeten vielleicht der nächste «big bang» (Stichwort Versauerung).
4. **Soziale Netze und Beziehungsnetze**: die umweltabhängigen Faktoren der Nachhaltigkeit könnten sich als solider als diejenigen der sozialen Netze und Beziehungsnetze erweisen (Stichwort soziale Ökologie).

Die Problematik liegt darin, daß Nachhaltigkeit auf keine der Säulen verzichten kann. Ein Risikomanagement im Sinn des Gegeneinander-Abwägens ist deshalb sinnlos, ja gefährlich; ein nachhaltiges Wirtschaften verlangt ein gleichzeitiges, mehrgleisiges und vernetztes Vorgehen. Dieses wird aber oft durch die Spezialisierung der Experten und die beschränkten finanziellen Mittel behindert, und es ist politisch schwer zu verkaufen.

tiger und ganzheitlicher Lösungsansatz, welcher der Taylorisierung, der Spezialisierung und damit auch der heutigen Ausbildung zuwiderläuft. Darum haben viele Leute, auch Politiker, mit der Nachhaltigkeit ihre Probleme. Sie möchten gerne einen einzigen Punkt, den man erfassen kann und ändern müßte. Den gibt es aber nicht.

Nachhaltigkeit baut auf mehreren Säulen auf. Die erste Säule ist die lebensunterstützende Funktion der Natur, die «carrying capacity»; sie ist auch die älteste der Säulen. Schon Jean-Jacques Rousseau hat ein «Zurück zur Natur» verlangt. Naturparks gibt es in allen Ländern der Welt; der Mensch hat früh erkannt, daß die Natur Freiräume braucht, wo sie sich ungestört entwickeln kann.

Die zweite Säule ist die Toxikologie. Sie ist viel neuer – meist wird sie auf DDT zurückgeführt bzw. auf Dioxin und den Unfall, welcher der Seveso-Direktive der EU den Namen gegeben hat – und beruht auf der Feststellung, daß durch die industrielle Tätigkeit das Gegenteil des erwünschten Resultats eintreten kann: daß es uns gesundheitlich schlechter geht. Das hat den Gesetzgeber veranlaßt, Gebote und Verbote zum Schutz der menschlichen Gesundheit einzuführen.

Die dritte Säule der Nachhaltigkeit ist relativ neu und wissenschaftlich noch nicht überall akzeptiert: die Produktivität der Ressourcenströme. Sie beruht auf der Feststellung, daß die zwanzig Prozent der Weltbevölkerung, die in den Industrieländern leben, achtzig Prozent aller Ressourcen (Energie und Stoffe) verbrauchen. Damit ist die heutige Wirtschaftsform der Industrieländer nicht auf die anderen Länder der Welt übertragbar, wenn wir einen Systemkollaps vermeiden wollen – sie ist nicht sustainable.

Um den «Entwicklungsländern» eine Entwicklung zu ermöglichen, müssen die Industrieländer ihren Ressourcenverbrauch um den Faktor zehn vermindern, das heißt um neunzig Prozent im Vergleich zur heutigen Situation. Im Prinzip ist dies möglich – ich kann Ihnen zeigen, daß in Einzelfällen auch ein Faktor hundert erreichbar ist –, aber dazu braucht es einen klaren Willen zum Umbau.

An dieser Stelle ist eine Präzisierung notwendig. Bei Naturschutz und Toxikologie kann der Staat mittels Ge- und Verboten eine Vorreiterrolle übernehmen und die Industrie zum Beispiel zur Einführung von saubereren Technologien und zur Aufgabe von Giftstoffen zwingen. Im Fall der Ressourcenproduktivität, der dritten Säule, kann der Staat hingegen nur durch Innovationsförderung und Innovationsbündnisse eingreifen, da sich das Problem nur mit Innovation lösen läßt. Das wieder kann die Industrie viel besser als der Staat, sofern der Staat Ziele und Rahmenbedingungen klar vorgibt. Dazu braucht es nun die anfangs genannten Visionen und eine darauf aufbauende Industriepolitik, welche die wirtschaftliche Entwicklung in Richtung dieser Visionen fördert. Damit kann der Staat auch im Fall der Ressourcenproduktivität

die Vorreiterrolle übernehmen, die er bei der Toxikologie durch Ver-
und Gebote erreicht hatte.

Nachhaltige Gesellschaft

Wieso brauchen wir einen Umbau der Wirtschaft? Die drei genannten
Säulen sind Teil eines nachhaltigen Wirtschaftens. In unserer techno-
kratischen Gesellschaft wird oft der wichtigste Punkt vergessen, nämlich die soziale Ökologie, die sozialen oder Beziehungsnetze, welche
dem einzelnen erst die Stabilität geben, sich für die Umwelt zu interessieren. Die Erfahrung in Kriegsgebieten zeigt, daß Umweltschutz keine
Priorität hat, wenn Menschen um ihr Überleben kämpfen und zum
Beispiel Holz zum Heizen und Kochen brauchen. Diese vierte Säule ist
eine Vorbedingung für eine nachhaltige Gesellschaft; bis jetzt wurde
sie mit ihren Themen wie Vollbeschäftigung bzw. Quantität, Qualität
und Flexibilität der Beschäftigung gegenüber technologisch ausgerich-
teten Analysen (Toxikologie, Materialrecycling) stark vernachlässigt.
Die Kreislaufwirtschaft kann aber nur als Teil einer zukunftsfähigen
Gesellschaft funktionieren!

Wieso ist unsere heutige Industriegesellschaft nicht zukunftsfähig?
Die Industriegesellschaft hat eine lineare Struktur: von Rohstoffen über
Halbzeuge, Güterherstellung, Point of sale (Verkaufspunkt) bis hin zur
Güternutzung und zum Abfall (Abbildung 2.1). Bereits beim Point of
sale ergibt sich in einer linearen Struktur ein Problem. Ähnlich einem
Fluß ist die Durchflußmenge vom Anfang bis zum Ende relativ kon-
stant. Wird anfangs zuviel in Bewegung gesetzt, so ergibt sich später
unweigerlich eine Überschwemmung! Wenn im linearen Wirtschafts-
system nicht genügend konsumiert wird, das heißt, die Güter am
Verkaufspunkt nicht abgesetzt werden können, dann entstehen «Null-
produkte» («zero life products»): Ein Teil der Produkte schießt am
Markt vorbei und gelangt direkt vom Hersteller in den Abfall.

Das Fraunhofer-Institut in Stuttgart hat vor einiger Zeit recherchiert,
in welchem Zustand Elektronikprodukte zum Entsorger kommen, und
festgestellt, daß bis zu dreißig Prozent der Geräte in der ungeöffneten
Originalverpackung dem Recycling übergeben werden. Betrachtet man
die Landwirtschaft, stellt man fest, daß EU-weit dreißig Prozent der

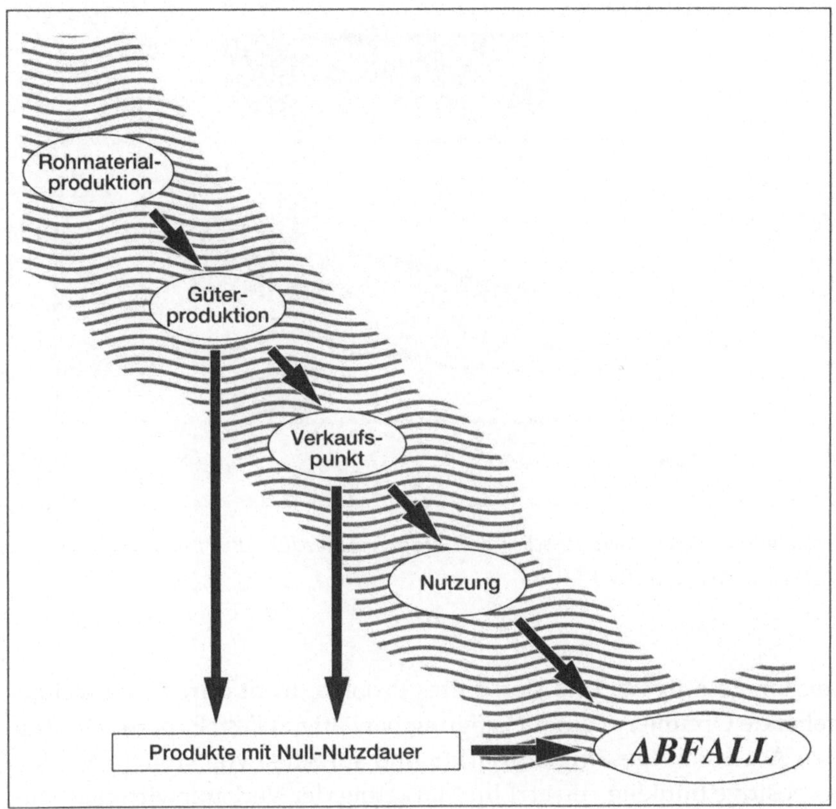

Abbildung 2.1: Lineare Struktur der fertigungsausgerichteten Industriegesellschaft

gesamten landwirtschaftlichen Produktion direkt vom Produzenten zur Deponie gehen, in Südfrankreich manchmal aus Protest auch auf der Autobahn landen. In Griechenland sind vor ein paar Jahren erstmals mehr als fünfzig Prozent der Pfirsichernte auf Deponien gekommen und weniger als die Hälfte zum Verbraucher. Die Computerfirma Dell hatte vor ein paar Monaten das Pech, daß eine verspätete Produktfamilie von der folgenden am Verkaufspunkt überholt und daher direkt vom Hersteller zum Recycling gebracht wurde.

Die Lösung kann deshalb nicht länger sein, mehr und schneller zu produzieren, da der Markt der Industrieländer offenbar in vielen Be-

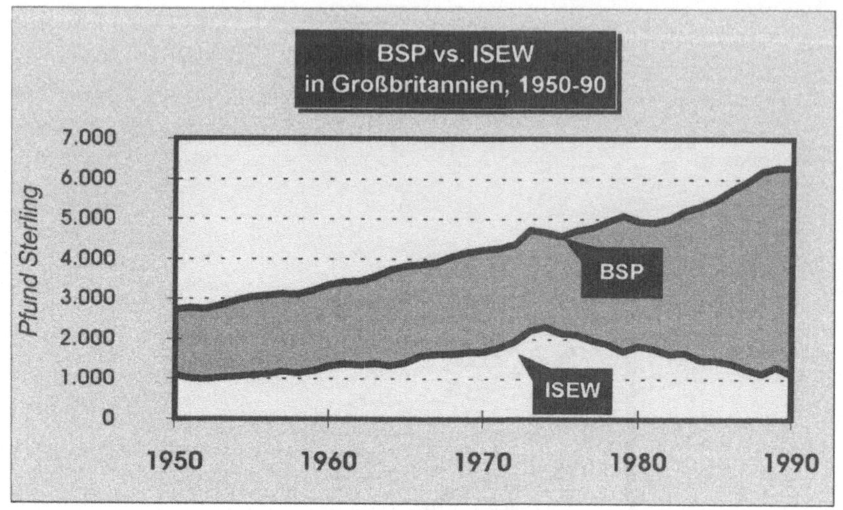

Abbildung 2.2: Die Schere zwischen dem Bruttosozialprodukt (BSP) und dem Index der sozialen Wohlfahrt (ISEW)

reichen gesättigt ist und sich dieses Problem nicht durch eine weitergehende Optimierung der Fertigung bewältigen läßt. Experten hassen den Ausdruck «gesättigter Markt» und sprechen von «reifem Markt» – «positive thinking» ersetzt im Marketing der Verkaufswirtschaft zunehmend die Innovation.

Leider ist dieser Fluß an Stoffen und Energie Grundlage der heutigen Definition von wirtschaftlichem Erfolg in Form des Bruttosozialprodukts (BSP) bzw. der Firmenumsätze. Zehn Prozent Wachstum heißt zwar zehn Prozent mehr Ressourcenverbrauch, aber nicht zehn Prozent mehr Wohlstand (siehe Abbildung 2.2). Umgekehrt bedeutet eine Verminderung des Ressourcenverbrauchs um einen Faktor zehn in der linearen Wirtschaft des Güterverkaufs eine Katastrophe: Die Unternehmensumsätze und das Bruttosozialprodukt würden sich um rund neunzig Prozent vermindern – nicht aber der Wohlstand und die Wohlfahrt.

Die Gesellschaft der linearen Fertigung ist deshalb strukturell kaum kompatibel mit der Zielsetzung einer höheren Ressourceneffizienz. Was sind die Alternativen? Eine Antwort läßt sich allein mit dem gesunden Menschenverstand relativ schnell finden. Wird dieser lineare Fluß in Kreisläufe umgeformt, so werden die Probleme der Rohstoffausbeutung (links oben) und der Abfallproduktion (rechts unten) stark reduziert (Abbildung 2.1). Der Großteil der Wirtschaft funktioniert weiter, mit Ausnahme der Entsorgungsunternehmen und der Rohstoffproduzenten, die in den Industrieländern große Absatzprobleme kriegen, denen sich aber neue Chancen in den Entwicklungsländern auftun. Ansätze zu dieser Entwicklung lassen sich heute schon erkennen: Die Rohstoffpreise (inklusive Erdöl) sind an einem historischen Tiefpunkt, das heißt, es besteht ein Überangebot. Und die Produktion von Sondermüll ist weltweit stark rückläufig; Investoren, die auf «end of pipe»-Lösungen, zum Beispiel in Form von Sondermüllöfen, gesetzt haben in der Hoffnung, daß sich diese innerhalb von wenigen Jahren amortisieren werden, haben heute Geldprobleme. Die deutsche Müllindustrie hat letztes Jahr immerhin rund sechzig Milliarden Mark Umsatz gemacht; ein Rückgang des Abfallvolumens um vierzig Prozent könnte somit eine Krise der linearen Abfallwirtschaft auslösen – die Logik der linearen Stoffströme bezieht eben auch die Entsorgungsindustrie mit ein.

Materialkreisläufe

Es gibt zwei Arten von stofflichen Kreisläufen, die sich in drei Punkten grundsätzlich unterscheiden: Kreisläufe von Produkten (Langlebigkeit) und Kreisläufe von Rohstoffen (Materialrecycling) (vgl. Abbildung 2.3). Dazu drei Bemerkungen. Erstens hat die Präferenz der Wirtschaft für Recycling nichts mit Wirtschaftlichkeit zu tun, sondern mit Risikoaversion. Zweitens ist die Wahl zwischen den beiden genannten Kreisläufen auch eine Wahl der Technologiepolitik und damit der zukünftigen Wettbewerbsfähigkeit. Und drittens verlangsamen sich meist nur im Fall der Langlebigkeit die Stoffströme durch die Wirtschaft, was zu einer höheren Ressourcenproduktivität führt.

Ein Beispiel: Es gibt billige Salatschüsseln aus einem hitzefesten und chemisch resistenten Spezialglas mit einer angenehmen Größe, Durchmesser etwa dreißig Zentimeter; es handelt sich um die Bullaugen von

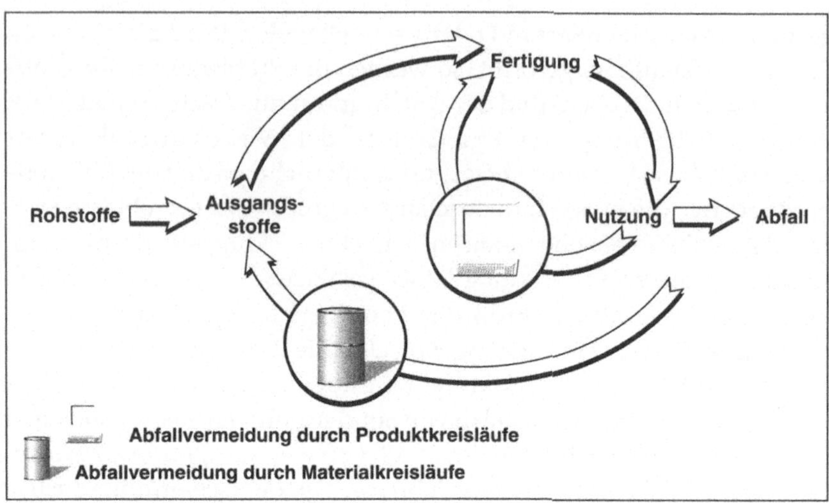

Abbildung 2.3: Mögliche Kreisläufe einer Nutzungsgesellschaft

Waschmaschinen. Wer eine Waschmaschine demontiert und das Bullauge auf dem Flohmarkt verkauft, erhält zehn oder zwanzig Mark dafür. Wer aber die Waschmaschine in den Shredder wirft, verwandelt dieses Glas in Sonderabfall – es ist mit anderem Shredderschrott vermischt und nicht rezyklierbar. Wer wirtschaftlich, das heißt in Werten, denkt, wird diese Glasschüssel nicht in den Shredder werfen, weil er damit Geld wegwirft (er könnte sie auch dem Waschmaschinenhersteller zurückverkaufen – ein Strukturproblem, auf das ich später zurückkommen werden). Das gleiche gilt für eine Unzahl anderer Produkte; zudem ist dies ein schönes Beispiel für die Regionalisierung, welche mit einer Kreislaufwirtschaft einhergeht.

Ein anderes Beispiel: Verbrauchte technische Elektronikmodule wie Tonerkartuschen für Drucker und Kopierer werden heute vom Handel zurückgekauft. Die Kartuschen werden dann kontrolliert, nachgefüllt und erheblich billiger als neue Module wieder zum Verkauf angeboten. Auch dies ist ein Beispiel für die Wettbewerbsfähigkeit der kleinsten Kreisläufe in einer regionalen (Kreislauf-)Wirtschaft.

Ein Beispiel zum Thema Technologiewahl und Wettbewerbsfähigkeit: Herr Honda, der vor kurzem gestorben ist, wurde im «Economist» mit zehn Zeilen gewürdigt, welche folgendes Detail erwähnten: Die Firma Honda, heute weltweit größter Hersteller von Motorrädern und fünftgrößter Pkw-Fabrikant, gibt es erst seit den späten vierziger Jahren. Herr Honda hatte nach dem Zweiten Weltkrieg begonnen, indem er der amerikanischen Armee kleine gebrauchte Motoren in größeren Mengen abkaufte, diese auf Fahrräder montierte (also nicht rezyklierte!) und die Fahrräder als Motorräder verkaufte. Etwas später hat Honda das erste Motorrad mit vier Rädern gebaut (den «singenden» Honda-Sportwagen mit rasanter Beschleunigung dank Kettenantrieb). Noch später kamen die Formel-1-Wagen dazu. Die Moral von der Geschichte: Wenn eine Firma Produkte wieder- und weiterverwendet, kommen bessere Produkte heraus. Wenn eine Firma Rohstoffe rezykliert, werden bessere Recyclingtechnologien entwickelt. Der internationale Wettbewerb spielt sich aber primär mit erfolgreichen Gütern im Markt ab, nicht mit Recyclingtechnologien.

Verantwortungskreisläufe

Eine technokratische Analyse des Abfallproblems führt genau dahin, wo wir heute sind: zum Recycling, welches ein Kind der Abneigung gegenüber Risiko und Veränderung, nicht der wirtschaftlichen Optimierung ist. Der Grund für diese Fehlentwicklung liegt unter anderem darin, daß nicht nur die Material- bzw. Stoffkreisläufe geschlossen werden müssen, sondern auch die Verantwortungskreisläufe. Die Produkte müssen zu dem wirtschaftlichen Akteur zurückgehen, der sie produziert hat; erst dann wird dieser schon bei der Produktgestaltung eine Internalisierung und Optimierung der Entsorgungskosten (die ihn heute gar nicht treffen) vornehmen im Sinne einer Produktoptimierung von der Wiege zurück zur Wiege. Das DSD (Duales System Deutschland) wäre nie in der heutigen Form entstanden, wenn Chemiefirmen ihre Altkunststoffe zurücknehmen müßten, denn das sortenreine Aussortieren und das Reinigen von Kunststoffen von Hand entspricht nicht dem Großtechnologiedenken der Chemie – im Gegensatz zum Polymercracking (chemisches Recycling), bei dem die Altstoffe in einer großtechnischen Anlage zum Ausgangsstoff Naphta (Rohöl) zurückverarbeitet werden. Der Grund, warum diese Lösung erst heute in

Pilotanlagen eingesetzt wird, sind die Kosten: Naphta aus dem Crakkingprozeß kostet rund fünfzig Prozent mehr als Naphta aus SaudiArabien. Soll die chemische Industrie teure Investitionen für die ökonomisch und ökologisch beste Lösung tätigen, solange sie zur Rücknahme der Kunststoffabfälle nicht verpflichtet ist? Eine ethische Frage, nicht eine wirtschaftliche. Würde sie dazu gezwungen, dann würde sie das Erdöl zu einem Mischpreis (zwischen den Rohölpreisen aus Arabien und dem Cracking) verkaufen. Erdölderivate würden teurer, Energiesparen lohnender, Arbeit relativ billiger – und die Krise der linearen Wirtschaft ausgeprägter, der Leidensdruck als Anreiz zum Umstieg größer!

Trotzdem gibt es heute schon Firmen, die freiwillig die Vorreiterrolle übernehmen, wie zum Beispiel Bürostuhlhersteller, die nicht nur sagen: «Wir nehmen unsere Sessel zurück», sondern sogar «Wir wollen unsere Sessel zurück»; ein Damoklesschwert, wenn das Abfallproblem nicht als wirtschaftliches Wertproblem verstanden wird. Denn kein Goldschmied würde gegen eine Rücknahmeverpflichtung für Goldschmuck protestieren; er wäre sogar froh, wenn die Kunden ihm den Schmuck zurückbrächten mit der Bemerkung: «Ich will Ihren Schrott nicht mehr.» Der Grund dafür liegt im «Schrott»-Wert. Genau das gleiche trifft auf einen Sessel zu: Wenn sich mit Altgütern Geld verdienen läßt, werden die Produkte kaum zum Hersteller zurückfinden. Die Rücknahmeverpflichtung ist somit primär eine Absicherung, daß Firmen mit der schlechten Lösung (Produkte mit einem negativen Nutzungswert) bestraft werden. Firmen, die das Problem, wie sich aus Altgütern neue Güter bauen lassen, schon gelöst haben, müssen eher sicherstellen, daß die Altgüter zu ihnen zurückkommen. Dafür gibt es eine Reihe von Strategien: Rückkauf, Vermietung (das heißt Eigentumsvorbehalt), Rückbringanreize und so weiter.

Von der «Fluß-» zur «Seenwirtschaft»

Mit der Schließung der Material- und Verantwortungskreisläufe wandelt sich die industrielle Fertigungsgesellschaft im Sinn einer Flußökonomie zu einer Kreislaufwirtschaft im Sinn einer Seenökonomie. Ein Fluß hat eine lineare Struktur mit einem Anfang und einem Ende. Ein

Kreis hingegen hat weder Anfang noch Ende, und damit sind Wertbezüge wie Mehrwertschöpfung nicht mehr sinnvoll; eine Kreislaufwirtschaft braucht einen neuen Wertbezug, basierend auf dem inneren Wert eines Produkts. Das Nützliche an einem Produkt ist, daß es einen Gebrauchswert hat, zu etwas gebraucht werden kann, einen Nutzungswert hat über eine gewisse Dauer – der Nutzungswert über eine längere Zeitspanne tritt an die Stelle des (einmaligen) Tauschwerts zum Zeitpunkt des Verkaufs.

Damit tritt auch eine dynamische Wirtschaftsbetrachtung an die Stelle der heutigen statischen Theorie. Die Schlußfolgerung muß sein: Wie kann dieser neue Wertbezug ins Zentrum des wirtschaftlichen Denkens gestellt werden, das heißt, wie kann die Nutzung, der Nutzungswert, optimiert und verkauft werden (Abbildung 2.4)? Das ist die zentrale Frage dieser Seenökonomie: nicht mehr in (Güter-)Flüssen denken, sondern in (Güter-)Seen im Sinn einer Bewirtschaftung des (Güter-)Bestands im Markt (zum Beispiel Vermietung). Im Idealfall können Produkte für lange Zeit in diesem «See» herumschwimmen (Compact Discs), und der Bewirtschafter erhält entsprechend lange die Miete, ohne daß eine Ersatzproduktion erforderlich wäre.

Heute bestehen beide Situationen nebeneinander. Der Verkauf von Pkw ist ein Beispiel für die Flußgesellschaft, die Wohnungsvermietung ein typisches Beispiel für die Seengesellschaft. Beim Verkauf von Pkw wird um so mehr verdient, je mehr produziert und verkauft wird, das heißt, je kürzer die Nutzungsdauer der Autos (im gesättigten Markt) ist. Im Mietgeschäft dagegen wird am meisten verdient, wenn es nichts zu tun gibt dank weniger Mieterwechsel und guter Bauqualität. Müssen hingegen die Wohnungen jedes Jahr neu gestrichen, das Dach repariert und die Küchen alle fünf Jahre ersetzt werden, dann läßt sich mit der Vermietung langfristig kaum Geld verdienen. Geht es nicht gegen unsere jüdisch-christliche Erziehung, die uns gelehrt hat: «Der Fleißige soll belohnt werden», wenn ich Ihnen jetzt sage: «Der, der sein Problem richtig gelöst hat, soll belohnt werden»?

Wie läßt sich die Seenökonomie verwirklichen? Einer der Ansatzpunkte ist eine höhere Ressourcenproduktivität, die sich durch eine längere oder eine intensivere Nutzung von Gütern oder durch Systemlösungen (Kombination von längerer und intensiverer Nutzung) erreichen läßt. Das Instrument dazu ist, wie erwähnt, die Schließung der

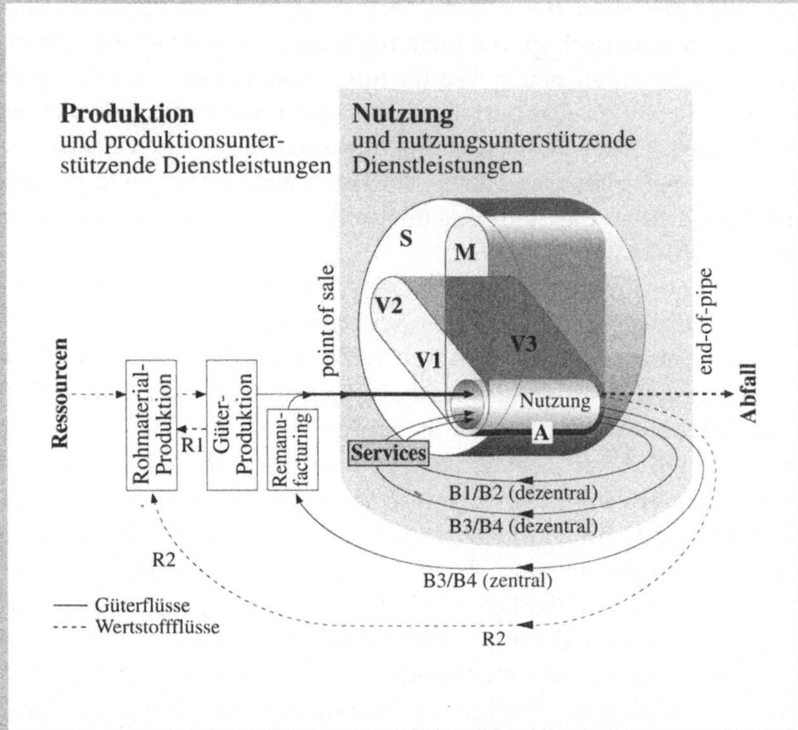

Abbildung 2.4: Strategien einer höheren Ressourceneffizienz

I Strategien einer längeren Nutzung

Strategie A: Langzeitgüter durch Design

Strategie B: Nutzungsverlängerung von Produkten und Komponenten

       B1: Wiederverwendung

       B2: Reparatur, Instandhaltung

       B3: Wiederinstandsetzung (zentral oder dezentral)

       B4: technologisches Hochrüsten (zentral oder dezentral)

II Strategien einer intensiveren Nutzung

Strategie M: Öko-Design (dematerialisierte Produkte, multifunktionale
       Produkte, Komponentenstandardisierung)

Strategie S: Systemlösungen
Strategie V: abfallvermeidende Vertriebs-/Marketinglösungen
V1: Verkauf der Nutzung statt der Produkte (Betriebsleasing, Miete)
V2: Verkauf von geteilter, Gemeinschafts- oder Mehrfachnutzung (Waschsalon, Hotelzimmer, ÖPNV)
V3: Verkauf von Dienstleistungen statt Gütern (Qualitätskontrolle statt Ersatzkauf von Produkten)

III Strategien der Abfallverminderung (durch Rückgewinnung der Stoffe, Materialrecycling)
R1: direktes Recycling von Produktionsabfällen
R2: sortenreines Materialrecycling «end of pipe» und Recycling von Abfallgemisch

Kreisläufe sowohl durch technische wie auch durch kommerzielle Strategien (Abbildung 2.5). Technische Strategien der längeren Nutzung wie Remanufacturing müssen Hand in Hand gehen mit dem kommerziellen Pendant Remarketing (Ent-Schaffung von Gütern), und Remarketing und Remanufacturing brauchen die gleiche Aufmerksamkeit der Geschäftsleitung wie Marketing und Manufacturing, um Erfolg zu haben.

Ein technisches Beispiel für die intensivere Nutzung von Gütern durch die Strategie der Ökoprodukte ist ein multifunktionales Gerät von Siemens. Es handelt sich um ein Fax mit den zusätzlichen Funktionen Kopierer, Scanner und Drucker (Fax 550, 1992). Es ist offensichtlich, daß ein Gerät, welches alle vier Funktionen erfüllt, nur etwa ein Viertel der Ressourcen (Rohstoffaufwand, Energieverbrauch im Standby) von vier Einzelgeräten benötigt.

Vertriebsstrategien für die intensivere Nutzung von Gütern wie Ökomarketing sind die geteilte und die gemeinsame Nutzung von Gütern, aber auch Nulloptionen. Waschsalons sind ein klassisches Beispiel für geteilte Nutzung, sie können die Ressourcenproduktivität um den Faktor zehn erhöhen.

Bei den Nulloptionen (Nichtstun) sehen viele Ökonomen rot: Die einzige ökologische Art, einen Rasen zu mähen, ist, ihn nicht zu mähen

Strategie-Typen Erhöhung der Ressourcen-Produktivität durch:	Schließen der Stoff-Kreisläufe Technische Strategien	Schließen der Verantwortungs-Kreisläufe Kommerzielle / Marketing Strategien
Längere Nutzung von Gütern Reduktion der Geschwindigkeit der Stoffströme:	**Strategien A, B, C: Remanufacturing** • Langzeit-Güter • Nutzungsdauer-Verlängerung von Gütern und Komponenten • Neue Produkte aus Abfall	**Strategie D: Remarketing** • Entschaffungs-Dienstleistungen • Wegrüsten von Gütern
Intensivere Nutzung von Gütern Reduktion des Volumens der Stoffströme:	**Strategie M: Eco-Design** • Dematerialisierte Güter • Multifunktionale Güter	**Strategie V: Eco-Marketing** • Null-Optionen • Gemeinsame Nutzung von Gütern • Geteilte Nutzung von Gütern • Verkauf von Nutzen statt von Gütern
System-Lösungen Reduktion von Volumen und Geschwindigkeit der Stoffströme:	**Strategie S: System-Lösungen** • Flugzeug-Beweger (PTS) • „Skin"-Lösungen	**Strategie S: Systemische Lösungen** • Leuchttürme • Zugänglichkeit • Verkauf von Resultaten statt Gütern • Verkauf von Dienstleistungen statt Gütern • Outsourcing

Abbildung 2.5: Unternehmensstrategien in einer Dienstleistungsgesellschaft

(bzw. Naturwiese statt Rasen). In vielen Hotels steht im Badezimmer eine kleine Tafel mit der Frage, ob der Gast etwas für die Umwelt tun möchte. Wirft er die Handtücher auf den Boden, so werden sie gewaschen; hängt er sie wieder auf, so werden sie nicht gewaschen. Die meisten Europäer hängen die Handtücher wieder auf und schonen damit die Umwelt.

Das Hotel bietet dem Gast diese Nulloption an, weil es damit Geld spart. Die Waschmaschinen- und Waschmittelhersteller hingegen halten dies für eine Schnapsidee, denn es gibt wirklich Leute wie mich, welche die gleichen Handtücher tagelang benutzen. Dadurch geht der Verkauf von Waschmaschinen und Waschmitteln und selbst von Handtüchern drastisch zurück, da sie weniger verbraucht bzw. abgenutzt werden. Der einzige Gewinner bei Nulloptionen ist der Verkäufer von Nutzen (Resultaten), das heißt, der Bewirtschafter eines Güterbestands wie der Hotelmanager oder der Wohnungsvermieter.

Ein Beispiel für technische Systemlösungen ist der Flugzeugbeweger PTS (Plane Transport System) von Krauss-Maffei, der unterdessen von einer Reihe von Firmen kopiert worden ist. Flugzeuge haben keinen Rückwärtsgang, weshalb sie vor dem Abflug mit Traktoren und einer Stange vom Gate zurückgestoßen werden müssen. Zwei Firmen haben das Problem grundsätzlich überdacht und sind auf neue Lösungen gekommen: Das Problem ist nicht, Flugzeuge zu stoßen oder zu ziehen, sondern Flugzeuge zu bewegen. Im Fall der Traktoren stellt sich das Problem der Reibung: Um einen Jumbo-Jet, der vollgetankt über 400 Tonnen wiegt, vor dem Start zurückzustoßen, braucht es einen Traktor mit einem Gewicht von mindestens 100 Tonnen, sonst drehen die Räder des Traktors durch.

Die neue Lösung sieht vorne aus wie ein Sportwagen, hinten wie ein überdimensionierter Gabelstapler. Das Bugrad des Flugzeugs wird mit der Gabel gepackt und um fünf Zentimeter angehoben; damit liegt etwa ein Viertel des gesamten Flugzeuggewichts auf dem Traktor, das heißt, das Gewicht, welches notwendig ist, um die Reibung zu überwinden. Es braucht also keinen Traktor, der hundert Tonnen wiegt, sondern einen Traktor, der hundert Tonnen heben kann! Das Gerät selbst wiegt ein paar Tonnen.

Krauss-Maffei hat die Problemstellung noch erweitert: Flugzeugbeweger, die ein Flugzeug schieben, beschleunigen und bremsen, können bis zum Pistenanfang fahren; damit lassen sich die rund zehn Prozent des gesamten Flugtreibstoffs einsparen, die im Stop-and-go-Verkehr auf dem Vorfeld verbraucht werden. Dazu braucht man ein wendiges Gerät, welches mit dem Flugzeug starr verbunden werden kann: das PTS.

Eine finnische Firma hat ein anderes Gerät entwickelt, das aussieht wie ein Motorrad, welches vorn eine Gabel hat und in der Gabel eine Gummiwalze. Dieses Motorrad hängt sich an ein Seitenrad des Flugzeuges; durch das Drehen der Gummiwalze dreht sich das Flugzeugrad, und damit bewegt sich das Flugzeug. Obwohl das Motorrad leicht ist, kann das Flugzeug nicht anders und muß sich bewegen. Das Prinzip war beim legendären Solex schon erfolgreich angewandt worden.

Noch eine Anmerkung: Eine andere, höchst unökologische Methode wird in den USA angewandt. Indem die Schubumkehr (Bremse) der Triebwerke als Rückwärtsgang eingesetzt wird, kann das Flugzeug zum Rollen gebracht werden: mit heulenden Motoren im Schritttempo.

Diese Beispiele zeigen, daß man in der Technik Probleme anders als bisher angehen und wirtschaftlichere wie ökologischere Lösungen finden kann.

Auch im Marketing gibt es Systemstrategien, bei denen man zum Beispiel statt der Mobilität die Zugänglichkeit betrachtet: Statt mobil zu sein, um dorthin zu gehen, wo die Güter oder der Arbeitsplatz sind, können diese Ziele mobil werden und zum Ort des Bedarfs kommen (Telearbeit, Teleshopping, Versandhäuser mit Katalog). Damit kann der Bürger auf seinen Pkw (inklusive Stau und Unfällen) verzichten, ohne auf etwas verzichten zu müssen.

Dies nur einige Beispiele einer ganzen Reihe von Strategien im Sinn von Systemlösungen, die zum großen Teil heute weder umfassend erforscht sind, noch breit angewendet werden.

Substitution von Ressourcen und Arbeit

Ich möchte dieses Thema an einem praktischen Beispiel erläutern. In jedem Wasserhahn steckt ein Dreiviertelzollsitzventil, welches aus verschiedenen Buntmetallen und Gummidichtungen besteht. Wird der Hahn immer (zu) fest zugeschraubt, um sicherzustellen, daß kein Trinkwasser verlorengeht, so wird die untere Gummidichtung schnell undicht – die meisten Leute machen dies relativ systematisch und erfolgreich. Diese Dichtung ist mit einer Schraube befestigt. Tropft der Wasserhahn, so wird meist ein Klempner gerufen, weil die wenigsten Leute noch wissen, wie man ein Sitzventil repariert oder austauscht. Der Klempner hat zwei Möglichkeiten: Er kann das Sitzventil austauschen, und das 250 Gramm schwere Buntmetall-Gummi-Gemisch geht ins Recycling – gemäß meinem Klempner (der von Recycling nur die Werbung kennt) eine absolut ökologische Lösung. Kostenpunkt: sechzehn Mark plus Arbeits- und Wegkosten.

Die andere Lösung wäre, Gummidichtungen im Baumarkt zu kaufen und die Dichtung auszuwechseln; auch das könnte der Klempner erledigen. Wenn er die sechzehn Mark Materialkosten durch Arbeitskosten (Reparieren) ersetzt und damit zusätzlich verdient, dann könnte er dafür (bei zwei Wasserhähnen) eine Viertelstunde arbeiten – mehr als genug Zeit selbst für einen unbegabten Klempner. Die Kosten für den Kunden ändern sich nicht.

Zusammengefaßt: Wechselt der Klempner die Gummidichtungen aus, dann arbeitet er eine Viertelstunde mehr, aber sein Umsatz bleibt unverändert. Seine «Produktivität» (Zahl der Sitzventile pro Stunde) sinkt natürlich, weil er in der Zwischenzeit die Ventile in mehreren Wohnungen hätte wechseln können. Solange Schnelligkeit mit Produktivität gleichgesetzt bzw. verwechselt wird, handelt der Klempner richtig, indem er möglichst schnell Sitzventile austauscht. Umwelt- und arbeitsbezogen ist es aber ein großer Unterschied, ob Sitzventile repariert oder ersetzt werden.

Der Unterschied im Arbeitsaufwand ist offensichtlich: Es braucht bedeutend mehr Klempner, wenn die Gummidichtungen ausgewechselt werden, dafür wird aber nur ein Bruchteil der Energie benötigt; in beiden Fällen sind die Kosten für den Nutzer gleich hoch. Der Unterschied liegt somit in der relativen Substitution von Ressourcen (Rohstoffen und Energie) durch Arbeit. In einer Zeit hoher Arbeitslosigkeit könnte man erwarten, daß die Klempner unter Umständen Hilfskräfte anstellen, um die Gummidichtungen auszuwechseln. Weit gefehlt: Die normale Lösung ist hohe Produktivität mit Abfall – und Wartezeiten für die Kunden.

An meinem Toyota aus dem Jahr 1969 läßt sich das gleiche Phänomen aufzeigen (Abbildung 2.6). Das obere Bild zeigt eine Kostenanalyse über zehn Jahre, das untere eine Kostenanalyse über zwanzig Jahre. Das größte Kuchenstück in den Analysen ist der Anteil des Kaufpreises an den Gesamtkosten. Links ist jeweils der Anteil lokaler (örtlicher) Arbeit an den Gesamtkosten. Daraus folgt: Je länger dieses Fahrzeug im Verkehr bleibt, desto relativ mehr schweizerische Arbeitsplätze wird es schaffen – zum Nachteil der Fabrik in Japan.

Nutzungsdauerverlängerung bedeutet somit, Energie durch Facharbeit zu ersetzen bzw. Kapital durch Arbeit. Nutzungsdauerverlängerung entspricht zudem einer Dezentralisierung und Regionalisierung der Wirtschaft. Die Arbeit wird in örtlichen Kfz-Werkstätten ausgeführt statt in einer japanischen Fabrik.

Damit wird wieder das Problem der Industrie- oder Flußgesellschaft ersichtlich: Eine Industriegesellschaft, die auf zentrale Fertigung setzt, kann an diesen Dienstleistungen der Reparatur und Wartung kein Interesse haben, denn damit gräbt sie sich selbst das Wasser ab. Oder anders ausgedrückt: Sie ist gezwungen, Gründe zu erfinden, wieso Fahrzeuge alle paar Jahre weggeworfen und neue gekauft werden sollen: das Schneller-größer-besser-sicherer-sauberer-Syndrom!

In Frankreich wird der Verbraucher in dieser Meinung vom Staat unterstützt: Er erhielt 1994 5000 Francs für jedes zehnjährige Auto, welches durch ein neues ersetzt wurde; 1995 erhielt er bereits 7000

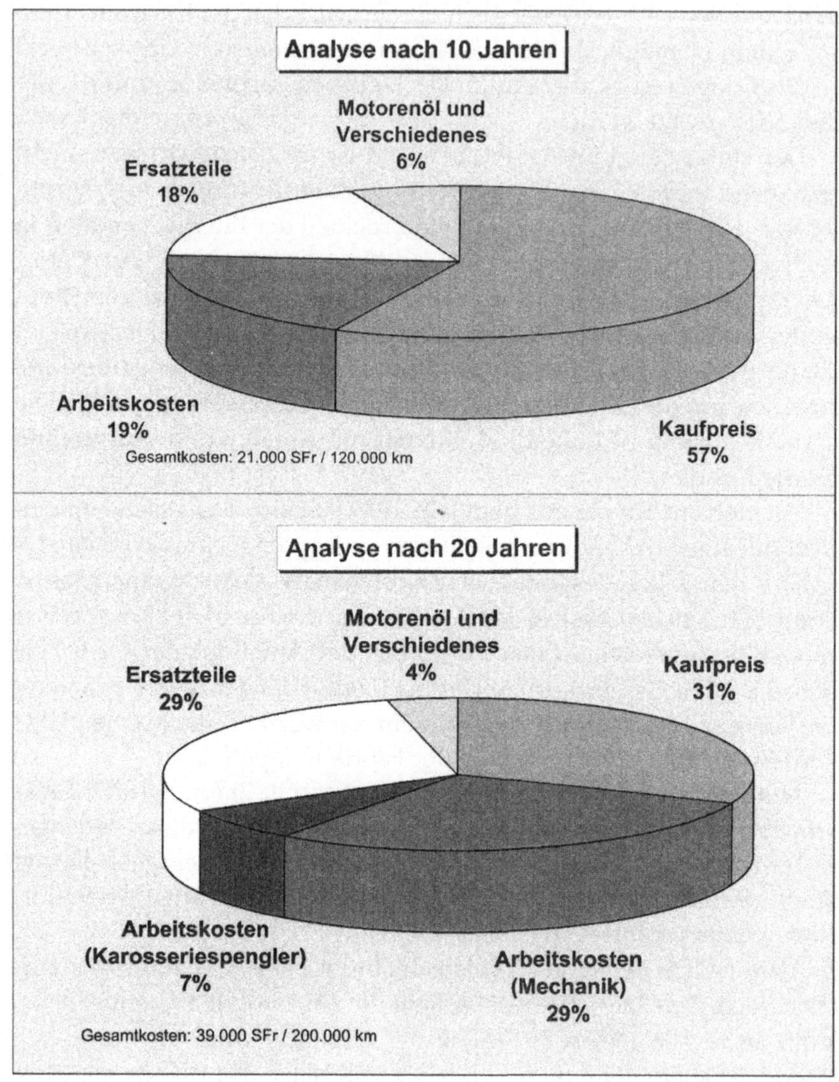

Abbildung 2.6: Langzeitkostenanalyse beim Pkw

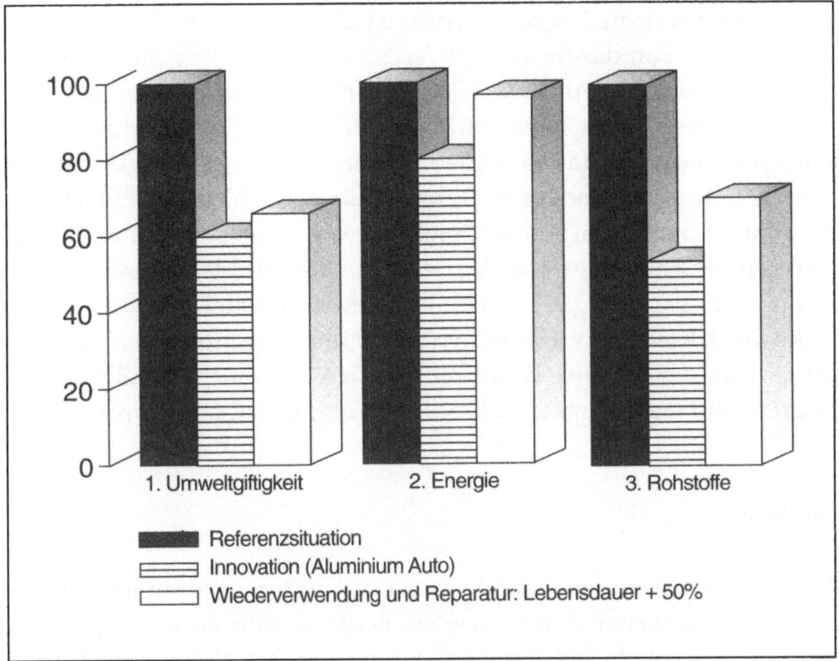

Abbildung 2.7: Analyse verschiedener Lebensdauervarianten beim Pkw

Francs für jedes achtjährige Auto, welches ersetzt wurde. Man rechne, wie lange es geht, bis jeder Franzose jedes Jahr kostenlos von Väterchen Staat ein neues Auto kriegt – und das alles unter dem Mantel der freien Marktwirtschaft. Denn auch der heutige Staat hat ein Interesse an einer funktionierenden Durchflußwirtschaft (Steuern und Abgaben) – vor allem, wenn er die staatliche Automobilindustrie privatisieren möchte.

Eine holländische Beratungsfirma hat letztes Jahr im Auftrag des niederländischen Umweltministeriums Lebenszyklusanalysen für verschiedene Strategien bei einer Reihe von Produkten durchgerechnet. In Abbildung 2.7 sind die Ergebnisse für den Pkw dargestellt: Die erste Kolonne zeigt das Resultat, wenn ein Fahrzeug alle zehn Jahre ersetzt wird durch ein neues Fahrzeug, das 10 Prozent weniger Benzin braucht (Referenzsituation). Bei der dritten Kolonne wird das vorhandene Fahrzeug nur alle 15 Jahre gewechselt gegen ein neues Fahrzeug, welches einen 15 Prozent geringeren Energieverbrauch hat. In allen drei Analysen, selbst was die Energie betrifft, ist diese Langzeitlösung interessanter als die Standardlösung (Referenzsituation), alle zehn Jahre ein neues Fahrzeug zu kaufen, welches weniger Energie verbraucht.

Eine weitere Möglichkeit wäre es, nach 10 Jahren ein revolutionäres Fahrzeug zu kaufen, das im Betrieb 25 Prozent weniger Energie braucht und 20 Jahre hält (Innovation), ein Aluminiumfahrzeug mit einem Verbrauch von 3 Litern zum Beispiel. Das wäre die beste Lösung. Leider gibt es diese Fahrzeuge aber heute nicht auf dem Markt, und zudem läßt sich diese Strategie nur einmal umsetzen; dann gilt wieder die Logik der 3. Kolonne: weiterfahren ist besser als wechseln! Die Analyse hat gezeigt, daß «grüne» Ersatzkäufe in den untersuchten Fällen nicht zu größerer Nachhaltigkeit führen, sondern nur zu mehr Umsatz.

Qualität

Es gibt einen weiteren Grund, wieso die Fertigungsoptimierung zu Lasten menschlicher Arbeit, wie sie heute in Europa verfolgt wird, einseitig ist. Toyota hat vor zwei Jahren die damals neueste Fabrik eingeweiht, die praktisch nur noch mit Robotern arbeitet. Ein Jahr später wurde eine Analyse durchgeführt, ob wirklich weniger Leute darin arbeiten, und diese hat festgestellt, daß in der Fabrik praktisch gleich viele Beschäftigte sind wie früher – aber es sind andere Arbeiter: nicht mehr Leute, die sich um Pkw kümmern, sondern Roboterexperten, denn auch Roboter müssen gewartet, instandgesetzt, hochgerüstet und angepaßt (Beispiel Systemsoftware) werden. Der Präsident von Toyota hat daraus einen Schluß gezogen, den ich in Europa oder Amerika noch nie gehört habe: «Das ist völliger Unsinn!»

Die ganze Philosophie der japanischen Unternehmenskultur beruht unter anderem auf dem Kaizen (Qualitätszirkel): Die Arbeiter, die Produkte fertigen, haben die Aufgabe und Fähigkeit, diese Produkte dauernd zu verbessern, weil sie beim Arbeiten erkennen, was verbessert werden kann. Wenn aber Roboter Autos bauen und die Arbeiter sich mit Robotern beschäftigen, dann hat Toyota zwar immer bessere Roboter – aber Toyota verkauft nun mal keine Roboter, sondern Pkw!

In der neuesten Fabrik von Toyota, die im Frühling 1995 eingeweiht worden ist, sind wieder weniger Roboter, aber mehr Arbeiter, die Autos bauen. Konstante Produktqualitätsverbesserung ist also in vielen Fällen nur möglich mit Arbeitern.

Denken Sie nun zurück an die soziale Ökologie, in welcher die Arbeit eine zentrale Stelle einnimmt: Es ist für die Gesellschaft wirklich entscheidend, genau definierte Ziele vorzugeben: Visionen, Ziele, Handeln muß die Reihenfolge lauten – die BAYREUTHER INITIATIVE hat dies in ihrem Programm klar gesehen. Geben wir die falschen oder keine Ziele vor, so erhalten wir perfekte Lösungen, die aber die wahren Probleme nicht lösen.

Umbau der Wirtschaft

Wieso sollen wir überhaupt etwas ändern? Vielleicht haben Sie von dem Forscher Wouter van Dieren in Amsterdam gehört, der für inzwischen zwanzig Länder die Entwicklung des Bruttosozialprodukts (BSP) über die letzten fünfzig Jahre berechnet und mit dem Index for Sustainable Economic Welfare (ISEW, Index der nachhaltigen sozialen Wohlfahrt) verglichen hat. Dabei hat sich herausgestellt, daß die beiden Indikatoren in allen Industrieländern bis ans Ende der siebziger Jahre parallel verlaufen. Dann kommt ein Knick des ISEW – das Bruttosozialprodukt wächst weiter. Mit anderen Worten: Der Umsatz nimmt zu, die Wohlfahrt nimmt ab (siehe auch Abbildung 2.2).

Wenn das Ziel der Volkswirtschaft die Erhöhung der Wohlfahrt ist, dann haben wir seit ein paar Monaten den Nachweis dafür, daß die heutige Industriegesellschaft dieses Ziel seit über zehn Jahren nicht mehr erfüllt. Wachstum ist zwar noch vorhanden, aber es ist Wachstum an Rohstoffumsatz. Die Wohlfahrt nimmt ab, trotz oder wegen unserer Tätigkeit. Das sollte ein Grund sein, zu überlegen, was wir eigentlich mit unserer Tätigkeit erreichen wollen: Was ist das Ziel unseres Wirtschaftens?

Ein Paradigmenwechsel?

Die BAYREUTHER INITIATIVE hat die Wichtigkeit der Visionen betont; die heutigen Ansätze sind aber zu technokratisch, um Dinge in Bewegung zu bringen. Einen anderen Ansatz zeigt das nachstehende Zitat des französischen Poeten und Piloten Antoine de Saint-Exupéry:

«Wenn du ein Schiff bauen willst, so trommle nicht Männer zusammen, um Holz zu beschaffen, Werkzeuge vorzubereiten, Aufgaben zu vergeben, sondern lehre die Menschen die Sehnsucht nach dem endlosen Meer.»

Nur wenn sich eine Mehrheit der Leute mit einer Vision identifizieren kann, schaffen wir den Umbau der Wirtschaft. Dazu müssen wir eine Sprache finden, welche die Leute anspricht.

Sie kennen den schönen Spruch aus Asien: «Der Weg ist das Ziel.» Die Asiaten haben eine eigene Art, Dinge zu betrachten, die aber nicht der europäischen Mentalität entspricht. Deshalb ziehe ich Franz Kafkas Version vor: «Es gibt ein Ziel, aber keinen Weg. Was wir Weg nennen, ist unser Zögern.» Die Diskussion über die ökologische Steuerreform und den Umbau der Wirtschaft hat wirklich etwas Kafkaeskes an sich, denn es geht nicht mehr um die Vision, nicht mehr um das Ziel, es geht höchstens noch um einen (theoretischen) Weg. Da kann die Diskussion noch Jahrhunderte weitergehen!

Max Planck hat Anfang dieses Jahrhunderts gesagt, daß Paradigmenwechsel – und darum geht es bei einem Umstieg von einer Fertigungsgesellschaft zu einer Dienstleistungsgesellschaft – nicht dadurch stattfinden, daß die Vertreter des alten Paradigmas sich überzeugen lassen, sondern dadurch, daß sie aussterben. Damit sehen Sie die Wichtigkeit Ihrer Generation: Die heutigen Führer in Wirtschaft und Politik werden einmal aussterben; es ist aber entscheidend, daß die Leute, die nachkommen, zukunftsfähige Visionen haben – und das sind Sie!

Galileo Galilei hat 300 Jahre warten müssen, bis die katholische Kirche vor wenigen Jahren offiziell zugegeben hat, daß die Erde sich um die Sonne dreht. Trotzdem steht noch heute in jedem Lesebuch: «Jeden Tag geht die Sonne von neuem auf.» Das ist natürlich völliger Unsinn, dreht sich doch die Erde jeden Tag von neuem zur Sonne hin! Interessanterweise spielt dieser Unterschied für die meisten Bürger keine Rolle, es sei denn, sie befassen sich mit Astronomie oder Raumfahrt.

Das gleiche gilt für den Umbau bzw. Paradigmenwechsel von einer rohstoffintensiven Industriegesellschaft zu einer wissensintensiven Dienstleistungsgesellschaft. Für die meisten Verbraucher wird sich nichts ändern, ob sie einen Wagen kaufen oder mieten; sie verfügen immer noch über ein Fahrzeug, wenn sie eines brauchen. Der Umstieg vom Verbraucher zum Nutzer und Gebraucher wird sich problemlos und unbemerkt vollziehen. Aber für die Wirtschaft ist der Unterschied zentral, denn in der Wirtschaft sind die Leute, die Innovationen und dem Umbau zu rascherem Erfolg verhelfen können. Darum ist es entscheidend, daß die führenden Köpfe der Wirtschaft den Paradigmenwechsel, seine Bedeutung und seine Auswirkungen verstehen und, im Sinne von Saint-Exupéry, lieben lernen.

Regionalisierung der Wirtschaft

Herr Töpfer hat vor Jahren gesagt: «Abfälle sind Rohstoffe am falschen Ort» – wieder das Problem aus der Sicht der katholischen Kirche. Aus der Sicht von Galileo Galilei kann das nicht richtig sein, weil Abfälle ja da sind, wo die Gebraucher sind. Die Struktur der Industrie ist falsch. Zum erstenmal in der Geschichte der Industriegesellschaft haben wir mit der Werterhaltungs- (oder Reparatur-) Gesellschaft den Fall, daß Angebot und Nachfrage am gleichen Ort situiert sind, nämlich über alle Länder verteilt primär in Städten und Agglomerationen. Nur sind leider die heutigen Fabriken, das Angebot, zentral und irgendwo anders, vielleicht in Asien oder Südamerika. Die Struktur, um die gebrauchten Stoffe (Rohstoffe, Wertstoffe, Abfälle) in neue Stoffe zu verwandeln, ist somit am falschen Ort bzw. ist selbst falsch.

Das gleiche gilt für die Aufarbeitung von gebrauchten Gütern: Sie sind nicht Güter am falschen Ort, sondern Güter, für die eine geeignete wirtschaftliche Struktur fehlt, um sie aufzuarbeiten und wieder auf den Markt zu bringen. Ein Wirtschaften in geschlossenen Kreisläufen kann heißen, daß nicht mehr unterschieden wird zwischen Aufarbeitung und Herstellung, zwischen Marketing und Remarketing (Ent-Schaffung), und daß sich die Wirtschaft regionalisiert, dezentralisiert, um sich an die neuen Ressourcen anzupassen. Dies ist wirklich ein Paradigmenwechsel – es gibt keinen fließenden Übergang, irgendwann muß der Sprung ins neue Paradigma gemacht werden, oder man macht ihn nie.

Lesen Sie bei Plato den Höhlenmythos nach, und Sie werden sehen, daß das Problem der Trägheit, der Beinahe-Unmöglichkeit des Paradigmenwechsels, bereits von Plato klar erkannt und beschrieben worden ist. Es scheint ein grundlegendes europäisches Problem zu sein, linear zu denken und an dem zu hängen, was man hat, und jeder Vision, die uns ein besseres Leben verspricht, skeptisch gegenüberzutreten. Nur: Diesmal haben wir vielleicht nicht mehr 300 Jahre, um uns die Notwendigkeit eines Paradigmenwechsels einzugestehen!

Die Dienstleistungsgesellschaft lebt

Barclays ist eine britische Bank. Letzte Woche war in der «Financial Times» eine Anzeige von Barclays, da stand zu lesen: «Bringen Sie Ihren Wagen zu Barclays für einen Kundendienst!» Das war so gemeint, wie es da steht, denn Barclays hat plötzlich gemerkt – ein Beispiel für diese neue Dienstleistungsgesellschaft –, daß es eigentlich unsinnig ist, Kunden Geld zu leihen, damit sie sich Autos kaufen, obwohl sie von Autos nichts verstehen. Es wäre sinnvoller, den Kunden, die ein Auto brauchen, ein Auto zu leihen. Damit wird die Bank unter anderem zum Flottenmanager, welcher gegenüber den Herstellern bessere Einkaufskonditionen (zum Beispiel längere Garantien, tiefere Preise) aushandeln, aber auch eine bessere Nutzung durchsetzen kann – und damit seine Gewinnmarge erhöht. Das erwartet zwar niemand von einer Bank – aber es steht offensichtlich jeder Bank offen, es zu tun, denn sie hat die dezentrale Struktur und die Kundennähe, die eine Dienstleistungsgesellschaft verlangt. Und sie hat das wirtschaftliche Gewicht, um ihre Vision, wenn nötig, gegen einzelne Hersteller durchzusetzen.

Die Rank Xerox Corporation ist das Schulbeispiel für die Umsetzung der Ideen einer Dienstleistungsgesellschaft in eine Unternehmensstrategie, das selbst in die «case study»-Sammlung der Harvard Business School Eingang gefunden hat, als einziges Dienstleistungsbeispiel notabene! Xerox verkauft und vermietet keine Kopierer mehr, spricht eigentlich auch nicht mehr über Kopierer. Xerox nennt sich «Document Company» und verkauft Kundenzufriedenheit auf diesem Gebiet. Braucht ein Kunde die Fähigkeit, Kopien zu machen, so schließt Xerox mit ihm einen Kundenzufriedenheitsvertrag mit drei- bis fünfjähriger Garantie und Fixpreis pro Dokument. Ist der Kunde nicht zufrieden mit dem Gerät, so ruft er an, und ein Servicemann kommt vorbei, um ihn zufriedenzustellen: Das bestehende Gerät wird repariert, aufgerüstet, im Extremfall ausgetauscht. Der Kunde bezahlt unabhängig von diesem Aufwand für jede Kopie den vereinbarten Betrag. Es ist ihm deshalb schnuppe, ob der Servicemann jede Woche vorbeikommen muß oder nie – für Xerox ist dies hingegen der Unterschied zwischen Gewinn und Verlust! Qualität im Sinn einer funktionierenden Systemnutzung erhält deshalb erste Priorität.

Um diese Dienstleistung «sorgenloses Kopieren» mit Gewinn verkaufen zu können, muß ein Unternehmen seine technischen und Unternehmensstrategien so organisieren, daß sich damit Geld verdienen läßt! Xerox betrachtet den Bestand an Geräten im Markt als den primären Wert (primary asset); das Asset-Management (die Bestandsbewirtschaftung) dieser Produkte im Markt erhält zentrale wirtschaftliche Bedeutung. Wenn ein Kunde eine Maschine nicht mehr will oder nicht mehr braucht, dann soll sie auf keinen Fall ins Werk zurück, sondern vom Verkäufer, der zum Berater geworden ist, gereinigt und möglichst schnell einem anderen Kunden wieder vermietet werden. Nur technisch überholte bzw. nicht mehr reparierbare Geräte gehen zur Aufarbeitung (Remanufacturing) in die Fabrik. Diese Remanufacturing Units sind regional, für Europa zum Beispiel in Holland – gegenüber einer globalen Fabrik irgendwo auf der Erde ist das schon relativ dezentral. In der Aufarbeitung wird aus einem 1090er Kopierer, der unterdessen etwa zehn Jahre alt ist, das neueste 5088er Modell, wobei der 5088 zu achtzig Prozent aus aufgearbeiteten Teilen des 1090 besteht.

Das ist möglich dank einer die ganze Produktpalette umfassenden Komponentenstandardisierung und einer Modulbauweise, welche auf leichter Demontierbarkeit, Langzeitkomponenten und Systembauweise basiert. Kann ein Gerät nicht mehr hochgerüstet oder aufgearbeitet werden, so geht es nicht ins Recycling, sondern in die «Konversion». Da wird, dank der Standardisierung der Komponenten, aus einem Faxgerät ein Drucker oder aus einem Kopierer ein Faxgerät usw., denn ein Papiertransportsystem in einem Fax ist gleich aufgebaut wie in einem Kopierer: Wie bei einem Legokasten können Güter zerlegt und Komponenten anders zusammengesetzt werden, um ein anderes Gerät zu bauen.

Obwohl weniger produziert wird, stimmt die Kasse, weil die Mieteinnahmen nicht sinken. Der Umsatz hängt nicht mehr von der Produktion ab, sondern vom stabilen Mieteinkommen durch den Bestand im Markt. Die Gewinnspanne kann primär durch Einsparung erhöht werden, namentlich bei zwei Faktoren: durch eine Verminderung der Rohstoffeinkäufe und durch verminderte Entsorgungskosten. Wenn achtzig Prozent der Komponenten in neuen Maschinen wiederverwendet werden können, müssen achtzig Prozent weniger eingekauft werden, und gleichzeitig entsteht achtzig Prozent weniger Abfall. Neue Teile werden aus rezykliertem Material hergestellt, so daß eine Vorgabe von null Prozent Abfall für 1995 nicht mehr Vision, sondern Ziel geworden ist. 1993 landeten noch drei Prozent der alten, zurückgenommenen Maschinen auf der Deponie. Im ersten Jahr, in dem diese Strategie relativ lückenhaft auf Unternehmensebene umgesetzt wurde, hat Xerox beim Rohstoffeinkauf und der Abfallentsorgung fünfzig Millionen Dollar eingespart. Bei 30000 Angestellten entspricht dies einer beträchtlichen Produktivitätssteigerung. Zudem wurden dreißig neue Designer eingestellt, um die «Design for the Environment»-Strategie technisch umzusetzen. Im zweiten Jahr betrugen die Einsparungen 100 Millionen Dollar, und Xerox schätzt, daß bis zu 800 Millionen Dollar pro Jahr an Einsparungen dadurch möglich sein werden, daß das Unternehmen gelernt hat, seine Produkte im geschlossenen Kreislauf zu nutzen (Abbildung 2.8).

18 bis 25 Monate Zeit sind notwendig, um ein neues Kopierermodell auf den Markt zu bringen. Um ein bestehendes Gerät hochzurüsten, braucht es hingegen nur zwei Monate. Schnelligkeit wird jetzt nicht mehr dadurch erreicht, daß unheimlich schnell und ohne jeden Lerneffekt neue Produkte entwickelt werden, sondern durch die Überlegung, welche bestehenden Geräte sich am besten zum Hochrüsten eignen: die Langsamkeit der Katze vor dem Beutesprung! Damit läßt sich ein ungeheurer Wettbewerbsvorteil erarbeiten, wenn das Unternehmen die richtigen Ideen hat. Die eigenen neuen Geräte sind dann in zwei Monaten auf dem Markt, die (nachgeahmten) Geräte der Konkurrenz aber erst in eineinhalb Jahren. Das Resultat dieser Entwicklung ist, daß praktisch die ganze Branche auf das «life cycle»-Design von Xerox umgestellt hat, weil sie sonst langfristig kaum überleben würde. Wenn einer das macht, dann müssen es alle machen. Aber es verlangt vom Hersteller einen Umbau der Firma, der sich auf die Optimierung der Fertigung sowie auf die Güterwerbung konzentriert, zum Dienstleister, der sich auf die Optimierung von Maschinen im Markt konzen-

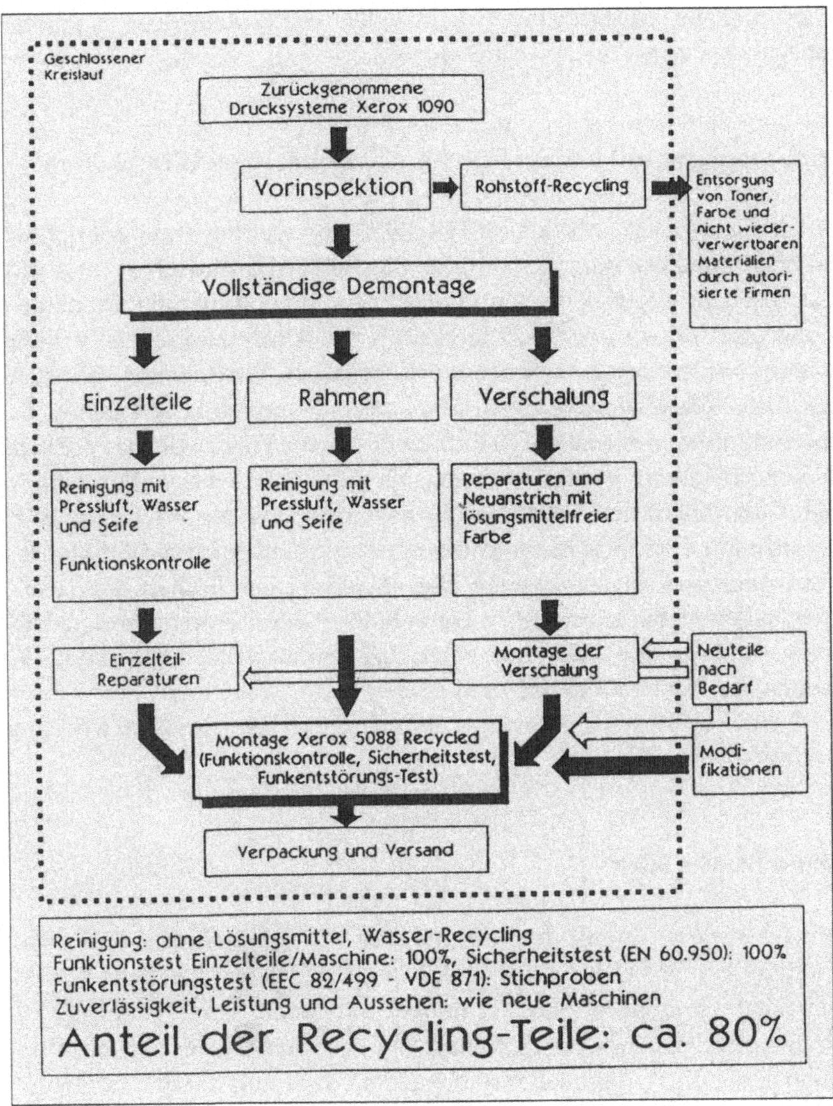

Abbildung 2.8: Kreisläufe bei einem Xerox-Kopierer

triert und eine Werbung entwickelt, welche die Vorteile des sorgenfreien Nutzens von Gütern vermittelt.

Eine mögliche Industriepolitik für ein nachhaltiges Wirtschaften

Auch die Industriepolitik muß Teil der Vision werden. Industriepolitik ist traditionellerweise nachlaufend, das heißt, die Wirtschaft (und die Gesellschaft) entwickelt sich gemäß ihrer Eigendynamik; Gesetzgebung und Industriepolitik folgen nach. Die Umsetzung einer Vision, wie Ressourcenproduktivität oder nachhaltiges Wirtschaften, läßt sich auf diese Weise nicht fördern. Innovative Lösungen lassen sich nicht im nachhinein verordnen. Deshalb stellt sich die Frage, wie die Politiker davon überzeugt werden können, sich zur Vision einer zukunftsfähigen Gesellschaft und Wirtschaft zu bekennen und die Industriepolitik sowie die anderen Rahmenbedingungen so zu ändern, daß die Akteure, die in der nutzungsbezogenen Dienstleistungsgesellschaft tätig werden, belohnt bzw. zumindest nicht behindert oder bestraft werden. Die Diskussion um die Ökosteuer zeigt, daß den modernen Politikern Visionen der Nachhaltigkeit fremd sind.

Erinnern Sie sich an Martin Luther King mit seinem «I had a dream tonight»?

Der schlanke Staat

Ein Grundprinzip, mit dem die meisten Wirtschaftsführer und viele Politiker einverstanden sind, ist die These vom schlanken Staat (weniger Staat, ein anderer Staat). Um aber die Gefahr eines Vakuums zu vermeiden, brauchen wir nicht nur weniger Staat, sondern gleichzeitig auch eine höhere Eigenverantwortlichkeit der Industrie und der Wirtschaft. Freiwillige oder gesetzliche Rücknahmeverpflichtungen von Gütern sind Teil dieser Eigenverantwortung. Würde der Staat der Wirtschaft im Sinn einer Innovationsförderung einen Freipaß geben, Normen und Gesetze verletzen zu dürfen – solange es sich nicht um ethische Normen und Fragen der öffentlichen Sicherheit handelt –, müßte der Staat nur noch folgendes bestimmen: Unternehmen, welche diese Freiräume nutzen wollen, müssen einen Garanten (zum Beispiel Versicherungsgesellschaft) stellen für den Fall, daß die Innovation schiefgeht und Personen- oder Umweltschäden entstehen, wie es schon bei der umfassenden, unbegrenzten Produkthaftung für Flugzeughersteller seit über 22 Jahren praktiziert wird. Damit würde eine Reihe von Hindernissen entfallen, die heute vielen Lösungen einer höheren Ressourcenproduktivität entgegenstehen.

Ein Beispiel: Das Faxgerät 550 von Siemens, ein multifunktionales Gerät (Fax-Scanner-Drucker-Kopierer für den Einzelarbeitsplatz), durfte fünf Jahre lang außerhalb von Deutschland nicht verkauft werden, weil gemäß Vorschriften nur elektronische Geräte exportiert werden können, die internationalen technischen Normen genügen. Da es für multifunktionale Geräte keine Normen gab, wurde eine Wettbewerbsvorsprung von fünf Jahren gegenüber der Konkurrenz «verschenkt», obwohl das Gerät versicherungstechnisch ein Nullrisiko darstellt. Hätte der Gesetzgeber erlaubt, daß Siemens das Gerät weltweit verkaufen darf, wenn die Firma eine Versicherungsdeckung beibringen kann, dann wären die Versicherungsgesellschaften Schlange gestanden, und Siemens hätte einen weltweiten Exportschlager verzeichnet. Seit kurzem gibt es diese technische Norm und gleichzeitig ähnliche Geräte von jedem Hersteller.

Viele Gesetze sind so absolut formuliert, daß sie bei einem anderen Paradigma sinnlos oder aber zu Fortschrittsverhinderern werden. Ein weiteres Beispiel dafür ist die sogenannte «Wegwerfkamera» (korrekt eigentlich «single use camera»), ein Schreckgespenst der Ökobewußten. Ich wage zu behaupten, daß diese Kamera einer der wenigen ökologischen Fotoapparate ist, wenn die MIPS-Philosophie (Material Input Pro Serviceeinheit) von Professor Schmidt-Bleek, Vizepräsident des Wuppertal Instituts, als Maßstab angelegt wird.

Die Kamera wird vom Käufer ins Fachgeschäft zurückgebracht – dank einer eingebauten Rückbringverpflichtung in Form des Films. Im Laden wird der Film der Kamera entnommen und entwickelt. Was geschieht mit der Kamera? Der Händler hat drei Möglichkeiten: Abfallkorb bzw. Recycling, an den Hersteller zurückgeben oder selbst einen Film einlegen und mit neuer Pappkartonschachtel wieder verkaufen. Die vom Hersteller bevorzugte Lösung ist die Rücksendung ans Werk, wo die Kameras getestet und repariert werden (zum Beispiel Linsen,

Batterien auswechseln) und mit neuer Hülle wieder in den Verkauf gehen. Die Kameras werden vom Hersteller zurückgekauft! Der einzige Abfall der Kamera ist somit der Karton.

Die Kamera wiegt 40 Gramm (und trägt einen ökologischen Rucksack von wenigen Gramm); wenn sie zehnmal eingesetzt wird, beträgt der Material-Input-Wert somit etwa 0,1 Gramm pro Foto. Da müßte Otto Normalverbraucher seine Spiegelreflexkamera (mit einem Rucksack von mehreren Kilogramm!) hundert Jahre lang in jedem Urlaub intensiv benutzen, um einen vergleichbaren MIPS-Wert zu erreichen.

Die Wegwerfkamera bietet zudem den Vorteil der Flexibilität; es gibt sie als Unterwasserkamera, mit Weitwinkel- oder Teleobjektiv, sogar als Panoramakamera. Genaugenommen leiht sich der Kunde die Kamera, sonst würde er sie ja nicht protestlos gratis zurückgeben. Und in der Zeit, wo ein Kunde die Kamera nicht nutzt, dient sie einem anderen – ein perfektes System der intensiveren Nutzung durch gemeinsames Nutzen von Gütern.

Das Neuheitsgebot – eine falsch verstandene Qualitätsgarantie

Im Bürgerlichen Gesetzbuch gibt es den Paragraphen des Neuheitsgebots, der besagt, daß ein Produkt nicht als neu verkauft werden darf, wenn nur eine Komponente davon gebraucht ist. Unter anderem aus diesem Grund werden aufgearbeitete Xerox-Kopierer vermietet, denn sonst wäre Xerox im Konflikt mit dem Gesetz. Die Hersteller der Kameras haben das gleiche Dilemma anders gelöst: Bei der Wahl zwischen schlechtem Ökoimage und offener Illegalität haben sie sich für das schlechte Ökoimage entschieden.

Eine Industriepolitik zur Förderung eines nachhaltigeren Wirtschaften muß Alternativen zulassen. Vorschlag: Erfüllt ein Hersteller das Neuheitsgebot nicht, dann muß er eine fünf- oder zehnjährige Garantie geben. Kodak kann natürlich eine ewige Garantie geben – die Kamera kommt etwa alle zwei Monate zurück ins Fotogeschäft.

Begriffe wie Garantie, Komponentenqualität usw. haben in einer Kreislaufwirtschaft eine andere Bedeutung als in einer linearen Durchflußwirtschaft. Bestehende Vorschriften müssen deshalb dem neuen Paradigma Freiräume gewähren, ja, der Staat sollte sich aus den Gebieten zurückziehen, in denen er nicht benötigt wird oder gar Innovation behindert.

Die dritte EU-Versicherungsdirektive macht das vor. Zur Enttäuschung der deutschen Versicherer hat die EU die Logik der holländischen und englischen Versicherer übernommen, daß nämlich jeder Versicherungsvertrag zwischen Versicherer und Versichertem ausgehandelt wird: Der Kunde ist König. Es gibt keine Allgemeinen (zwischen Staat und Versicherungen ausgehandelten) Geschäftsbedingungen mehr; die Aufgabe des Staats ist es, im Fall einer Klage durch Gerichte prüfen zu lassen, ob abgeschlossene Verträge nicht eingehalten worden sind – aber nicht, zu bestimmen, wie die Verträge in allen Einzelheiten auszusehen haben. Wenn sich einer der beiden Vertragspartner übertölpeln läßt, dann zahlt er dafür Lehrgeld.

Bei den Allgemeinen Geschäftsbedingungen gab es nichts zu verhandeln – Vater Staat hatte sich an Stelle des Verbrauchers bemüht. Wollte der Kunde eine Klausel nicht, wurde ihm geantwortet: «Tut mir leid. Das können Sie nur so haben.» Las er das Kleingedruckte nicht, bezahlte er ebenfalls Lehrgeld.

Auch bei zahlreichen technischen Standards könnte der schlanke Staat mit weniger Aufwand Innovationen fördern, indem er Alternativen zuläßt, dafür aber die Eigenverantwortlichkeit der Wirtschaft erhöht und eine finanzielle Risikoabdeckung verlangt (zum Beispiel Versicherung).

Gleiche Bedingungen für alle

Weil das Gebot fehlt, die Verantwortungskreisläufe zu schließen, haften heute Hersteller wie Xerox, Fuji und Kodak, die ihre Produkte freiwillig aus dem Markt zurücknehmen und aufarbeiten bzw. weiterverwenden, freiwillig für die Kosten der Rückführung, während Hersteller von Wegwerfprodukten nach dem Point of sale keine Verantwortung (und Kosten) mehr haben, da der Staat für deren Entsorgung aufkommt. Die Einführung einer allgemeinen Rücknahmepflicht würde gleiche Bedingungen für alle schaffen – aber auch die Pioniere für ihre Innovation belohnen. Jeder Hersteller hat dann immer noch fast alle wirtschaftlichen Optionen offen: Verdient er mehr mit der Produktion von Wegwerfgütern, die alle paar Wochen zu ihm zurückkommen und rezykliert oder aufgearbeitet werden müssen (Beispiel Wegwerfkamera), oder verdient er mehr, wenn er wie Xerox Güter für drei bis fünf Jahre vermietet und sie erst dann aufarbeitet und hochrüstet. Nur die Option der Billigfertigung mit anschließender Entsorgung auf Staatskosten entfällt – und die Ökologie gewinnt.

Die Finanzierung der Altersvorsorge

Die Besteuerung von erneuerbaren gegenüber nichterneuerbaren Ressourcen, vor allem Ökosteuern auf Energie, Rohstoffe und Kapital statt auf Arbeit, wird im Beitrag von Dr. Görres noch eingehend behandelt werden. Es ist klar, daß hier ein Schlüssel für die Förderung einer längeren und intensiveren Nutzung liegt, weil Aufarbeitung, Wartung und Reparatur immer relativ arbeitsintensiv sind. Wird die Sozialversicherung nicht mehr als Arbeits-, sondern als Ressourcenabgabe erhoben, so ist selbst ein schnelles Umschwenken in Richtung Langlebigkeit und Nutzungsdauerverlängerung denkbar – aus wirtschaftlichen Gründen. Hier wird neben der Ressourcenproduktivität auch die soziale Ökologie entscheidend beeinflußt.

Eine Lobby für Prävention

Die Schaffung einer Lobby für Prävention (Vermeidung von Umweltbelastungen, Schadensverhütung) würde eine Industriepolitik für ein nachhaltigeres Wirtschaften stärken. In der heutigen Flußwirtschaft hat, außer den Versicherern und Flottenbewirtschaftern, niemand ein Interesse an Prävention. Anders vor 2000 Jahren, als jedes chinesische Dorf seinen Arzt hatte, und jeder Einwohner mußte, wenn er bei guter Gesundheit war, zum Lebensunterhalt des Arztes beitragen. War der Dorfbewohner aber krank, mußte der Arzt ihn pflegen, ohne daß der Einwohner zum Lebensunterhalt des Arztes beizutragen hatte! Der Arzt hatte somit ein persönliches Interesse daran, daß alle Dorfbewohner gesund waren; dann konnte er gut leben und hatte wenig Arbeit.

Waren alle Einwohner hingegen krank, so mußte er hart arbeiten – für Gotteslohn.

Im Fall der heutigen Pharmaindustrie (einem Kind der Durchflußgesellschaft) ist es umgekehrt: Der Pharmaindustrie geht es immer schlecht, wenn es den Leuten gutgeht – der Anreiz zur Prävention fehlt. Die ersten Anzeichen einer Rückkehr zur bewährten chinesischen Praxis sind die Health Maintenance Organizations (HMO), Gruppen von Ärzten, welche sich um Gruppen von Einwohnern kümmern. In den USA hat dies bereits zu einer Umstrukturierung der Pharmaindustrie geführt, und seit kurzem gibt es diese Praxis auch in Europa.

Amerikanische Feuerwehren haben vor ein paar Jahren, von Außenseitern unbemerkt, einen ähnlichen Paradigmenwechsel bei der Beförderung von Offizieren vollzogen. Früher wurden bevorzugt Feuerwehroffiziere aus Distrikten mit vielen Großfeuern befördert, die über große Erfahrung in der Feuerbekämpfung verfügten und fähig waren, im Katastrophenfall richtig zu reagieren. Seit einigen Jahren werden vor allem Offiziere aus Distrikten befördert, wo es, dank erfolgreicher Prävention, nur wenige oder keine Großfeuer gibt! Die Aufgabe der Feuerwehroffiziere ist es jetzt nicht mehr, in den Kasernen sitzend, auf den nächsten Großbrand zu warten, sondern permanent in Schulen, Industriefirmen, Lager- und Warenhäusern Schulung und Aufklärung zu betreiben und zu kontrollieren, ob zum Beispiel brennbares Material in der Nähe der Heizung herumliegt oder ob die Leute wissen, was sie im Brandfall zu tun haben. Die Feuerwehroffiziere werden somit für erfolgreiche Prävention belohnt.

Diese Umkehr der Belohnung, als Anreiz zur Prävention, ist ein zentraler Punkt beim Umbau zu einem nachhaltigeren Wirtschaften.

Der Faktor Zeit

Die Zeit als dynamischer Faktor fehlt in der heutigen statischen Wirtschaftstheorie. Nachhaltigkeit beinhaltet aber eine dynamische Betrachtung langer Zeiträume. Deswegen muß in der Wirtschaft der Faktor Zeit eingeführt werden: Ziel des Wirtschaftens ist es dann, mit einem Minimum an Ressourcen den größtmöglichen Nutzungswert für eine möglichst lange Zeit zu schaffen. Diese größeren Zeiträume müs-

sen natürlich auch in die Gesetzgebung eingehen. Gesetzliche Produkt-
oder Qualitätsgarantien von einem Jahr werden unsinnig (sie sind es
schon heute: Kein Pkw oder Computer fällt im ersten Jahr in Stücke).
Viele Hersteller geben heute schon eine dreijährige Garantie. Eine allgemeine Qualitätsgarantie von zehn Jahren würde der Logik der EU-
Gesetzgebung auf dem Gebiet der Produkthaftpflicht und Produktsi-
cherheitspflicht entsprechen. Eine Langzeitstrategie wie Sustainability
verlangt nach einer kohärenten Langzeitausrichtung aller Teilstrate-
gien, inklusive der Industriepolitik.

Wettbewerbsfähigkeit

Die Langzeitausrichtung ist für die Wettbewerbsfähigkeit vor allem in
bezug auf Erziehung, Forschung und Produktgestaltung ein grundle-
gender Punkt. Aber auch in Unternehmen gilt: Wenn Sie heute irgend
etwas haben (oder sein) möchten, hätten Sie vor mindestens drei Jahren
damit beginnen sollen (zum Beispiel Umstrukturierung). Neue Lösungen müssen wachsen, will man Panik vermeiden. Die Abbildung 2.9
(die in der Basler chemischen Industrie ihren Ursprung hat) zeigt die
Zusammenhänge zwischen dem Grad der Handlungsfreiheit im Unternehmen und dem Zeitablauf bei Veränderungen. Werden Chancen
und Probleme schon in dem Moment erkannt, in dem sie unter Wis-
senschaftern diskutiert werden, so verbleibt ein großer Freiheitsgrad
für eigene Ideen und Dialog. Ist ein Problem als solches allgemein
erkannt, wie zum Beispiel CO_2, so verkleinert sich der Freiheitsgrad
bedeutend. Kommt es aber zur Krise oder zum Skandal – denken Sie
an Seveso, Schweizerhalle –, dann ist der Freiheitsgrad nahe Null:
«command and control» des Staats lassen sich nicht mehr vermeiden.
Unternehmerisches Vorausdenken ist somit auch eine Strategie für den
schlanken Staat!

Eine nachhaltige Unternehmensstrategie verlangt deshalb, präven-
tiv und vorausblickend zu agieren in einem Umfeld, wo Raum für
Diskussionen und Alternativen besteht, statt zu warten, ob Greenpeace oder ein anderer Außenseiter sich mit dem Problem profilieren
möchte. Auch im Unternehmen gilt: Vision – Ziel – Handeln (und
Controlling).

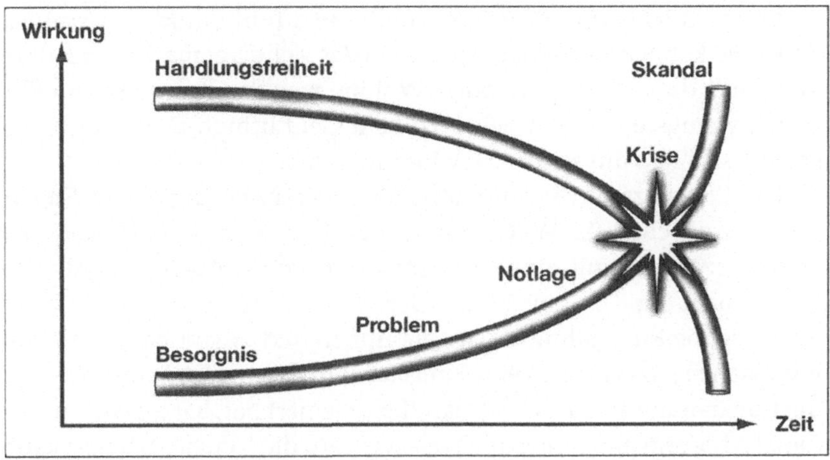

Abbildung 2.9: Freiheitsgrad der Unternehmensentscheidungen im Zeitablauf

Diskussion

Frage: Sie hatten bei dem Beispiel mit Xerox angedeutet, daß es bei Zulieferern Probleme gibt.

Stahel: Die Zulieferer, vor allem die Rohstofflieferanten, und das Abfallmanagement sind als erste betroffen. Dann kommt natürlich dazu, daß die Leute, die Komponenten herstellen (als Contract-Manufacturing, Outsourcing), dadurch betroffen werden, daß Xerox Geräte unter Umständen jetzt regional selbst aufarbeitet, weil dieser Komponentenhersteller vielleicht nicht regional organisiert ist.

Ich kann Ihnen ein Beispiel aus der Schweiz geben, das im Moment ziemlich viel Staub aufwirbelt. Die Schweiz hat jetzt auch das Abrüstungsproblem. Die Munitionsfabriken in der Schweiz haben die geniale Idee gehabt, daß man mit Schrott-Pkw Geld verdienen kann. Aber nicht, indem man sie verschrottet, sondern indem man sie demontiert und alles, was an Teilen noch brauchbar ist, in Eisenbahnwagen steckt und in die Slowakei fährt. In der Slowakei werden die Teile aufgearbeitet und dann dort als Ersatzteile mit einer Garantie wieder verkauft. Die Wagen, die bei uns verschrottet werden, fahren dort ja noch zehn Jahre.

Dieser Rückbau braucht im Schnitt etwa fünf Stunden Arbeit pro Auto. Sie können sich vorstellen, wenn das richtig gemacht wird, dann kann man damit Geld verdienen. Wohingegen das Recycling von Pkw heute, wenigstens in der Schweiz, kein Geld bringt. Der Kunde muß sogar bezahlen, um seinen Pkw loszuwerden.

Die Schweizerische Automobil Wiederverwertungs- und Entsorgungsgesellschaft (SAWEG) nimmt den Pkw zurück, ohne daß man etwas bezahlen muß, und verdient Geld damit. Auch hier gilt: Das hätten auch die Komponenten- oder Pkw-Hersteller machen können, wenn sie die Rücknahme ernst genommen und gesagt hätten: «Ja gut, wir machen jetzt wirklich eine Kreislaufwirtschaft.» Dadurch, daß man die Rücknahme an die Schrotthändler delegiert hat, hat jemand anders die Chance ergriffen. Aber auch das wird auf die Neuersatzteilverkäufe in den osteuropäischen Ländern einen gewissen Einfluß haben.

Frage: Ist es nicht ein Problem, daß alte Autos nicht rezykliert, sondern woanders wieder zusammengebaut werden? Die Autoentwicklung ist ja nicht stehengeblieben. Die Autos verbrauchen weniger, fahren mit Katalysator und so weiter. Autos, die aber zwanzig Jahre alt sind wie Ihr Toyota, verbrauchen Super verbleit. Es spricht ja nichts dagegen, daß es langläufig ist, aber die Neuerungen, die die Umwelt schonen, werden zurückgedrängt.

Stahel: Sie wissen, ein Auto verschmutzt dreimal: bei der Herstellung, beim Gebrauch und bei der Entsorgung. Mein Auto fährt im Prinzip einmal pro Woche zum Flughafen oder Bahnhof und wieder zurück. Das sind circa 30 Kilometer. Ich fahre vielleicht 2000 Kilometer pro Jahr mit dem Wagen.

Was Sie sagen, stimmt absolut für Taxi- und Lkw-Fahrer sowie für andere Leute, die wirklich viel fahren. Hier müßte man fordern, daß die Hersteller die Motoren nachrüstbar machen. Es ist immer noch unsinnig, ein Taxi fortzuwerfen, weil es jetzt einen saubereren Motor gibt. Dann müssen Sie den Motor austauschen können. Bei Flugzeugen wird das seit zehn Jahren gemacht, das haben die Leasinggesellschaften durchgesetzt. Jede Flugzeugkomponente (zum Beispiel Motoren, Computer) hat eine fünfzehnjährige Hochrüstgarantie, sonst wird sie nicht gekauft. Weil die Leasinggesellschaften weltweit 25 Prozent der Flugzeuge kaufen, konnte sich keine Firma dem entziehen.

Bei den Pkw fehlt die wirtschaftliche Macht auf der Nachfrageseite, die so etwas durchsetzen könnte. Hinzu kommt, daß der Schweizer

Automarkt etwas Spezielles ist. Wir sind ja ein reiches Land, und das Bigger-better-faster-Syndrom ist auch bei uns sehr verbreitet. Bei uns ist der Durchschnitts-Pkw, der in die Verschrottung geht, acht Jahre alt und hat 80 000 Kilometer. Das ist praktisch ein Neuwagen.

Die Nachrüstbarkeit ist auch wieder relativ. Mein Fahrzeug ist zu jung. Das bleifreie Benzin wurde als die größte Ökoerfindung des Jahrhunderts propagiert. Bleifreies Benzin gab es aber schon immer. Das Blei im Benzin ist erst 1957 von einem schweizerischen Chemiker erfunden worden. Das heißt, alle Pkw mit Baujahr vor 1960 fuhren mit bleifreiem Benzin und tun das auch jetzt. Dann gibt es leider diese dreißig Jahre dazwischen, von 1960 bis 1990. Mein Wagen ist Baujahr 1969. Da habe ich Pech. Aber zehn Jahre früher hätte ich noch kein Auto gekauft. Aber mein Auto mit Zweilitermotor verbraucht bei 120 Stundenkilometern auf der Autobahn knapp acht Liter auf hundert Kilometer. Absolut wettbewerbsfähig gegenüber einem neuem.

Frage: Sie fahren nicht viel. Aber wenn es Hunderttausende gibt, die so wie Sie denken, dann summiert sich das dennoch.

Stahel: Das ist ganz klar. Es hat einen Fortschritt gegeben. Nur, man muß diesen Fortschritt auch immer vergleichen mit dem effektiven Bedürfnis. Wenn Sie nach Indien oder Osteuropa gehen, dann werden Sie feststellen, daß diese Komponenten, die aus der Schweiz von zehnjährigen Wagen kommen, bedeutend neuer sind als die Komponenten, die da drüben herumfahren.

Frage: Ein Problem ist, daß zu viele Autos zuwenig genutzt werden. In Frankreich gab es eine Studie von Renault. Man könnte in Paris Inseln schaffen, wo Autos stehen, die man mittels einer Scheckkarte auslösen kann. Nach der Benutzung stellt man sie an einer anderen Insel wieder ab. Das Projekt wird wohl noch ein paar Jahre brauchen.

Stahel: Es gibt auch in jedem Land die Sammeltaxen. Sammeltaxen sind eine viel bessere Lösung als Einzel-Pkw.

Frage: Ich habe diesen Artikel auch gelesen, und da steht, daß das Inselprojekt als Ersatz für öffentliche Verkehrsmittel gedacht ist. Die Konsequenz daraus ist, daß die Straßen in Paris voll mit kleinen Autos sind. Man sollte sich effizienterer Träger bedienen.

Meine Frage ist, daß die Kreislaufwirtschaft arbeitsintensiver ist. Wenn ich eine Vision daraus entwickle, dann heißt das ja, daß die Produktion nationalisiert und globalisiert wird. Was hat das für Folgen für den Verkehr?

Das heißt, wenn wir eine Kreislaufwirtschaft haben, dann werden die Güter nicht nur mehr von der Produktion zum Konsum transportiert, sondern auch wieder zurück. Sie hatten aber von Regionalisierung der Produktion gesprochen.

Stahel: Das Problem des Transports löst sich durch die Wirtschaftlichkeit. Das Schulbeispiel ist Canon, die in China vor ein paar Jahren eine Fabrik gebaut hat, um Tonerkassetten nachzufüllen. Wirklich großes Volumen, billige Arbeitskräfte, es wurde alles richtig gemacht. Das einzige, was man vergessen hat, ist, daß man nicht den Verkaufspreis von Neukassetten heranziehen darf, sondern den Vergleichspreis eines Nachfüllers in Nürnberg, Berlin oder Zürich. Die Fabrik in China ist ein weißer Elefant. Sie ist nur zu zwanzig Prozent ausgelastet, weil die meisten Canon-Tonerkassetten gar nicht zurückkommen. Da ist ein Markt entstanden von örtlichen, regionalen Nachfüllern, die auch wieder örtlich anbieten. Canon kommt gar nicht mehr an die Dinge heran. Selbst wenn sie herankommt, ist sie wettbewerbsfähig mit den Neukassetten, aber nicht mit den örtlich nachgefüllten.

Das gleiche Problem haben Sie bei der Wegwerfkamera von Kodak. Ab einem gewissen Zeitpunkt kamen die Kameras nicht mehr zurück, weil die Photogeschäfte bemerkt haben, daß sie die Fähigkeit der Kontrolle und des Filmeinlegens selbst besitzen. Für die Umschachtel haben Sie irgendwo einen Freund, der für Sie ein Firmenlogo aufdruckt. Kodak hat das Problem dann sehr amerikanisch gelöst und die größten Photoladenketten aufgekauft.

Das Geniale bei Systemlösungen ist, daß Sie das Problem des modischen Nachrüstens bewältigt haben. Sie haben mit der Wegwerfkamera ein Primitivteil, das ewig lebt, und Sie haben ein Teil (Schachtel), bei dem Sie das Design und die Farbe ändern, das Frühlingsmodell, das Modell für die Olympischen Spiele oder für das Studentenfest realisieren können. Wir nennen das Skin-Lösungen (Hautlösungen). Das könnte man in der Wirtschaft viel umfassender umsetzen.

Man kann heute Skier produzieren, die zehn bis zwanzig Jahre alt werden können. Das interessiert natürlich keinen Hersteller, denn dann sind die Leute wirklich so idiotisch und fahren zwanzig Jahre mit demselben Ski. Jetzt kann man aber mit dieser Strategie der Skin-Lösungen das Problem umgehen, wenn der Skihersteller weiße Skier (generic ski) produziert, für die jeder Kunde ein eigenes Design in einer

Bibliothek auswählen kann. Wenn Sie nach zwei Jahren andere Skier haben wollen, dann wird die Folie abgezogen, und Sie können ein neues Design bekommen. Einmal zahlen Sie für die Ski, und dann zahlen Sie jeweils für das Deckblatt. Für das Ladengeschäft wird das unter Umständen interessanter, als Skier zu verkaufen. Übrigens gehen von den elf Millionen Skiern, die jährlich produziert werden, zwei Millionen direkt in den Müll.

Sie sehen, daß sich das Ladengeschäft bei der Skin-Lösung plötzlich als Dienstleister für den Kunden versteht. Wenn es gelingt, es dem Kunden schmackhaft zu machen, die alten Skier zu behalten, statt ihm neue zu verkaufen, dann ist wahrscheinlich auch die Gewinnmarge höher.

Frage: Wie soll sich denn dieser Übergang vom Verkauf zum Verleih in finanzieller Hinsicht vollziehen? Man hat jetzt nicht mehr den Verkaufserlös, sondern die Mieteinnahmen, die doch nur ein Bruchteil des Verkaufserlöses sind.

Stahel: Sie haben ein «time lag»-Problem. Sie haben ein Finanzierungsproblem von fünf bis zehn Jahren, wenn Sie neu beginnen. Der Umsatz kommt erst in einem Zeitraum von zehn Jahren. Xerox hatte damit kein Problem, aus dem einfachen Grund, weil die Firma, solange sie das Monopol hatte (1940 bis 1970), nur vermietet hatte. Jeder bei Xerox weiß, wie so etwas geht.

Kodak hat das Problem auch nicht gehabt. Die Wegwerfkamera kam innerhalb kürzester Zeit auf den Markt. Einst hat Kodak damit begonnen, Kameras zu vermieten, und zwar genau das gleiche System aus Holz statt aus Kunststoff. Allerdings wußte niemand, was ein Film und eine Dunkelkammer sind. Deshalb mußte man diese Box ins Geschäft zurückbringen, und nur dort wußte man, daß man den Film in absoluter Dunkelheit herausnehmen mußte. Die Firmen, die schon einmal durch diesen Prozeß gegangen sind, wissen genau, wie man damit überlebt und daß man damit überlebt. Firmen, die nie mit Vermietung Erfahrung gesammelt haben, kennen nur den Höhlenmythos. Das, was ich habe, das kenne ich. Jetzt verspricht mir jemand das Paradies, aber ich weiß nicht genau, ob es das Paradies ist. Wenn ich jetzt aus der Höhle hinausgehe, dann kann ich nicht mehr zurück. Dann bleibe ich doch lieber in der Höhle. Irgendwann muß man aber diesen Sprung vollziehen.

Es gibt noch einen ganz anderen Punkt, wieso von der Nachfrageseite her wahrscheinlich mehr und mehr Druck kommt. In Ostdeutschland entgegnet man mir immer, wenn ich sage: «Mieten Sie doch! Hören Sie auf, Dinge zu kaufen!», daß ich den Leninismus unter einem ökologischen Deckmantel zurückbringe. Dann muß ich auf Aristoteles zurückgreifen, der bereits gesagt hat: «Der wahre Reichtum liegt im Gebrauch und nicht im Eigentum.» Es gibt Grundweisheiten, die vergißt man oft. Dann muß man wieder die alten Griechen lesen. Die haben eigentlich alles schon gesagt.

Ich habe Firmen in Seminaren das Konzept von Sixt vorgestellt: Sie kaufen keinen Pkw mehr, sondern mieten ihn. Sie bekommen eine Kreditkarte, und dafür zahlen Sie im Monat 25 Mark. Für jeden Kilometer, den Sie fahren, zahlen Sie 30 Pfennig. Das Auto kostet Sie also 25 Mark. Wenn Sie fahren, dann kostet es mehr. Jetzt haben Sie aber den Vorteil, daß Sie Nichteigentümer sind, das heißt, Sie sind flexibel. Wenn Sie einen Wagen in Anspruch nehmen, dann nur, wenn Sie einen brauchen. Überlegen Sie, ob Sie ein kleines Köfferchen haben oder einen großen Motor befördern wollen. Entsprechend mieten Sie ein Cabriolet oder einen Transporter. Wenn nun beispielsweise jemand von Siemens einen großen Motor von München nach Hamburg bringen muß, dann kommt er gar nicht auf die Idee, daß er den Wagen wieder nach München zurückfährt. Er läßt den Wagen in Hamburg und nimmt den ICE. Das ist viel schneller, und er kann schlafen.

Wenn die Nachfrager einmal merken, daß das Eigentum verbunden ist mit einer Produkt- und Entsorgungsverantwortung und einem Verzicht auf Flexibilität und daß das Mieten eine hohe Flexibilität und nur Kosten bei der Nutzung bringt, dann wird das Umschwenken sehr schnell einsetzen.

Ich habe das einmal bei einer Versicherungsgesellschaft in einem Seminar erzählt. Nachher kam einer zu mir und sagte: «Wir machen das bereits, und ich habe nicht festgestellt, daß wir da einen Paradigmenwechsel vollzogen haben.» Dadurch, daß die Versicherungsgesellschaft keinen Fuhrpark mehr hat, sondern jeder Manager eine Kreditkarte von Sixt, ist sie umgestiegen von der traditionellen Kauf-Nutzen-Wegwerf-Philosophie zum reinen Nutzen-Dienstleistungs-Kauf. Selbst die Manager dieser Firma haben nichts davon gemerkt. Das spielt auch gar keine Rolle. Sie müssen es ja nicht merken.

Das Wichtige ist, daß die Käufer entdecken, daß sie beim Kauf unheimlich viel Verantwortung mitübernehmen und jede Flexibilität verlieren. Das ist das Interessante am Mietsystem, nicht der ökologische Vorteil. Der kommt von selbst, weil der Flottenbetreiber versucht, möglichst viel Geld aus seinem Fuhrpark herauszuholen.

Frage: Es gibt doch eigentlich viele Länder, die mit der Kreislaufwirtschaft schon ziemlich weit sind. Das sind sämtliche Entwicklungsländer und auch die ehemaligen Ostblockländer, die versuchen, alles möglichst oft wiederzuverwenden. Von denen kann man unheimlich viel lernen.

Stahel: An jeder Universität in einem Entwicklungsland machen Sie zuerst einen Kurs in Wartung und Instandhaltung. Sie können so einen Kurs in Deutschland an einer Technischen Universität nicht machen. Da merken Sie, um Dienstleistungen anbieten zu können, müssen Sie die Leute anders ausbilden.

Das Verkehrssystem in Manila zum Beispiel kennt praktisch keine Privatwagen, sondern nur Taxen und Jeepnes. Jeepnes habe ich einmal beschrieben in dem Buch von Christian Deutsch «Abschied vom Wegwerf-Prinzip». Sie sind das einzige öffentliche Verkehrsmittel, das auf privatwirtschaftlicher Basis funktioniert. Die Jeepnes werden von den Besitzern gefahren. Es sind Sammeltaxen, bei denen man zu Standardpreisen mitfahren kann. Die Route ergibt sich aus den Zielen der Fahrgäste. Das spielt sich sofort ein. Zu Tageszeiten, wenn viele Leute reisen wollen, haben Sie sämtliche Jeepnes auf der Straße, und morgens um drei Uhr nur wenige. Alles spielt sich ein, ohne daß der Staat irgendwelche Regelungen oder Verantwortung übernimmt. Er überwacht lediglich, ob das System funktioniert.

Dieter Fricke: Mit der angesprochenen «Reparaturgesellschaft» brauchen wir nicht in so entfernt liegende Volkswirtschaften wie Entwicklungsländer oder Ostblockstaaten zu gehen. Es hat ja auch hier in Deutschland Zeiten gegeben, in denen Reparaturen und Pflege intensiver betrieben wurden, als es heute der Fall ist. Doch seitdem sich die Preisrelationen verändert haben, die Kosten für den Faktor Arbeit stärker gestiegen sind als die Materialkosten, sind vielfach Reparaturen teurer geworden als der Neukauf. Während früher beim Bauen die Materialien als wichtigster Kostenfaktor galten, sind es heute die Löhne. Insofern hängt die Frage «Reparatur oder Neuproduktion» an den relativen Preisen. Und hier besteht nach wie vor die Tendenz, daß die die Reparatur- und Pflegekosten bestimmenden Lohnkosten stärker steigen als die

Kapitalkosten, die bei der Produktion von Ersatzgütern oft die entscheidende Rolle spielen.

Nun zur Frage «Miete statt Eigentum». Eine Vorteilhaftigkeit der Miete setzt einen gutwilligen Benutzer voraus. Und darin scheint eines der ganz großen Probleme zu liegen. Ein Eigentümer – das zeigt die Erfahrung – geht mit seinem Gut viel sorgfältiger um als ein Nutzer, der das geliehene Auto irgendwo – möglicherweise – anonym abstellt. Ob er mit einer Zigarette Brandflecken verursacht oder mit lehmbeschmutzten Schuhen einsteigt, darauf wird ein kurzfristiger Nutzer kaum achten. Dieses «Free rider»-Verhalten, das bei der Nutzung öffentlicher Güter immer ein Problem ist, ist auch hier der Schwachpunkt.

Wenn es in der Dritten Welt besondere Kurse für «Maintenance» gibt, dann weniger deshalb, weil dahinter ein Programm «Miete statt Eigentum» steht, sondern weil dort der aus der handwerklichen Tradition kommende Geist des Pflegens wenig ausgeprägt ist und allgemein ein Nachholbedarf besteht.

Einig sind wir uns darin, daß immer, wenn Kosten nicht dem Verursacher angelastet werden, volkswirtschaftliche Fehlleitungen erzeugt werden. Insofern wird sich ein Teil der diskutierten Probleme von selbst lösen, wenn es gelingt, anfallende Umweltkosten zu internalisieren.

Ein anderes von Ihnen angesprochenes Problem betrifft die Wertvorstellungen der Menschen. So entsteht ein «Free rider»-Verhalten auf der Wertebene des Eigennutzes. Wenn diese Wertebene gemeinschaftsbezogen ist, dann können die von Ihnen vorgeschlagenen Institutionen leichter eingesetzt werden. Auch der angesprochene ständige Modellwechsel und damit die Frage, was als schick oder gut gilt, ist außerhalb der Ökonomie, auf der Wertebene angesiedelt. Ob jemand deshalb angesehen ist, weil er ein altes Auto fährt, oder deshalb, weil er ein besonders neues Auto hat, ist eine Frage von Werten, die auf der persönlichen Ebene liegen, also der ökonomischen Ebene vorgelagert sind.

Stahel: Sie haben ein Grundproblem angesprochen: die soziale Ökologie. Ich nenne es das Teilen und Sorgetragen, das «sharing» und «caring». Das sind typisch weibliche Werte. In einer Gesellschaft, die mehr und mehr männliche Werte übernimmt, entsteht wirklich dieses Problem. Aber die Fertigung und das Beherrschen sind die männlichen Werte, die als positiv angesehen werden. Es gibt eine Gruppe von Ökonomen, die zeigt, daß die Bestärkung der weiblichen Gesichtspunkte und Wertvorstellungen, daß «sharing» und «caring» ein Teil der Sustainability sein sollte.

Dann zum Wertproblem: Es stimmt, daß man immer noch Dinge kaufen sollte, die an Wert zunehmen. Ein Haus würde ich immer noch den meisten Leuten empfehlen, wenn man es zu einem vernünftigen Preis kaufen kann. Kaufen Sie es, und warten Sie, bis Sie gestorben sind. Ihre Kinder werden Ihnen dankbar sein. Nicht, weil der Wert des Hauses unbedingt ewig hält, sondern weil der Wert des Bodens steigt. Ähnliches gilt bei Pkw. Nach sieben Jahren ist der Pkw abschreibungstechnisch nichts mehr wert. Warten Sie, bis er 25 Jahre alt und ein Sammlerfahrzeug geworden ist. Dann können Sie ihn auch wieder zum Sammlerwert versichern. Man muß diese Durststrecke überstehen. Sie können das auch auf dem Flohmarkt beobachten. Vor zwanzig Jahren konnten Sie diese Jugendstilsachen kaufen für einen Pappenstiel, und heute zahlen Sie tausend Mark dafür.

Das ist die sogenannte Trash-Theorie. Jeder Wert geht bei Gütern auf Null, bleibt eine Zeitlang auf Null, und bei Dingen, die überlebt haben, steigt er dann plötzlich rasant an. Ich habe das am eigenen Leib erlebt. Letzten Herbst hatte ich meinen Wagen falsch geparkt. Es kam jemand auf mich zu. Ich habe sofort gesagt: «Ich habe falsch geparkt.» Darauf er: «Nein, nein. Ich wollte fragen, ob Sie den Wagen verkaufen.» Das ist mir mit einem neuen Fahrzeug noch nie passiert.

Von der Wiege zurück zur Wiege

Jörg Maier, Lehrstuhl für Wirtschaftsgeographie,
Universität Bayreuth

Typisch für eine Zeit des wirtschaftlichen und sozialen Umbruchs, wie wir sie derzeit in der Bundesrepublik erleben, ist die zunehmende Polarisierung. Diese sehen Sie auch im Thema: einerseits Globalisierung, andererseits Regionalisierung. Zwei Widersprüche, die wir derzeit in vielerlei Fällen haben und die deutlich machen, daß wir uns damit auseinandersetzen müssen, wohin unsere Welt tendiert.

Die Wirtschaftswissenschaften, die hier durch die studentische Initiative in besonderem Maß repräsentiert sind, beschäftigen sich mit Globalisierung und Internationalisierung; wir aus dem Bereich der Regionalwissenschaften mit dem Thema der Regionalisierung. Nun wird dieses Thema gerade in Bayern intensiv diskutiert, und das Landesentwicklungsprogramm Bayern vom März 1994 hat als grundsätzliches Element die Regionalisierung. Ministerpräsident Edmund Stoiber hat das in seiner Umwelterklärung 1995 noch einmal als eines der Leitbilder herausgestellt. Deswegen freut es mich sehr, Herrn Göppel einführen zu dürfen.

Ausgehend von den Erfahrungen in Österreich und der Schweiz, ist dabei der Fragenkreis sehr umfangreich. Die Grundidee der Regionalisierung, die Philosophie und die Vision, die ihr zugrunde liegen, ist die endogene Erneuerung, die Kraft aus den Regionen heraus, innerhalb der Regionen und für die Regionen.

Ich will diese Mobilisierung endogener Potentiale an einem Beispiel schildern. Gerade versuchen wir in Oberfranken und in der nördlichen Oberpfalz aus der Region heraus mit den Möglichkeiten, die die Region hat, die Zukunft zu gestalten. Dabei erhält die Humankapitalförderung eindeutig den Vorrang vor der Sachkapitalförderung.

In unserer Regionalpolitik ist das bislang umgekehrt. Die EU und der Bund fördern in erster Linie das Sachkapital und leider nicht das Humankapital. Die 5b-Förderung der EU ist eine gewisse Ausnahme, aber auch noch nicht das, was uns zufriedenstellen würde; das gilt auch für die Kooperationsförderung auf der einzelbetrieblichen Ebene, was die Vermarktungssituation gerade in der Landwirtschaft oder ähnliches angeht. Wenn Sie den Bereich der Strategien neben diesen Zielen einmal herausgreifen, so habe ich hier bewußt die Förderung innerregionaler Wirtschaftskreisläufe als eine der Strategien angesehen, die einen Teil dieser Regionalisierung widerspiegeln. Nämlich den Versuch, innerhalb einer Region durch Intensivierung der Warenströme, Unterstützung regionaler Messen und der Auftragsbörsen diese regionale Komponente bewußt in den Vordergrund zu stellen.

Bezogen auf den Fragenkreis der Ökologie, ist dies nun ganz konkret umzusetzen. Ich darf aus einem Hauptseminar nur kurz zwei Bilder einer Referentin herausgreifen (siehe Abbildung 3.1) und damit anschließen an die Bemühungen, zusammen mit der BAYREUTHER INITIATIVE für Wirtschaftsökologie, diese zwei Systeme einander gegenüberzustellen.

Sie sehen in dem oberen Beispiel das klassische offene ökonomische System, wie es heute von uns eigentlich nicht mehr praktiziert werden sollte: nämlich daß aus dem ökologischen Bereich Rohstoffe entzogen werden, ohne daß sie wieder zurückgeführt werden, daß man also Abfälle als Reststoffe hat.

Demgegenüber steht im unteren Bild der geschlossene ökologische Kreislauf, im Vordergrund das Kreislaufwirtschaftsmodell, mit Auswirkungen auf die betriebliche Ebene, Produktverantwortung von der Wiege wieder zurück zur Wiege. Das Produkt wieder zurückzuführen im Sinn des Kreislaufmodells, das ist die Grundbotschaft, die hier vielleicht erst als Vision existiert. Ich denke, in vielen Fällen kann das heute schon Realität sein, wenn Sie an die unterschiedlichen Aktivitäten in verschiedenen Gebieten Bayerns denken.

Das Thema, mit dem sich Herr Göppel hier auseinandersetzen wird, sind regionale Wirtschaftskreisläufe einerseits und globaler Markt andererseits. Ich denke, daß wir gerade die Frage «Nostalgie oder ökologisches Zukunftsmodell?» diskutieren sollten. Ich freue mich, daß Herr Göppel, Mitglied des bayerischen Landtags, zu uns gekommen ist. Er ist Vorsitzender des Umweltarbeitskreises der CSU, einer sehr wichtigen Institution, und wird auch innerhalb der Partei als Vordenker angesehen.

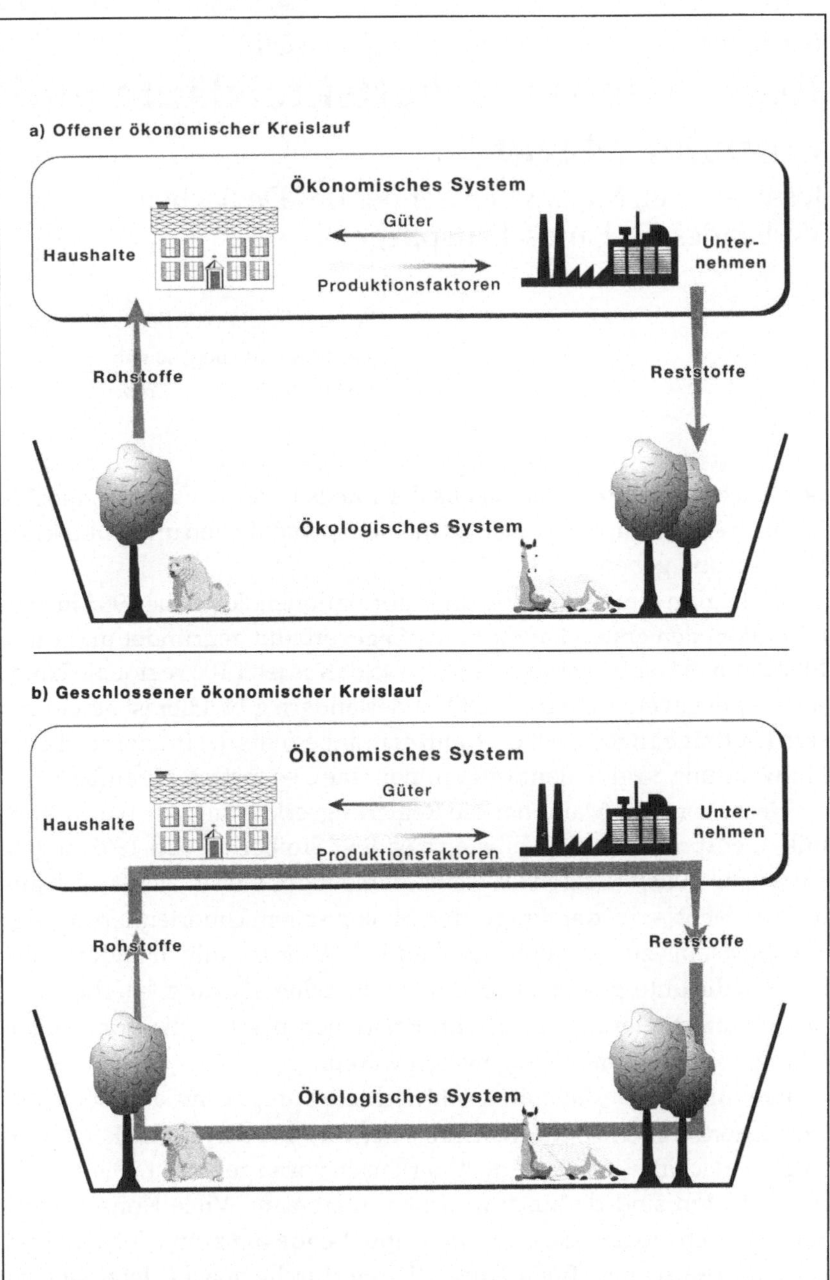

Abbildung 3.1: Offene und geschlossene ökonomische Kreisläufe

Nostalgie oder ökologisches Zukunftsmodell?
Regionale Wirtschaftskreisläufe und globaler Markt
Josef Göppel, MdL, Vorsitzender des Deutschen
Verbandes für Landschaftspflege

> Warum denn in die Ferne schweifen;
> sieh, das Gute liegt so nah.
> *Johann Wolfgang von Goethe*

Bevor ich das heutige Thema aus der Praxis heraus beleuchte, möchte ich noch einige Informationen zu meinem persönlichen und politischen Hintergrund geben.

Zu Beginn einige Hintergrundinformationen. Ich habe 1986 in Mittelfranken den ersten Landschaftspflegeverband gegründet und diese Idee dann in Deutschland verbreitet, so daß es jetzt 105 regionale Landschaftspflegeverbände in zwölf Bundesländern gibt. Hier ist genau unsere Titelfrage angesprochen: Kann man angesichts der immer stärkeren Hinwendung zu globalen Stoffströmen eine Gegenstrategie aufbauen?

Herr Professor Maier hat die Regierungserklärung zur Umweltpolitik angesprochen, die Ministerpräsident Stoiber im Juli 1995 abgab. Sie wurde in den Medien kritisch kommentiert, weil er sich – auch aus meiner Sicht – in der Frage der ökologischen Umorientierung des Steuersystems zu restriktiv geäußert hat. Aber in einigen anderen Bereichen, die untergegangen sind in der Berichterstattung, hat die bayerische Staatsregierung durch ihn Positionen besetzt, die vor einigen Jahren noch nicht möglich gewesen wären.

Es wurde auch das Landesentwicklungsprogramm aus dem Jahr 1994 zitiert. Der Umweltarbeitskreis der CSU hat den Gedanken regionaler Wirtschaftskreisläufe dort stark nach vorne gepuscht. Die Trends in der Union sind da ausgesprochen interessant. Viele Konservative haben in den letzten vierzig Jahren eine Wende hin zum Globalen und zum ausgesprochen Technikorientierten durchgemacht. Jetzt sind es die an sich fortschrittlicheren Geister, die fragen: Wo sind denn eigentlich unsere Wurzeln, und gibt es Alternativstrategien zu dem Weg, auf dem wir jetzt sind? Man sieht, daß vierzig Wohlstandsjahre auch die politischen Grundeinstellungen innerhalb der Parteien verschoben haben. Diejenigen, die ursprünglich als die Stockkonservativen gegolten haben, beeilen sich heute, überall unter Beweis zu stellen, daß sie an der Spitze des Fortschritts marschieren – und solche Leute, die traditionell eher als liberal und fortschrittlich gegolten haben, greifen nun plötzlich konservatives Gedankengut auf, zum Beispiel in der Frage, wie wir eine lokale Tradition in einer bestimmten Region erhalten können; wie wir eine traditionelle Nutzungsart erhalten können, die die Menschen liebgewonnen haben, die unter ganz streng ökonomischen Gesichtspunkten vielleicht keine Chance mehr hätte, die aber zur Eigenart und zum Charakter eines Gebiets entscheidend beiträgt.

Wie kam es zu Landschaftspflegeverbänden?

Von daher ist auch zu verstehen, wie es zur Initiative der Landschaftspflegeverbände kam. Die «Zeit» hat vorige Woche einen Artikel mit der Überschrift «Der Segen der Langsamkeit» veröffentlicht. Er beschreibt ein Tal in Kärnten, das Lesachtal. Seit fünf Jahren setzt das Lesachtal auf einen konsequent ökologisch orientierten Tourismus. Ich möchte kurz aus der Zwischenbilanz im Artikel zitieren: «Der in einem alten Bauernhaus neu eingerichtete Bauernladen floriert bestens, entwickelt sich zu einer wichtigen zusätzlichen Einnahmequelle für die Einheimischen. Sechzig Lesachtaler Bauern beliefern das Geschäft mittlerweile mit eigenen Produkten: Speck, Käse, Brot, Jacken, Pullover aus ungefärbter Schafwolle, Filz und Rechen aus Holz. Die Kunden des Geschäfts sind fast ausschließlich Touristen, der Obmann des Geschäfts ist mehr als zufrieden.» Man ist zunächst geneigt, ein bißchen zu lächeln. Und doch sind wir da genau bei der Fragestellung unseres Themas.

Ein weiteres Beispiel: das Projekt «Artenreiches Land, lebenswerte Stadt» in Feuchtwangen im Landkreis Ansbach. Dort hat man den Versuch gemacht, über die Lebensmittel hinaus weitere Wirtschaftszweige in regionale Kreisläufe einzubeziehen, das Handwerk, den Handel und regionale Dienstleister. Bei der ersten Vorstellung dieser Aktion war auch der Vorsitzende des örtlichen Gewerbevereines anwesend, ein Mann, der ein Lebensmittelgeschäft betreibt. Zur Überraschung aller sagte er: «Wenn der Güterverkehr teurer wird, mache ich bessere Geschäfte. Die höheren Kosten, die bei Zulieferung in meinem Laden anfallen, werden bei weitem aufgewogen, wenn die Leute nicht mehr bis nach Schwabach und Nürnberg fahren wegen Kleinigkeiten.»

In den Sitzungen der Enquete-Kommission «Schutz der Erdatmosphäre» des Bundestags war auch zu hören, daß 95 Prozent des Warenvolumens in Deutschland inzwischen überregional zirkulieren. Was die Leute tagtäglich sehen, wenn sie auf den Autobahnen fahren, ist doch, daß Butter oder Bier oder irgend etwas anderes aus Norddeutschland vorbeigefahren wird, und Produkte, die aus Süddeutschland stammen, nach Norddeutschland gekarrt werden.

Die Frage, inwieweit es sinnvoll ist, Dinge aneinander vorbei kreuz und quer durch Europa zu fahren, muß dringend gestellt werden. Nun wird schnell als Gegenargument gebracht, wir hätten kein dirigistisches System, das einen, der am Chiemsee wohnt, bis zu seinem Lebensende zwingt, nur Chiemseer Käse zu essen. Richtig! Nur jetzt ist der Warenaustausch eindeutig zu billig. Die Frage, ob wir einen größeren Anteil regionaler Wirtschaftskreisläufe erreichen können, hängt entscheidend davon ab, was der Gütertransport kostet.

Ich komme zurück auf die Beratungen der Enquete-Kommission. Wir bräuchten etwa 25 Prozent regionale Austauschvorgänge, damit in ländlichen Gebieten genügend eigenerwirtschaftetes Kapital zirkuliert, das nicht von außen als Subvention kommt. Dieses eigenerwirtschaftete Kapital muß in der Landwirtschaft, im Handwerk und in ländlichen Dienstleistungsberufen entstehen. Es geht also nicht nur um die Bauern. Aber sie sind das Rückgrat des Landes.

Gestern abend war ich in meinem Wahlkreis mit jungen Bauern beisammen. Die sind nicht viel älter als Sie, führen aber schon einen Hof, von dem die Familie lebt. Den Leuten brennen elementare Probleme unter den Nägeln. Diese Bauern wollen heraus aus ihrer Situation. «Wir möchten aus unserer Zwangsjacke raus, wir können aber nicht», waren dort die Aussagen. Wenn sie null finanziellen Spielraum haben, dann können sie von ihrer jetzigen Lage keinen Millimeter abweichen; dann können sie nicht das kleinste Risiko eingehen.

Das heißt, der Anstoß muß eindeutig von außen kommen, von der Politik. Viele der 105 Landschaftspflegeverbände in Deutschland arbeiten an Regionalentwicklungsprojekten, um wieder mehr selbsttragende Kreisläufe aufzubauen. Viele aus der Landwirtschaft, dem Handel und dem Handwerk machen da mit. Das ist ein Konzept, das die Menschen begeistert, das spüre ich immer wieder.

Ich sollte bei dieser Gelegenheit ein Wort zum Wesenskern der Landschaftspflegeverbände sagen. Die Grundidee ist die Drittelparität zwischen Landwirten, Naturschutzverbänden und Kommunalpolitikern. Jeder Verband hat in seinem Vorstand jeweils ein Drittel Kommunalpolitiker, Landwirte und Naturschützer sitzen. Diese Drittelparität ist das Erfolgsmodell. Das schafft Vertrauen! Das hilft, Gräben zu überwinden!

Stufen des Naturschutzes

Mit dem europäischen Naturschutzjahr 1970 begann auf breiter Ebene die Diskussion um den Artenschutz. Eng bezogener Artenschutz schafft aber zu viele Zielkonflikte. Deshalb kam man bereits in der zweiten Hälfte der siebziger Jahre zum Lebensraumschutz. Zu Anfang der achtziger Jahre merkte man, daß viele im guten Glauben geschaffene Einzelbiotope letztlich zuwenig für Pflanzen- und Tierarten brachten. So entstand die Idee des Biotopverbunds, des Lebensraumnetzes.

Das Netz der natürlichen Lebensräume für die Mitgeschöpfe der Menschen muß so groß sein wie das Netz der Zivilisation, also der Straßen und Siedlungen. Das sind jetzt etwa zwölf Prozent der Landesfläche. Mit den Landschaftspflegeverbänden haben wir Mitte der achtziger Jahre Biotopverbundsysteme aufgebaut. An einem bestimmten Punkt merkten wir: Wir springen zu kurz. Wir fragten: Kann man nicht über Produkte aus der Landschaftspflege einen Teil des Einkommens erwirtschaften? Das ist die Diskussion, die wir heute führen!

Wenn Sie Landschaftspflege hören, dann denken Sie wahrscheinlich an einen, der mit der Sense in der Wiese steht und mäht. Aber das ist nur ein ganz enger Ausschnitt. Landschaftspflege im alten deutschen Wortsinn schließt auch den wirtschaftenden Menschen ein. Damit bin ich bei regionalen Wirtschaftskreisläufen.

Wir haben in Deutschland ein Beispiel, das ein Erfolgsmodell geworden ist: die Rhön. Dieter Popp, der vom Bund Naturschutz kam und seit drei Jahren Geschäftsführer des Vereins «Natur und Lebensraum Rhön» ist, hat dieses Gedankengut in der Praxis verwirklicht. Er animiert Wirte, mehr regionale Produkte auf ihre Speisekarten zu nehmen, und Hoteliers, das Bett im Fremdenzimmer von einem örtlichen Schreiner herstellen zu lassen – das Rhöner Bauernbett. Und siehe da, man schläft viel besser in diesem Bett als in irgend einem anderen.

Hier klingt schon etwas an, was sehr wichtig ist für den Erfolg der regionalen Wirtschaftskreisläufe, nämlich der Stolz auf die Eigenart des Gebiets, in dem man lebt. Das Wort Heimatstolz hatte in Deutschland durch den verbrecherischen Irrweg des Dritten Reichs einen üblen Klang bekommen. Wenn wir Heimatstolz aber als Verbundenheit mit dem Gebiet, in dem man lebt, verstehen, dann wird das als Gegenbewegung zur austauschbaren Zivilisationswelt sehr zeitgemäß. Die bewußte Pflege der Eigenarten, Traditionen und unverwechselbaren Unterschiede von Regionen ist heute ein kulturbildender Vorgang.

Hier kommen wir ganz tief hinein in die Frage: Wie wollen wir leben im nachindustriellen Deutschland?

Den Reiz des Lebens machen die Unterschiede aus

Bei einer vierwöchigen USA-Reise heuer im Frühjahr empfand ich die Einheitskultur dort als größten Unterschied gegenüber unserem Land. Die gleiche Hamburgerbude, die gleiche Coca-Cola-Kultur an der Ostküste wie im hintersten Holzfällercamp in Oregon. Ich habe nirgends einen irgendwie gearteten regionalen Unterschied feststellen können. Man kann natürlich in New York alle möglichen Speisen haben, nur steht das alles traditionslos im Raum.

Als ich heimkam, wurde mir so richtig bewußt, welch großer Reichtum in Europa die regionalen Unterschiede sind. Daß diese regionalen Unterschiede möglicherweise auch ein gewaltiger Kulturvorteil sind im erdweiten Wettbewerb, möchte ich jetzt nicht weiter ausführen. Aber klar ist eines: Den Reiz des Lebens machen die Unterschiede aus. Eine andere Art zu essen, eine andere Art zu wohnen, eine andere Art, sich zu kleiden, und die Mundart.

Manchmal hat das etwas Freundlich-Komisches. Als ich heute durch den Nürnberger Hauptbahnhof lief, begegnete mir ein junger Mann mit Irokesenschnitt und lilagefärbten Haaren. Er ging zu einem Kiosk und bestellte im breitesten Nürnberger Slang «a Scholn Kaffee». Die Mundart verrät ihn. Mit der Mundart ist er beheimatet.

Der Reichtum des Lebens besteht in den Unterschieden. Er besteht darin, daß Regionen ihre Eigenarten pflegen und diese Eigenarten nicht als Abschottung mißverstehen, sondern als eine reizvolle Unterscheidung gegenüber anderen. Das macht ein Land interessant, und das steckt letztlich hinter der Philosophie regionaler Initiativen. Ich bin der Überzeugung, daß in unserer technischen Zivilisation, die sich so schnell verändert, die Menschen Haltepunkte für ihr Gemüt brauchen.

Die Wirtschaftsweise der Menschen war früher, vor allem auf dem Land, zwangsweise regional. Das Stück Land, das man mit den Ochsen an einem Tag pflügen konnte, hieß Tagwerk, hundert Meter lang und dreißig Meter breit. Es gab auch noch verkraftbare Transportdistanzen. Man konnte sich die Steine für ein neues Haus nicht irgendwo aussuchen, sondern mußte wegen des mühevollen Transports die nächstgelegenen nehmen. So entstanden regionale Eigenarten.

Mit den fossilen Energieträgern verschwand diese Knappheit weitgehend. Natürlich ist jetzt die Frage zu stellen, ob das Pflegen von Unterschieden nicht nur Nostalgie ist. Die Frage ist berechtigt. Wollen wir sozusagen nur Vergangenheitskitsch? Ich denke, das ist im Einzelfall eine Gratwanderung. Sicherlich ist ein regional betonter Baustil vernünftig. Fränkisch verbrämte Jodlerarchitektur ist nicht mehr vernünftig. Aber gerade dadurch, daß man sich auf dem Baustoffmarkt alles besorgen kann, wird man dazu verführt.

Wir können uns alles kaufen. Wir können uns das ganze Jahr über Südfrüchte kaufen. Dadurch, daß wir zu allen Jahreszeiten alles verfügbar haben, entsteht viel Verkehr. Deshalb ist die Frage der regionalen Wirtschaftskreisläufe immer wieder damit verknüpft, wie wir es persönlich mit der global orientierten Lebensweise halten. Mandarinen vielleicht erst nach dem Nikolaustag wieder zu essen und damit Gefühle aus der Kindheit wachwerden zu lassen bereichert das Leben. Ich denke, wer sich im persönlichen Leben alles zu jeder Zeit verfügbar macht, wird letztlich nicht reicher, sondern ärmer.

Chancen regionaler Wirtschaftskreisläufe

Die Frage, unter welchen Bedingungen regionale Wirtschaftskreisläufe
erfolgreich sind, wurde in Nordrhein-Westfalen sehr gründlich untersucht. Ich habe hier eine Untersuchung mit dem Titel «Zur Tragfähig-
keit regionaler Vermarktungskonzepte für Nahrungsmittel» aus dem
Jahr 1994. Erstellt wurde sie in einer Arbeitsgruppe um Professor Hen-
sche in Soest. Ich will daraus die wichtigsten Ergebnisse zitieren: Danach gibt es bei den Verbrauchern in Nordrhein-Westfalen eine Kern-
gruppe von zwanzig Prozent, die bereit ist, für regionale Produkte
wirklich mehr zu bezahlen. Die Antwort auf die Frage, wann die Leute
mehr regionale Produkte kaufen, hat sich sehr klar daran orientiert, ob
die Gebiete, aus denen die Produkte kommen, ein gutes Image haben.
Und die Frage, ob ein Gebiet ein gutes Image hat, das entscheiden die
Bewohner, weniger die außen herum.

In Nordrhein-Westfalen ist das Münsterland besonders erfolgreich.
Im Frühjahr lag der «Süddeutschen Zeitung» ein Prospekt des Mün-
sterlandes bei mit der Überschrift: «Hinter blühenden Hecken eine
hochleistungsfähige Wirtschaft». Die Imagewerbung der Region Münsterland ist also ganz bewußt auf die Synthese von florierender Wirtschaft und intakter Natur gerichtet. Schließlich hat sich das wirklich in
den Köpfen der Leute festgesetzt.

Also noch mal: Der entscheidende Punkt ist, daß dem jeweiligen
Gebiet ein positives Image zugeordnet wird. Diese Gebiete lassen sich
nicht administrativ abgrenzen. Das Denken in Landschaften wird wieder mehr in den Vordergrund rücken. Verbraucher bevorzugen heimi-
sche Lebensmittel besonders dann, wenn sie von ihrer Umgebung
überzeugt sind.

Der zweite Punkt ist, daß die regionale Herkunft für sich allein nicht
das kaufentscheidende Argument ist, sondern es müssen Gesundheit
und Naturnähe dazukommen, auch Originalität, wenn es um ein
Handwerksprodukt geht – ein Produkt, das ich in dieser Art woanders
eben nicht bekommen kann. Das Unverwechselbare, die Alleinstel-
lungsmerkmale sind wichtig.

Und schließlich ein dritter Punkt: Die Personifizierung des Handels-
vorgangs ist entscheidend. Der Verkaufserfolg wird gefördert, wenn
eine persönliche Beziehung beim Kauf im Spiel ist. Deshalb sind Bau-

ernmärkte so erfolgreich. Es gibt drei Möglichkeiten, Regionalprodukte an den Käufer zu bringen:

- Landwirtschaftliche Direktvermarktung. Wenn jemand auf den Bauernhof fährt oder der Bauer herumfährt und Waren verkauft, dann ist das die Ursprungsform der Direktvermarktung. Zur Direktvermarktung zählen auch die Bauernmärkte. Wir haben zur Zeit in Bayern immerhin 84 Bauernmärkte, Bauernmärkte boomen. Damit wird man jedoch gewisse Grenzen nicht überschreiten können.
- Deshalb wird immer häufiger der Versuch unternommen, in den Supermärkten Regionaltheken einzurichten. Das ist zur Zeit stark im Gang, und in dieser Beziehung sind uns die Franzosen weit voraus.
- Und dann gibt es noch eine dritte Stufe, die wir zur Zeit gerade punktuell in Deutschland erproben. Sie ist am besten mit dem Stichwort «Rastmarkt an der Autobahnausfahrt» zu umschreiben. An überregionalen Verkehrsachsen gibt es in gegendtypischer Architektur eine kleine Markthalle mit regionalen Produkten. Kapital, das auf diese Weise in ländlichen Gebieten verdient wird, trägt zur Stabilisierung regionalwirtschaftlicher Aktivität bei.

Zusammenfassend möchte ich sagen: Regionale Wirtschaftskreisläufe sind nicht nur eine Illusion, sie sind aber auch nicht die Rettung für alle und für alles. Diese regionalwirtschaftlichen Initiativen können für bestimmte Landwirte, für bestimmte Handwerksbetriebe, für bestimmte Dienstleister wirklich ein Ausweg sein, aber sie können die Zwänge der globalisierten Märkte nicht aus den Angeln heben. Wenn es ganz gutgeht, dann werden die regionalwirtschaftlichen Kreisläufe etwa einen Anteil von 25 Prozent an der gesamten ökonomischen Aktivität erreichen. Für den globalen Austausch blieben dann 75 Prozent. Ich denke, im Hinblick auf den drohenden Verkehrsinfarkt sind 75 zu 25 Prozent eine gute Mischung.

Die Politik hat die Pflicht, mit ihren Möglichkeiten den Rahmen so zu setzen, daß die Entwicklung in eine solche Richtung laufen kann. Dabei ist die ökologische Ausrichtung unseres Steuersystems der Dreh- und Angelpunkt. Darüber stehen uns in den nächsten Monaten harte Debatten bevor.

Diskussion

Frage: Wird nicht zuwenig umgesetzt an politischem Handeln, an Gesetzgebung und an planerischen Dingen?

Göppel: Bayern hat viel auf den Weg gebracht. Daß Sie mit Ihren Forderungen weitergehen, akzeptiere ich. Das ist auch die Rolle unserer Naturschutzverbände, die wir als Mahner brauchen.

Jörg Maier: Ich wollte bei Ihren Überlegungen ansetzen. Ich denke, was Sie berichtet haben, ist das, was wir seit achtzehn Jahren in Bayreuth machen: endogene Regionalpolitik. Das hat sich sicherlich in Bayern durchgesetzt. Und damit hier keine Verwirrung entsteht, es wird natürlich globale Strukturen geben. Es wird eine Autobahn Nürnberg-Erfurt geben müssen im Rahmen der bundesweiten Verkehrsanbindung. Wie und in welcher Weise das nun stattfinden wird, darüber kann man viel diskutieren. Aber diese globalen Strukturen – ob das nun 75 Prozent oder wieviel auch immer sind – wird man nicht wegbringen können. Auf der anderen Seite aber wären diese 25 Prozent schon ein toller Erfolg. Wir liegen weit darunter im Moment, und ich denke, daß vieles noch machbar ist auf diesem Feld.

Nur wenn Sie gerade in der politischen Verantwortung stehen, denke ich, daß es wichtig ist, Ihre Visionen, Ideen und Überlegungen, die durchaus auch parallel laufen mit dem, was wir hier machen, zu konkretisieren. Und da scheinen mir noch ein paar Probleme zu sein, an denen man im Landtag wirklich ansetzen kann.

Beispiel Bauernmärkte: Wir haben jetzt in der Zwischenzeit an die zwanzig hier im nordbayerischen Raum untersucht. Wenn ich mir diese einmal vornehme, dann ist es so, daß die Hauptleidtragenden die Bäuerinnen sind. Sie sind für Stundenlöhne von 2,80 oder 3 Mark auf dem Markt, was eigentlich kaum zumutbar ist. Und wenn man jetzt fragt, Herr Göppel, warum ist das denn so, dann muß man sagen, daß die Bäuerinnen einfach nicht in der Lage sind, mit entsprechenden Werbeaktivitäten in die größeren Städte zu gehen. Warum muß die CMA (Centrale Marketinggesellschaft der deutschen Agrarwirtschaft) auf bundesweiter Ebene eine sehr vage und nichtssagende Werbung betreiben? Wenn man die Gelder nehmen und in solche Regionalprodukte stecken würde, dann sähe das anders aus, und die Bäuerinnen würden auch mehr verdienen.

Zweiter Punkt, zu den regionalen Produkten: Auch da haben wir Untersuchungen in Oberfranken, die gezeigt haben, daß bei uns, wenn überhaupt, die typischen Großbetriebe die regionalen Produkte herstellen. Bei uns haben wir die Südvieh, die so etwas macht. Wenn Sie an die von Ihnen angesprochenen Kleinbetriebe denken, dann fehlt diesen die Organisationshilfe.

Aber wieder zurück: Das Landesentwicklungsprogramm umfaßt zum Beispiel den Begriff des Regionalmanagements. Aber das Regionalmanagement ist bislang noch nicht mit Personal versehen. Wir brauchen Organisationshilfe vor Ort in den einzelnen Regionen. Die Begeisterung der jungen Leute ist eine Seite, aber wir brauchen auch jemanden, der die Produkte vermarktet. Wir haben keine Vermarktungsorganisation, da hilft uns Raiffeisen oder die Südvieh herzlich wenig.

Das Beispiel, das Sie gebracht haben über Landschaftspflegeverbände, begeistert uns. Im Grunde ist die Organisation da, nur für den kleinen Bauern nicht. Zum Beispiel haben die sechzehn kleinen Landwirte in Lichtenfels, die ihre Milch direkt vermarkten wollen, im Moment nicht das Geld, um eine Vermarktungsorganisation ins Leben zu rufen. Hier, meine ich, muß der bayerische Staat nicht nur Sachmittel (zum Beispiel Pkw) fördern, sondern auch mehr Hilfestellung in Form von Personal geben.

Wir haben die Bauernmärkte in Oberfranken so forciert, weil das Fichtelgebirge und der Frankenwald zu klein und zuwenig schlagkräftig sind, um eine eigene Vermarktungsorganisation zu haben. Wir brauchen größere Einheiten, und da fehlt es uns, wenn wir uns gegen die Großbetriebe wehren wollen, an entsprechenden Möglichkeiten. Ich denke, daß Sie da ein weites Feld hätten, um Ihre Ideen konkret umzusetzen. Wir arbeiten im Moment sehr intensiv im Bereich regionales Management und regionale Vermarktung. Wenn man die Beispiele in Frankreich oder in Nordrhein-Westfalen sieht, dann kann man das realisieren, denn dort gibt es solche regionalen Entwicklungsagenturen. In Bayern sind wir da noch ziemlich weit hinten dran. Ich hoffe, daß auch da die bayerische Regierungserklärung einen Schub nach vorne bringt, um solche Organisationen vor Ort einzuführen. Ich könnte Ihnen aus der Hand acht oder zehn solcher Initiativen sagen, die nur darunter leiden, daß sie nicht richtig aus ihrem Dorf herauskommen, weil es ihnen an dem Fachwissen fehlt, wie man nach Bayreuth vermarktet. Ich will die 25 Prozent ausloten, da wäre ich schon sehr froh darüber. Nur da fehlt es uns noch an konkreten Hilfestellungen, denn die Ideen haben wir ja!

Göppel: Das europäische Programm nach Ziel 5b, das Sie zu Beginn ansprachen, fördert keine Personalinvestitionen. Es ist aber daran gedacht, die Landschaftspflegeverbände auf ein bescheidenes personelles

Fundament zu stellen, damit sie wirklich auch Organisationsberatung machen können, um solche Initiativen stärker zu verankern.

Mich beschäftigt auch die Frage, wie groß die räumlichen Handlungsfelder sein sollen. Die Bundesforschungsanstalt für Raumordnung und Landeskunde hat für die westdeutschen Bundesländer 466 Landschaften unterschieden, in den ostdeutschen werden es etwa 250 sein. Das wären dann rund 700 deutsche Landschaften. Daß die zu klein sind, um schlagkräftiges Regionalmarketing zu machen, ist wohl klar. Die Grenze muß irgendwo in der Mitte sein. Die bayerischen Bezirke sind wenigstens angenähert an die Landschaften. Klar ist, daß die Bundesländer als regionale Ebenen zu groß sind. Die 70 000 Quadratkilometer Bayerns sind zu viel, weil kein einheitliches Raumgefühl vorhanden ist. Es könnte sein, daß sich die Ebene der Bezirke herauskristallisiert.

Ich entnehme Ihrem Beitrag auch ein Angebot. Ich will darauf gerne eingehen in dem Sinn, daß wir die Ergebnisse, die Sie haben, stärker mit politischer Aktivität verzahnen. Oftmals ist es so, daß wir Politiker uns hinsetzen und selbstgestrickte Sachen entwerfen, einfach aus der Not heraus, schnell etwas tun zu müssen. Ich wäre dankbar, wenn es zu mehr Zusammenarbeit zwischen Wissenschaft und Politik käme.

Einführung in den Vortrag von Anselm Görres

Was haben Steuern mit der Umwelt zu tun?

Jochen Sigloch, Lehrstuhl für Steuerlehre und Wirtschaftsprüfung, Universität Bayreuth

Das heutige Thema ist von so zentraler Bedeutung, daß wir alle angesprochen sind und uns intensiver damit beschäftigen sollten und müssen. Es ist nämlich längst nicht mehr fünf Minuten vor zwölf Uhr, sondern schon bedenklich später. Manche sagen ja, es sei bereits nach zwölf Uhr – so pessimistisch bin ich indes nicht.

Eine engagierte studentische Gruppe, die sich des Themas «Wirtschaftsökologie» an unserer Universität besonders annimmt, ist die BAYREUTHER INITIATIVE für Wirtschaftsökologie. Ich hätte mir gewünscht, daß diese aktive Gruppe schneller zu ihrem Ziel kommt, einen Lehrstuhl für Betriebsökologie an die Universität Bayreuth zu holen. Aber auch die Studenten haben erfahren müssen, daß gute Ideen noch lange keine Selbstläufer sind, sondern daß alles – auch das Selbstverständliche und Notwendige – erkämpft sein will. Dabei waren die Initiatoren, die heute auch anwesend sind, ihrem Ziel schon sehr nahe, im Augenblick aber sind sie wieder etwas weiter weg davon. Ich denke allerdings, mit Beharrlichkeit und Durchhaltevermögen werden sie ihr Ziel erreichen. Unsere guten Wünsche haben sie auf dem Wege, das wissen sie.

Nun fragt man sich, was hat das Reizwort «Steuern» mit der Umwelt zu tun? Vordergründig gemeinsam ist beiden die augenscheinlich schwierige Lage: Die Steuer scheint in einem Chaos zu versinken. Die Umwelt wird von manchen auf dem besten Weg dazu gesehen. Die Frage stellt sich, ob man aus der Verbindung beider Problemfelder Stärken gewinnen kann. Das ist eine Hoffnung; ob sich diese auch erfüllt, muß sich erst erweisen.

Kaum bestreitbar hat die Steuer eine ungeheuere Lenkungswirkung. Vielfach ist diese Wirkung rational erklärbar, nicht selten aber ist sie auch völlig irrational. Ob man auf die Stoßkraft oder die Suggestivkraft des Steuervermeidens und Steuersparens setzt, beides kann der bedrängten Umwelt wertvolle Dienste leisten.

In Ergänzung zum heutigen Vortrag möchte ich gerne auf das Buch «Der Weg zur ökologischen Steuerreform» verweisen, das der heutige Referent, Herr Görres, zusammen mit Herrn Ehringhaus und Herrn Kollegen von Weizsäcker verfaßt hat. Auf dem Weg zu einer ökologischen Steuerreform gibt es viele Ideen. Nicht alle würde ich rückhaltlos unterstützen. Machen wir uns stets klar, daß wir von der Wirtschaft leben und daß wir sie nicht – auch nicht mit vermeintlich guten Ideen – überfallen und erdrosseln dürfen. Um so wohltuender erscheinen die Vorschläge und Anregungen, die in diesem lesenswerten Buch prägnant und gut geschrieben niedergelegt sind. Es wird ein relativ behutsamer Einstieg in ein ergänztes, verändertes Steuersystem vorgeschlagen, ohne die Stärken des alten Systems – und die gibt es auch! – völlig aufzugeben.

Nicht radikaler Umbau, sondern Modifikation und Ergänzung des gegenwärtigen Systems ist gefragt. Nach einer Versuchsphase kann man sehen, ob das Pflänzchen ökologische Steuerreform die Erwartungen erfüllt und ausgebaut werden soll. In dieser Richtung würde ich gerne den Vorschlag zu einer ökologischen Ergänzung des Steuersystems unterstützen.

Erhebliche Vorbehalte habe ich gegenüber Radikalvorschlägen, alles auf eine völlig neue Basis zu stellen. Auch zeigt die Erfahrung, daß die ganz großen Schritte nur unter bestimmten Voraussetzungen gelingen. Sie gelingen eigentlich nur nach Ereignissen, die wir uns nicht wünschen können. Solange wir also noch geordnete Verhältnisse vorfinden, sollten wir auf die kleinen Schritte in die richtige Richtung hoffen.

In diesem Sinne freuen wir uns, Herrn Dr. Görres als Referenten zu einem hochaktuellen Thema begrüßen zu können, und ich wünsche der heutigen Veranstaltung einen ertragreichen Verlauf und der Idee einer ökologischen Steuerreform eine gute Zukunft.

Mit der ökologischen Steuerreform zur ökosozialen Marktwirtschaft

Anselm Görres, stellvertretender Vorsitzender des
Fördervereins Ökologische Steuerreform

> An den Scheidewegen des Lebens stehen
> leider keine Wegweiser.
> *Charlie Chaplin*

Wenn ich heute über die ökologische Steuerreform spreche, dann nicht als Individuum, sondern als Teil einer Initiative: des Fördervereins Ökologische Steuerreform (FÖS). An deren Anfang stand die großzügige Spende eines Industriellen, der nicht genannt werden möchte. Dieser hat, mit Hilfe von Henner Ehringhaus, Professor Ernst Ulrich von Weizsäcker, das Wuppertal Institut, Mitarbeiter vom Ifo-Institut und mich selbst in der Rolle des Projektleiters zusammengebracht.

Das Ziel dieses Vereins ist es, das Umweltthema herauszubewegen aus der ökologischen Nische, in der es bisher doch überwiegend beheimatet war, und es hineinzubringen in die Wirtschaft, auch in Managerkreise, die sich diesem Thema gegenüber oft etwas skeptisch verhalten nach dem Motto «not invented here». Wir wollen diesen Dialog fördern. Wir haben dabei Erfolg gehabt, nicht nur durch Veröffentlichung unseres Memorandums mit einer erstaunlich positiven Resonanz in der Öffentlichkeit, sondern auch zum Beispiel durch ein Kamingespräch in der Villa von Rolf Gerling in Köln, an dem Hans-Olaf Henkel (BDI), Bernd Pitschetsrieder (BMW), Otto Majewski (Bayernwerk), Florian Langenscheidt, Hans Hermann Münchmeyer (ein Bankier aus Hamburg) und einige andere teilgenommen haben. Darüber hinaus spüren wir in der Fortsetzung solcher Dialoge, daß wir ernst genommen werden.

Wir haben den riesigen Vorteil gehabt, nicht bei Null anfangen zu müssen. Als wir gerade begonnen hatten, erschien das Gutachten des Deutschen Instituts für Wirtschaftsforschung Berlin, finanziert von Greenpeace. Dies war die Reaktion auf die beschämende Tatsache, daß

Förderverein ökologische Steuerreform

1. Ziele und Aufgaben
- Eintreten für aufkommensneutrale ökologische Steuerreform mit Kompensation über Senkung der Lohnnebenkosten
- Förderung des Dialogs zwischen Ökologie, Wirtschaft, Politik und Gewerkschaften
- kontinuierliche Mitarbeit an Diskussion und Umsetzung einer ökologischen Steuerreform

2. Zielgruppen (Interessenten und Mitglieder)
- ökologisch interessierte Unternehmer, Industrielle und Manager sowie engagierte Staatsbürger
- ausgewiesene Experten aus Wissenschaft und Praxis mit Beiträgen zur ökologischen Steuerreform

3. Initiatoren
- Henner Ehringhaus, Jurist, bis 1986 BASF-Manager, 1986-1992 Vorstand des WWF International, heute freiberuflicher Umwelt- und Unternehmensberater
- Hans Hermann Münchmeyer, Volkswirt, Inhaber der Münchmeyer GmbH in Hamburg, Investmentbanker
- Ernst Ulrich von Weizsäcker, Präsident des Wuppertal Instituts für Klima, Umwelt, Energie, Mitglied des Club of Rome, Autor des Buches «Erdpolitik»
- Anselm Görres, Volkswirt, 1984-1991 Unternehmensberater bei McKinsey, 1991-1994 Mitinvestor und Geschäftsführer der Elpro-Gruppe, seit 1994 Unternehmensberater in München

die Bundesregierung in den letzten fünf Jahren trotz vieler Forderungen und Anfragen dieses Thema nicht hat untersuchen lassen. Da hat Greenpeace gesagt, dann geben wir eben das Geld dafür aus. Die Studie erschien und war für uns keineswegs eine Konkurrenz oder Bedrohung, sondern eine unglaublich wichtige Hilfe und Referenz, denn wir hatten gar nicht die Mittel, um zum Beispiel volkswirtschaftliche Input-Output-Modelle durchzurechnen. Unser Modell baut in vielen

Punkten auf den DIW-Untersuchungen auf; dafür sind wir – trotz Kritik im einzelnen – insgesamt sehr dankbar.

Heute gibt es sozusagen zwei Vorträge für den Preis eines einzigen. Die zwei Vorträge repräsentieren zwei unterschiedliche Stufen in meiner Auseinandersetzung mit diesem Thema. Der erste, den Sie zunächst und überwiegend hören werden, ist noch entstanden in der Zeit, als ich Berater bei McKinsey war, und führt im Grunde hin zur ökologischen Steuerreform Er ist noch viel allgemeiner und vager als der zweite Vortrag, zeigt aber dafür die Grundüberlegungen. Der zweite Vortrag – wir sind heute weiter – bietet Auszüge aus unserem Memorandum («Der Weg zur ökologischen Steuerreform»).

Zunächst möchte ich das Thema einordnen in einen Zeitvergleich und zugleich in eine Relation stellen zu einer anderen großen Frage, die uns in den letzten 100 oder 150 Jahren beschäftigt hat, nämlich zur sozialen Frage. Die soziale Frage ist auch anfänglich geleugnet oder nur mit Almosen beantwortet worden, bis man sie ernst nahm. Bis die Institutionalisierung begann und die Gesellschaft in harten Kämpfen erkannte, daß hier wirklich etwas getan werden mußte. Was getan wurde, hat nicht gereicht. Dieser Mangel ist sicherlich einer der Hauptgründe für die darauffolgenden zwei Weltkriege und eine globale Wirtschaftskrise. Schließlich haben wir unter diesen schweren Geburtswehen die soziale Marktwirtschaft erreicht, die sicherlich kein Paradies und keine perfekte Lösung der sozialen Frage darstellt. Aber doch eine Lösung, durch die die Frage der Verteilung des Kuchens zwischen Arm und Reich und des Schutzes der Arbeitnehmer vor der möglichen Ausbeutung im Kapitalismus heute einfach nicht mehr auf Seite 1 der Zeitungen steht.

Das 18. Jahrhundert hat die Frage der Marktwirtschaft aufgeworfen mit der Französischen Revolution. Diese Frage hat das 19. Jahrhundert weitgehend gelöst und ist damit zum Jahrhundert der Marktwirtschaft und des Liberalismus geworden. Nicht gelöst hat das 19. Jahrhundert aber die soziale Frage, sondern hat sie weitgehend dem 20. Jahrhundert überlassen. Damit mußte das 20. Jahrhundert zum Jahrhundert der sozialen Marktwirtschaft werden, manche sprechen sogar von einem sozialdemokratischen Jahrhundert, der Begriff stammt von Ralf Dahrendorf. Ich glaube, man riskiert nicht viel, wenn man sagt: Das 21. Jahrhundert muß zum ökologischen Jahrhundert, zum Jahrhundert der Durchsetzung der ökosozialen Marktwirtschaft werden. Nur wie?

Makroökonomische Ursachen und Konsequenzen der Umweltproblematik

Wenn Sie heute als Student der Volkswirtschaftslehre das erste makroökonomische Lehrbuch aufschlagen, dann stoßen Sie auf etwas Wunderschönes, nämlich den Wirtschaftskreislauf. Die Haushalte geben Arbeit und Kapital in den Wirtschaftsprozeß und werden dafür belohnt, indem dieser ihnen Güter und Dienstleistungen zurückgibt. Man nennt dies auch Umwandlungs- oder Transformationsprozeß, und alle sind sich einig, daß dies ein Prozeß mit positivem Nettoeffekt ist.

Einen Kreislauf kann man ewig wiederholen. Das ist aber nur die eine Seite der Medaille; auf der Rückseite dieser Medaille (die in den Lehrbüchern allenfalls in den hinteren Kapiteln folgt) steht ein Prozeß, der alles andere als ein Kreislaufprozeß ist (Abbildung 4.1). Es ist ein unumkehrbarer Prozeß der Verwandlung von Syntropie in Entropie, der Verwandlung von Ordnung in Unordnung, in Chaos. Ein unumkehrbarer Prozeß! Denn wenn man innerhalb von 200 oder 150 Jahren Rohstoffvorräte buchstäblich verbrennt, für deren Aufbau die Erde fünf Milliarden Jahre gebraucht hat, dann ist das nicht wiedergutmachbar und nicht wiederholbar.

Ich will Sie heute nicht mit der stofflichen Darstellung der Details dieses Prozesses aufhalten, Sie kennen das, es ist auch nicht mein Thema. Wenn wir es monetär ausdrücken, dann stoßen wir schon auf das Problem, daß unsere Wirtschaftsordnung sich schwertut, diese Dinge zu bewerten, weil dafür zunächst keine Währungseinheiten, keine Preise existieren. Es gibt nur Schätzungen über die ökologischen Schäden. Hier noch bezogen auf die alte Bundesrepublik (von 1990) mit einem Bruttosozialprodukt von zwei Milliarden Mark, erreichen die Schätzungen Größenordnungen von einer halben Milliarde, also 25 Prozent. Das sind, wie gesagt, nur Schätzungen, die nicht einmal alles enthalten, was zum Beispiel – wie der Treibhauseffekt – ganz besonders gefährlich sein kann. Daß eine Ökonomie, die über Preise gesteuert wird, sich schwertut mit Dingen, die in ihre Erfolgsrechnung nicht eingehen, das kennen Sie, das brauche ich nicht zu wiederholen. Und daß deswegen eine Politik, die auf monetäre Zielgrößen starrt, die nichtmonetären Größen vernachlässigen muß, ist eigentlich nur folgerichtig.

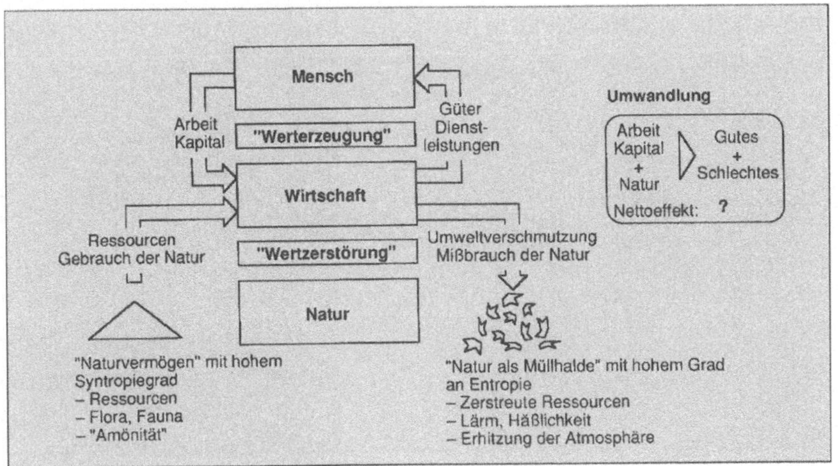

Abbildung 4.1: Prozeß der Wertzerstörung

Das zweite, was unser Student der Nationalökonomie vielleicht schon im nächsten Semester lernt, ist die Wohlfahrtsökonomie, und da ist nun alles wieder wunderbar harmonisch. Er lernt also die Begriffe des sozialökonomischen Optimums. Der Markt, der richtet's schon, wobei der Professor das natürlich nicht ganz so einfach sagt. Sondern man hat schon verstanden: Der Markt allein kann es nicht, die Rahmenbedingungen müssen auch in etwa stimmen. Das heißt, die Märkte müssen leistungsfähig sein, und der Staat muß wenigstens die Spielregeln festlegen und manche Märkte überhaupt erst schaffen, damit sie funktionieren. Aber wenn der Staat diese Aufgabe wahrnimmt, dann kommt die Identität von egoistischem Einzelinteresse und gesellschaftlichem Gesamtinteresse wunderbar zum Tragen. Und es gilt das Adam-Smith-Paradoxon: Jeder bekommt das Brot, das er braucht, obwohl der Bäcker alles andere als altruistisch ist (Abbildung 4.2).

So weit, so gut, denkt sich unser Student, aber was ist denn mit der Umwelt? Dort kann doch von einem Gleichgewicht überhaupt nicht die Rede sein, wenn wir Gleichgewicht mit der Natur definieren als Nachhaltigkeit. Also als die Chance, den Prozeß so zu gestalten, daß er in Zukunft wiederholbar ist, ohne die Substanz zu verzehren. Dann gilt dies weder für den Abbau von erschöpfbaren Ressourcen noch für den

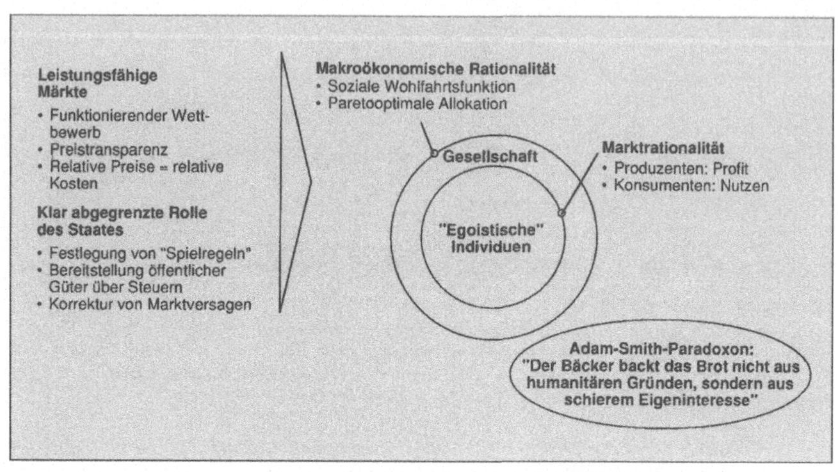

Abbildung 4.2: Bedingungen eines sozialökonomischen Optimums

Erhalt der genetischen Vielfalt, noch dafür, was die Belastung der Ökosphäre durch den Ausstoß von Schadstoffen, Müll und Giften angeht. Das heißt, diese Kurven steigen alle exponentiell. Obwohl jeder weiß: Nachhaltigkeit kann allenfalls heißen, daß sie geringfügig ansteigen. Und andere Kurven, die nicht nach unten weisen sollten, wie die Zahl der Arten auf diesem Planeten, sinken bedrohlich.

Wir müssen uns der Tatsache stellen – sie ernst nehmen und akzeptieren, statt sie zu verdrängen –, daß die Art, wie wir heute wirtschaften, nicht zukunftsfähig und nicht globalisierbar ist (Abbildung 4.3). Sie ist weder in die Breite, auf dem Planeten, noch in die Länge, in die Zukunft, fortsetzbar. Wahrscheinlich ist die Mehrheit von dem, was wir in unserer heutigen Ökonomie tun, schädlich und genügt nicht den Gesetzen der Nachhaltigkeit. Das, was ökologisch angepaßt ist, ist heute allenfalls rudimentär und nur ansatzweise beobachtbar, wie ökologische Landwirtschaft und Humandienstleistungen. Die Aktivitäten, die mit einem Respekt vor der ökologischen Rationalität vereinbar wären, kann man sich überwiegend nur ausdenken. Die Utopien existieren, obwohl wir in einem utopiefeindlichen Zeitalter leben. Aber sie werden nicht verwirklicht, weil sie sich in der heutigen Ökonomie nicht rechnen und nicht durchsetzen können.

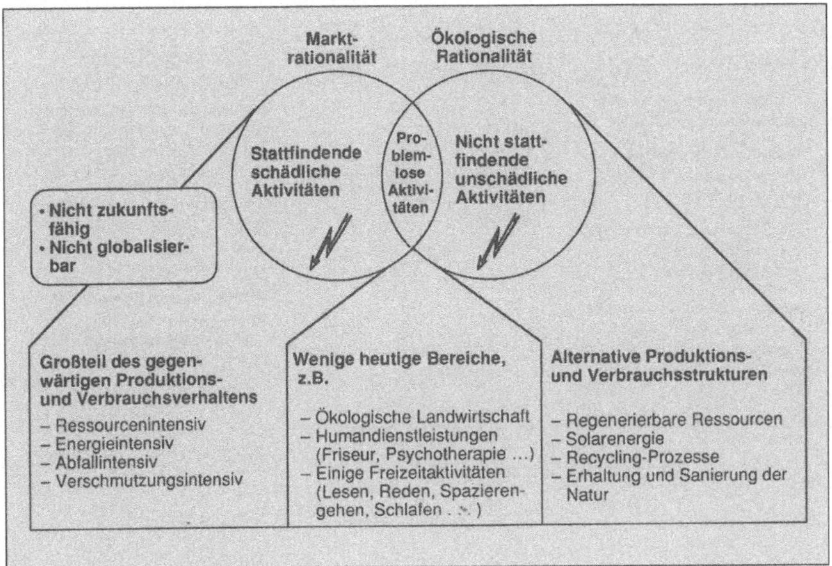

Abbildung 4.3: Marktrationalität und ökologische Vernunft

Ich habe darauf hingewiesen, daß wir die Ökonomie nicht zerstören, den Ast, auf dem wir sitzen, nicht absägen dürfen. Dieser Ast ist aber nicht das heutige Bruttosozialprodukt, sondern die Natur, von der wir nur ein Teil sind. Die Ökonomie ist ein Subsystem des planetaren Systems Ökologie, und sie wird sich diesem System bei Strafe des Untergangs anpassen müssen.

Wenn alles so falsch liegt, schlußfolgert unser Student messerscharf, könnte es nicht sein, daß es an den Preisen liegt? Schließlich wird die Ökonomie ja durch Preise gesteuert. Da gibt es in der Tat einige Indizien, die dafür sprechen, daß die heutigen Fehlsteuerungen mit massiv falschen Preisen zu tun haben (Abbildung 4.4). Hier stellt sich scheinbar ein doppeltes Problem: erstens, daß die am Markt gängigen Preise die vollen gesellschaftlichen und ökologischen Kosten nicht oder nur teilweise repräsentieren. Zum zweiten – in Wirklichkeit ist dies ein Pseudoproblem –, daß natürlich kein Mensch weiß, was die richtigen ökologischen Preise sind.

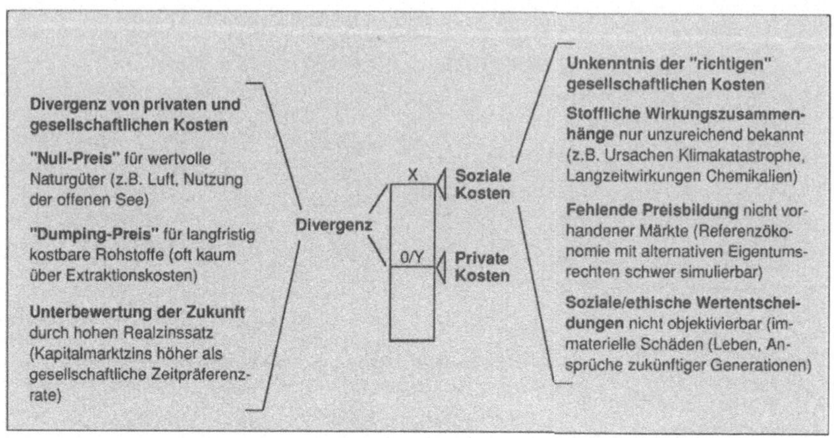

Abbildung 4.4: Marktpreise und wahre Kosten

Die Preise sagen nicht die ökologische Wahrheit. Ich glaube, das muß man nicht vertiefen. Das hat inzwischen jeder verstanden. Jetzt kommen die Neunmalklugen und argumentieren mit dem Pseudoproblem. Aber um handeln zu können, müssen wir nicht wissen, was der korrekte ökologische Preis ist, eine völlig absurde Vorstellung. Wir wissen ja auch nicht, was das korrekte Niveau an Verteidigung in der Volkswirtschaft ist. Es reicht zu wissen, daß die heutigen Marktpreise zu niedrig sind, gemessen an dem, was wahrscheinlich die korrektere Wahrheit wäre. Das ist so lange der Fall, wie Fehlsteuerungen auftreten. Ganz simpel. Es ist ein konstruiertes Problem, ein an den Haaren herbeigezogener Einwand von Leuten, die Handlungsmöglichkeiten verweigern wollen.

Was passiert, wenn die Preise falsch sind? Das ist völlig klar. Der Markt reagiert auf diese Signale, und die ganze Wucht der ökonomischen Schwerkraft, die Allokationsdynamik eigensüchtiger Individuen, die das ja auch sein dürfen und sein sollen in einer Marktwirtschaft, geht in die falsche Richtung. Die scheinbar teurere, aber unschädliche Aktivität zieht den kürzeren, weil die scheinbar billige, das heißt nicht mit externen Kosten belastete, schädliche Aktivität von den ökonomischen Akteuren gewählt werden «muß». Ökologisch vernünftiges Verhalten zahlt sich ökonomisch nicht aus. Das ist das Grunddilemma, vor dem wir heute stehen (Abbildung 4.5).

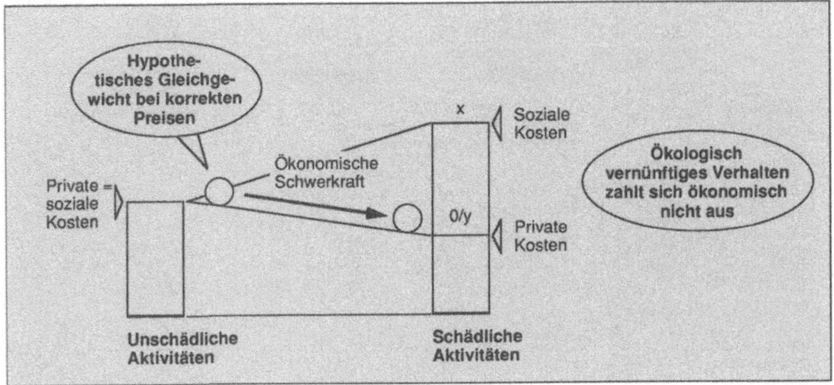

Abbildung 4.5: Die falschen Kosten in der Ökonomie

Das Dilemma führt zu einer klassischen Zweiteilung der Situation. Das Adam-Smith-Paradigma besagt, daß, wenn man dem Markt nur freien Lauf läßt, das sozialökonomische Optimum sich quasi von selbst einstellt. Dies gilt aber nur für die Hälfte oder weniger unserer Aktivitäten. Für die Mehrheit gilt leider heute noch eher das Karl-Marx- oder Arthur-Pigou-Paradigma (Arthur Cecil Pigou, britischer Volkswirtschaftler, 1877-1959), in dem die unsichtbare Hand so nicht mehr funktioniert und individuelles Optimierungsverhalten uns kollektiv in die Katastrophe führt. Und wo somit regulierendes Eingreifen notwendig wird.

Der Spielraum für marktwirtschaftliche Selbstheilungskräfte

Ganz so scharf steht die Frage aber nicht. Menschen optimieren ja nicht nur als Wirtschaftssubjekte, sondern sie sind auch Staatsbürger und verantwortliche Individuen und versuchen wenigstens ein bißchen gegen die ökonomische Schwerkraft einer antiökologischen Rationalität anzukämpfen. Manche sogar als Idealisten und Märtyrer, die im Regen noch mit dem Fahrrad fahren, und andere, die kleine Opfer bringen, die nicht sehr viel kosten, aber immerhin von der reinen Marktrationalität abweichen.

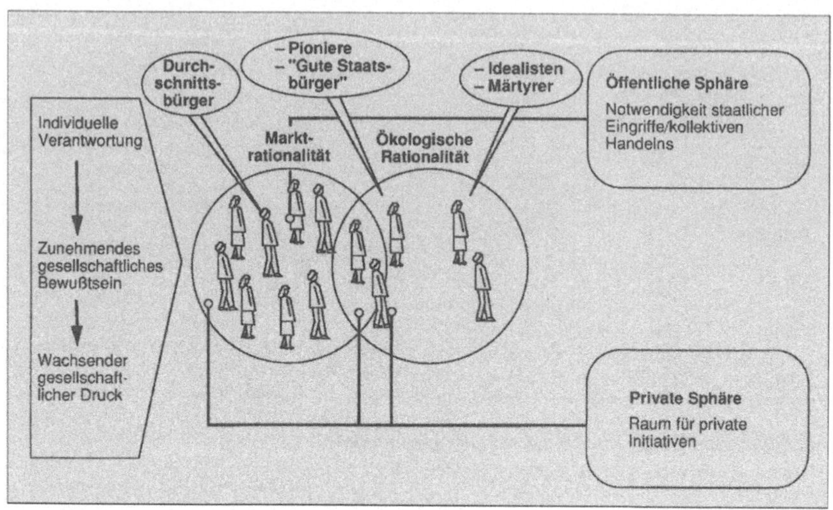

Abbildung 4.6: Öffentliche und private Sphäre

Trotzdem müssen wir die Sphären unterscheiden. Dort, wo der Eigennutz massiv gegen die Naturlogik verstößt, reicht privatwirtschaftliche Initiative nicht aus, dort ist regulierendes Eingreifen des Staats nötig (Abbildung 4.6).

Privatwirtschaftliche Eigeninitiative vermag eine ganze Menge. Wir sollten das nicht unterschätzen. Wir stehen ja durchaus im Einklang mit Marktkräften. Es ist heute schick und modisch, ökologische Produkte herzustellen; die Arbeitnehmer finden es auch schöner, wenn sie sich nicht genieren müssen, und der Manager wird spätestens abends, wenn er nach Hause kommt, von seiner kleinen Tochter gefragt: «Papi, was machst du eigentlich in deiner Stinkefabrik?» Deswegen fangen Produzenten und Konsumenten von sich aus an auszuloten, was im Rahmen der marktwirtschaftlichen Spielräume möglich ist. Das ist eine ganze Menge.

Selbst McDonalds hat, nach großen Anfeindungen durch Ökologen in Amerika, über Popcornschachteln nachgedacht. Die Firma Tengelmann hat ein Werbeargument daraus gemacht, daß sie Schildkrötensuppe nicht mehr verkauft – ich nehme an, ohne große Umsatzverluste für den Konzern. Aber immerhin; ich möchte das nicht schlecht machen. Das ist wichtig, und es bewirkt eine ganze Menge, was Unternehmen und Konsumenten freiwillig tun können. Es soll bitte keiner nach Hause gehen und sagen, ich hätte mich jetzt lustig gemacht über Leute, die Biowaschmittel kaufen und mit dem Fahrrad fahren. Ganz im Gegenteil. Das ist ein wichtiger Beitrag.

Es ist sogar so, daß die «green companies» an der Börse honoriert werden. Sie wachsen schneller und bringen bessere Price-earning-ratios; das heißt, der Kapitalmarkt honoriert das ebenfalls. Nur sollten wir eines nicht vergessen: Was die Märkte zur Lösung der Ökologieproblematik beitragen können, kommt ganz von allein, indem sie auf vorhandene Präferenzen der Produzenten und Konsumenten reagieren. Beim schnellen Umsetzen solcher Impulse ist der Kapitalismus unglaublich leistungsfähig. Hier gibt es keine bremsenden Bürokratien. Aber: Es wird nicht reichen. Lassen Sie mich kurz erläutern, warum wir deswegen den Staat brauchen und seine regulierenden Eingriffe.

Warum der Staat eingreifen muß

Das, was auf staatlicher Ebene geschehen muß, ist eine schwierige Aufgabe: Wir müssen die Spielregeln ändern. Die Aufgabe ist deswegen schwierig zu lösen, weil wir heute, nach dem grandiosen weltweiten Scheitern eines verfehlten Regulierungsversuchs, nämlich der sozialistischen Planwirtschaft in Osteuropa, eine Modewelle haben: möglichst wenig Staat! Wie man jetzt in Amerika und Europa auch an Wahlergebnissen sieht, sagen viele: «Der Staat macht alles falsch im Wirtschaftsprozeß. Er sollte dort lieber die Finger herauslassen.» Das ist eine tragische Situation, weil wir zur Bewältigung des Umweltproblems den Staat brauchen. Die Antwort auf falsches Regulieren kann nicht sein: überhaupt kein Regulieren, sondern nur: intelligenteres Regulieren als bisher. Das können Sie auch als Überschrift über meinen Vortrag schreiben: intelligent regulieren. Es gibt dafür zum Glück schon viele positive Beispiele in zahlreichen Ländern – auch in unserem.

Was muß das Ziel sein? Anders als bei der privaten Initiative, die sich auf Basis der getrennten Kreise bewegt, geht es darum, die beiden Kreise so zu verschieben, daß ihre Trennung überwunden wird, also

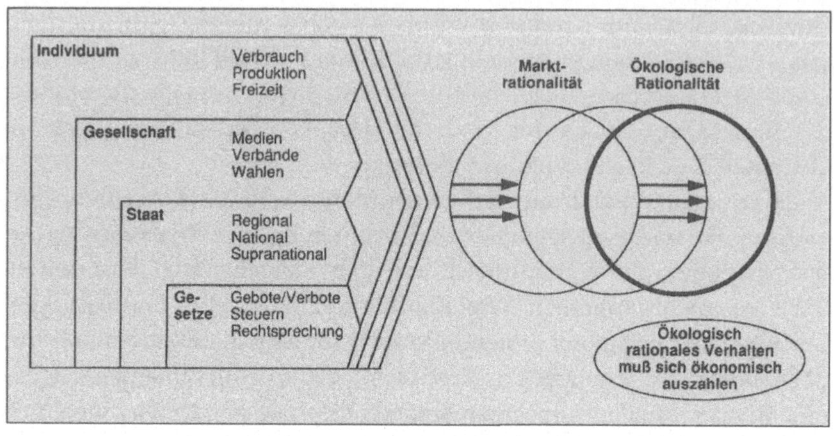

Abbildung 4.7: Der Einklang von Markt- und ökologischer Rationalität

ökonomische und ökologische Rationalität zur Deckung gebracht werden (Abbildung 4.7). Ich sagte vorhin: Die Ökonomie ist nur ein Subsystem der Ökologie. Die Marktrationalität muß sich der umfassenderen Rationalität der Natur unterwerfen, wenn sie langfristig Bestand haben möchte. Das muß anfangen mit dem Individuum, ausstrahlen auf die Gesellschaft, schließlich den Staat erreichen und sich in Gesetzen, in der Rechtsprechung und nicht zuletzt in der ökologischen Steuerreform niederschlagen. Alles mit dem Ziel, daß sich endlich ökologisch rationales Verhalten auch ökonomisch auszahlt.

Moral ist kein Ersatz für falsche makroökonomische Rahmenbedingungen

Wir können das Problem nicht allein durch Moral lösen. Diejenigen, die moralisch empört sind über das, was wir mit der Umwelt machen, die sollen bitte nicht nur versuchen, mit einer individualistischen Moral gegen die ökonomische Schwerkraft anzukämpfen. Was dazu führt, daß Leute auf der Autobahn mit hundert Stundenkilometern nebeneinanderfahren und die Überholspur blockieren. Solche demonstrativen Umweltopfer mit erhobenem Zeigefinger kann man gewiß bringen.

Andere Leute laden am Samstag ihr Auto mit Pappkartons und Einwegflaschen voll und fahren zehn Kilometer zum nächsten Glascontainer, was hinsichtlich der Gesamtenergiebilanz möglicherweise schlimmer ist, als wenn sie die Flaschen in den Müll werfen würden.

Das ist der falsche Weg; die ökologisch Engagierten müssen einen kleinen politischen Umweg gehen. Sie müssen ihre moralische Empörung und ihre Begeisterung, für die Erhaltung der Natur ein wenig zu kämpfen, wenden und sollten lieber mit 180 Stundenkilometern zu einer Veranstaltung fahren, auf der man sich für Tempolimits einsetzt, als allein mit 100 umweltbewußt dahinzudackeln. Damit wird der Wald nicht gerettet, und die ökologisch Engagierten machen die Umweltdeppen für die anderen, die mit 180 an ihnen vorbeibrausen.

Es gibt auch noch einen volkswirtschaftlichen Grund. Ich rege mich manchmal darüber auf, wenn die Leute mir sagen, ich solle doch bitte ökologisch bewußt konsumieren. Das ist eine ungeheure Zumutung! Ich empfinde es schon als eine Zumutung, heute in den Supermarkt zu gehen und mir zu überlegen, welche von 150 Zahnpastas die beste gegen Karies und außerdem nicht zu teuer ist. Jetzt soll ich auch noch überlegen, ob diese Tube ökologischer ist als die andere daneben. Ja, wo kommen wir denn da hin? Wir haben doch alle schon genug im Kopf. Ich sehe es den Produkten am Schluß gar nicht mehr an, ob Plastik oder Jute gefährlicher ist. Das weiß ich nicht, kann ich nicht wissen und muß ich auch nicht wissen. Das soll bitte anders gelöst werden.

Wir müssen unser Verständnis von Moral und Umwelt revidieren. Wir dürfen nicht den einzelnen Umweltverschmutzer anprangern, sondern uns alle, solange wir als Gesellschaft Umweltverschmutzung zulassen. Wir können das nicht durch Predigten ändern, sondern nur durch vernünftige Preisrelationen und Rahmenbedingungen. Es kann nicht sinnvoll sein, daß sich die wenigen Engagierten zu Umweltdeppen für die vielen anderen machen, die gegenüber diesem Thema gleichgültig und ignorant sind. Umweltbewußtes Verhalten darf keine gute Tat sein. Sowenig, wie die soziale Frage des 19. Jahrhunderts sich dadurch löste, daß die Fabrikantengattin zu Weihnachten den kranken Arbeitern ein Körbchen brachte.

Aufgeklärter Eigennutz

Das Ziel der ökologischen Steuerreform ist es, die Preisrelationen zu entzerren. Dann kann der diskrete Charme der marktwirtschaftlichen Allokation, die unsichtbare Hand der Allokation, endlich für die Umwelt wirksam werden. Dahin müssen wir steuern. Der schöne Witz dabei ist – was viele noch gar nicht richtig verstanden haben –: Wir kriegen das unterm Strich kostenlos. Denn wir belasten unsere Wirtschaft, uns alle ja jetzt schon mit einem Steuersystem. Wir greifen bereits in die Allokation ein. Die Finanzökonomen werden nicht müde, das sogenannte «excessive burden» der Besteuerung zu beklagen, manche mit dem Tenor: am besten überhaupt keine Steuern mehr.

Dabei gäbe es doch eine Steuer, die die Allokation nicht verschlechterte, sondern verbesserte. Wir müssen das Steuersystem intelligenter einsetzen, statt blind unsere Steuerlast zu verteilen, wie zum Beispiel im Fall der Mehrwertsteuer. Wir können das gleiche volkswirtschaftliche Aktivitätsniveau haben, das gleiche Steueraufkommen, aber mit einer umfassenden Veränderung der Zusammensetzung, der stofflichen Struktur des Bruttosozialprodukts, mit weniger Umweltschäden und höherer Umweltqualität. Dann haben wir kein «excessive burden», keine Zusatzlast der Besteuerung, dann haben wir einen Zusatznutzen für den Staat und die Allgemeinheit (Abbildung 4.8).

Wir würden damit die allgemeine Wohlfahrt steigern, denn wir realisieren heute auf der volkswirtschaftlichen Möglichkeitskurve einen Punkt, der im Grunde mit der volkswirtschaftlichen Präferenzrate nicht zusammenpaßt. Wir wollen ja nicht die Umweltverschmutzung, die wir haben. Die gleichen Leute, die sich am Samstag in den Garten stellen, ihr Auto ledern und den Vorgarten umgraben, wollen doch nicht, daß die Flüsse schmutzig sind und kein Kind mehr darin baden kann. Wir werden aber durch ein absurdes Preissystem dazu verführt, kollektiv Dinge zu tun, die wir in der Summe der individuellen Präferenzen gar nicht wollen. Daher bedeutet eine Korrektur der Preise nur, daß die Transformationskurve die gesellschaftliche Wohlfahrtsfunktion dort berührt, wo tatsächlich das Optimum liegt, und nicht durch die Verzerrung an einem suboptimalen Punkt stehenbleibt. Wir werden eine Verschiebung erreichen: mehr Umweltschutz, weniger umweltschädliche Aktivität bei einem höheren volkswirtschaftlichen Wohlfahrtsniveau.

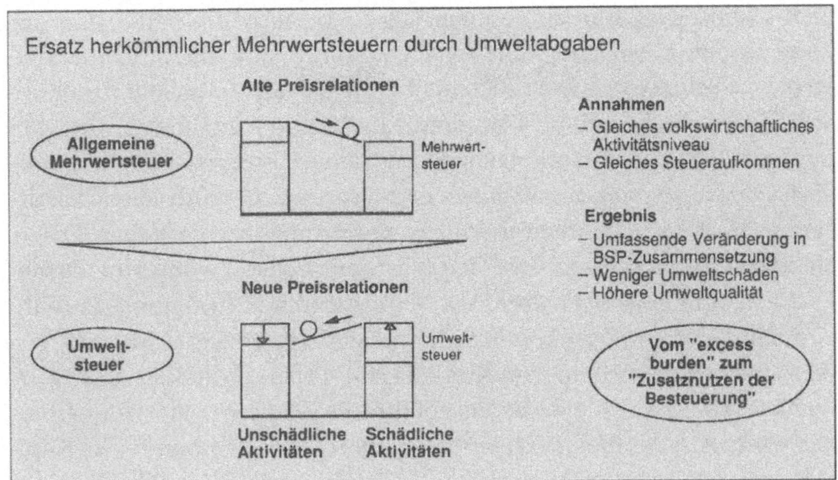

Abbildung 4.8: Umbau der Steuerlast

Ich sage das auch im Interesse jenes Teils der Ökologen, der sagt: Für die Umwelt muß man Opfer bringen. Das ist die alte christliche Opfermentalität: Je mehr Opfer, desto heiliger und frommer. Darum geht es nicht. Ich bin für mehr Ökologie aus Epikureertum und nicht aus Opferbegeisterung. Ich bin für Umweltschutz, weil ich besser leben möchte und nicht schlechter. Dies klarzumachen ist auch eine Voraussetzung für eine breitere Akzeptanz der «Ökostroika» in unserem Land.

Mein Optimismus, daß wir das politisch durchsetzen können, beruht auf der Hoffnung, daß die Leute in der Lage sind, den Sprung vom nutzenmaximierenden Wirtschaftssubjekt, das nur das eigene Portemonnaie optimiert, zum aufgeklärten Staatsbürger zu schaffen, der sich nicht altruistisch verhält, aber einem aufgeklärten statt einem blinden Eigennutz folgt. Einem aufgeklärten Staatsbürger, der sagt, natürlich zahle ich nicht gerne Steuern, aber ich kann einsehen, daß Steuern nötig sind. Es wäre kindisch, wenn ich aus meinem individuellen Steuerwiderstand die Forderung ableiten würde, alle Steuern zu verweigern.

Man spricht sich als Unternehmer auch einmal mit dem Wettbewerber ab, aber das Prinzip der Wettbewerbsordnung und des Kartellrechts wird trotzdem eingesehen. Ich fahre gerne über 180, aber ich kann trotzdem einsehen, daß ein Tempolimit sinnvoll ist. Diese konstruktive Schizophrenie brauchen wir: die geistige Fähigkeit, zu unterscheiden zwischen dem, was dem kurzfristigen Eigennutz und der tagtäglichen Auseinandersetzung in einer Wettbewerbsökonomie dient, und dem, was dem Ganzen nutzt, um sich in politischen Diskussionen, Wahlen und Abstimmungen entsprechend zu verhalten. Dieses Mindestmaß an sozialer Intelligenz ist unerläßlich, wenn eine Demokratie in der egoistisch geprägten Marktwirtschaft funktionieren soll.

Dann wird es möglich, daß nicht Einzelkämpfer gegen falsche Preisrelationen ankämpfen, sondern falsche Preise kollektiv korrigiert werden. So schaffen wir es, das gefährdete Gleichgewicht wiederherzustellen. Aber es bleibt eine offene Frage, ob der demokratische Kapitalismus das nach seinem fulminanten Triumph über die planwirtschaftlichen Staatsbürokratien in Osteuropa schafft.

Elemente einer ökologischen Steuerreform

An dieser Stelle beende ich normalerweise meinen Vortrag. Jetzt kommt aber der zweite Teil. Ich verspreche, daß ich ihn kurz halten werde. Eine Karikatur von Bundesfinanzminister Theo Waigel zeigt ihn im Kabinett, wo er sagt: «Wir suchen einen weiteren positiven Begriff wie Solidarität oder Umwelt, an den man das Wort Steuer anhängen könnte.» Darum geht es nicht. Es geht um etwas viel Ehrgeizigeres. Es geht um ein Programm, das zwei in vielen Punkten auseinanderliegende, ja, schon fast verfeindete Lager unseres Staats wieder zusammenbringen will. Es gibt ein bürgerliches Lager, das sich Sorgen macht über den Standort- und Innovationswettbewerb, die Steuern, die Berechenbarkeit von Investitionen und das wenig gemein hat mit den Sorgen der anderen Seite, die Umweltschutz und Nachhaltigkeit fordert und zu verstehen anfängt, daß man das nicht allein mit dem Ordnungsrecht erreicht. Die verfeindeten Lager könnten sich treffen in der Forderung nach einer sozialökologischen Marktwirtschaft, in deren Kern die ökologische Steuerreform steht.

Dazu gehört noch ein wichtiger umweltökonomischer Aspekt. Wir müssen einsehen, daß die Instrumente im Werkzeugkasten, die der

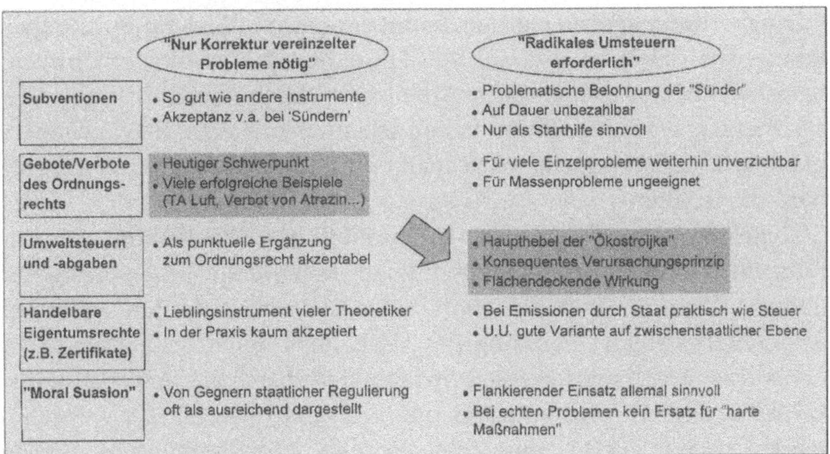

Abbildung 4.9: Bewertung umweltpolitischer Instrumente

Volkswirtschaftsstudent in den ersten Semestern kennenlernt, nicht wahllos nebeneinandergestellt werden können. Als ich studiert habe, galt ein Instrument als so gut wie das andere. Dahinter steckt ein Verständnis, ein Paradigma der Umweltproblematik, das begrenzt ist auf die berühmten lokalen Beispiele: also auf die Fabrik am Fluß, an deren Einleitungsrohr das Wasser schmutzig wird und dann gesäubert werden muß. Diese Sichtweise ist viel zu partiell (Abbildung 4.9).

Wenn das Umweltproblem die Ausnahme wäre und ökologische Harmlosigkeit die Regel, dann könnte man die Reinigung des Flusses subventionieren. Aber wenn massenhaft gesündigt wird, kann man die Sünder dafür nicht subventionieren. Dann würde der Staat pleite gehen – das wäre genauso, als würde er Leuten, die bei Grün über die Ampel fahren, eine Prämie geben, statt die zu bestrafen, die Rot mißachten. Deswegen kann der Haupthebel der Ökostroika nur eine Umweltsteuer sein und nicht Subventionen oder das Ordnungsrecht. Man kann den erforderlichen ökologischen Strukturwandel auch nicht mit Geboten und Verboten herbeizwingen. Ich lasse die Zertifikate hier aus.

Wenn wir uns für die ökologische Steuerreform entscheiden, erhebt sich die Frage: Wohin mit dem Geld? Und da ist unsere Antwort klar: Dieses Geld darf nicht beim Fiskus hängenbleiben, sondern muß dem

Bürger zurückgegeben werden, damit eine simple Gleichung aufgehen kann – wir müssen die Natur verteuern, damit wir weniger Umweltbelastung haben. Wir müssen Arbeit verbilligen, damit wir mehr Beschäftigung erreichen. Dann haben wir unterm Strich die gleiche Abgabenlast für Bürger und Wirtschaft – und mehr Umwelt und Lebensqualität für alle.

Nach den Vorschlägen des FÖS umfaßt die Ökosteuerreform vier Elemente. Im Kern steht eine maßvolle, aber stetige Verteuerung der Energie. Grundprinzip: nicht hohe Sätze, aber durch die Ankündigung der Dauerhaftigkeit Lenkung des Verhaltens der Konsumenten und Investoren. Die Energiesteuer wird flankiert durch ergänzende ökofiskalische Maßnahmen; zum Beispiel muß man das Benzin weiterhin teurer machen. Durch eine reine Primärenergiebesteuerung würde Benzin an der Zapfsäule praktisch nicht mehr kosten. Man muß auch ökologisch problematische Regelungen aus dem heutigen Steuersystem entfernen, wie zum Beispiel die Steuerfreistellung von Flugbenzin oder die absurde Subventionierung der Autofahrten zum Arbeitsplatz. Wenn Sie mit dem Auto fahren, bekommen Sie mehr, als wenn Sie mit dem Fahrrad oder der Straßenbahn fahren. In einer liberalen Gesellschaft sollte die Wahl des Verkehrsmittels dem einzelnen überlassen bleiben, ohne daß aber der Steuerzahler mit zur Kasse gebeten wird.

Was erreicht man damit? Es ergibt nach sechs Jahren vierzig Milliarden Mark Energiesteuer. Das ist übrigens bescheiden, und ich verstehe daher manchmal die Aufregung nicht ganz. Es sind gerade mal 3,5 Prozent des gesamten Steuer- und Abgabenaufkommens in der Republik. Das wird kaum den Ruin der deutschen Wirtschaft bedeuten. Eine einzige Schwankung des Dollarkurses macht viel mehr aus als diese 3,5 Prozent auf sechs Jahre.

Nach unseren Vorstellungen muß die Umweltbesteuerung an der Quelle ansetzen, damit wir diesen unheimlich eleganten und ökonomischen Effekt erreichen: daß wir durch die Besteuerung von ganz wenigen Stoffen den gesamten Wirtschaftsprozeß beeinflussen bis hin zur Entsorgung und Abfallverwertung. Dies darf nicht erst nach der Quelle wirksam werden, etwa beim Konsumenten. In einer liberalen Marktwirtschaft kann es nicht angehen, daß ein Gigajoule im Haushalt schlimmer ist als ein Gigajoule in der Produktion, sondern es muß der gleiche Steuersatz gelten. Gespaltene Steuersätze sind immer ineffizient.

Bestandteile der ökologischen Steuerreform

1. Maßvolle, aber stetige Verteuerung der Energie
- 5 Prozent Realanstieg per anno
- erste Stufe: 5 bis 6 Jahre

2. Flankierende ökofiskalische Maßnahmen
- Korrektur kontraproduktiver steuerlicher Regelungen
- weitere Erhöhung der Mineralölsteuer
- mittelfristig: Ökosteuern auf ausgewählte Problemstoffe

3. Systemgerechte Senkung der Lohnnebenkosten
- Senkung der ALV-Beiträge um ca. 3 Prozent bis 2001
  (für Arbeitgeber *und* Arbeitnehmer)
- keine Subvention der Arbeitskosten
- keine neuen Sozialtransfers

4. Offensive außenwirtschaftliche Absicherung
- Einsetzen für europaweite Energiesteuer
- zeitlich begrenzte Übergangs- und Ausnahmeregelungen ohne
  Verletzung der Grundprinzipien (Präferenz: Energieeinfuhrsteuer)

Dabei kommt ein physikalischer Effekt den Umweltproblemen zu Hilfe, nämlich, daß Energie sehr, sehr hoch korrelliert ist mit den meisten Dingen, die uns ökologisch Kopfschmerzen bereiten. Das gilt natürlich nicht für toxische Stoffe, die mit wenig Energie viel Schaden auslösen können. Aber die große Mehrzahl der ökologischen Probleme ist in irgendeiner Weise mit relativ großem Energieeinsatz verbunden. Der Treibhauseffekt sowieso, das ist klar. Das heißt, wir können mit einem Pars pro toto, mit wenigen kleinen Stellrädchen, unheimlich viele Probleme erreichen und müssen nicht einen Fleckerlteppich von Ökosteuern einführen mit einem Bundesumweltamt, das dann ähnlich wie das Bundesgesundheitsamt eigentlich nur an der Aufgabe scheitern kann, 500 verschiedene Einzelsteuern zu administrieren. Es würde am Schluß ein Spielball der Lobbys, und diese würden entscheiden, welche Steuersätze für die 500 Einzelprodukte herauskommen.

Entscheidend ist, daß das Geld dem Bürger zurückgegeben wird. Eines sollten wir dabei nicht vergessen: Wenn wir diesen ersten Schritt vorschlagen, dann klingt das für einige äußerst revolutionär. Es wäre aber nur eine vorsichtige Korrektur der bisherigen Fehlentwicklungen im deutschen Steuersystem. Im internationalen Vergleich gehört Deutschland zu den Ländern, in denen Umweltsteuern einen relativ geringen Anteil an der gesamten Abgabenbelastung haben, Steuern oder Abgaben auf Arbeitseinkommen dagegen einen um so höheren. In Deutschland wird die Umweltzerstörung sogar immer weniger belastet. Trotz der gestiegenen Mineralölsteuer ist der Anteil der großzügig als Ökosteuer zu definierenden Abgaben um 22 Prozent gesunken, während die Belastung des Faktors Arbeit bis 1993 um rund 40 Prozent gestiegen ist (Abbildung 4.10). Das heißt, unser Steuersystem gibt das Signal: Spare Arbeit und verschwende Natur. Wir wollen dagegen, daß das Steuersystem das Signal gibt: Spare Natur und mache die Kilowattstunden arbeitslos, und setze dafür möglichst viel Beschäftigung ein.

Wir können allerdings nicht einfach eine Energiesteuer empfehlen und dann nicht daran denken, was mit der Chemie-, Stahl- und anderen Grundstoffindustrien passiert. Wir müssen uns Lösungen einfallen lassen. Es gibt verschiedene Ansätze. Wir haben eine Präferenz für einen Grenzausgleich – auch wenn das europapolitisch nicht sehr schön aussieht. Einen Grenzausgleich gibt es heute zum Beispiel schon bei der Mineralölsteuer. Sie können nicht Benzin von der Schweiz nach Deutschland einführen, ohne daß die deutsche Mineralölsteuer zuschlägt. Genauso stellen wir uns das für andere Formen von Energietransporten über die Grenzen vor. Es wäre allerdings vorteilhaft, wenn wir das in einer kleinen Koalition innerhalb der EU ausprobieren könnten – etwa angefangen mit Österreich, Deutschland, den Beneluxstaaten und Skandinavien.

Die Welt würde aber auch nicht untergehen, wenn wir ein paar kleine Schritte im Vorausgang wagen würden. Entscheidend ist: Diejenigen, die die ökologische Steuerreform ablehnen, sollten sich an ein Prinzip unserer Verfassung erinnern, das heißt: konstruktives Mißtrauensvotum. Wer die ökologische Steuerreform ablehnt, der soll bitte sagen, wie er die ökologischen Probleme lösen will. Wir sehen nicht so viele Varianten. Man kann natürlich sagen: «Weiter so in der Umweltpolitik.» Also ein bißchen mehr als heute. Das, was Klaus Töpfer in der

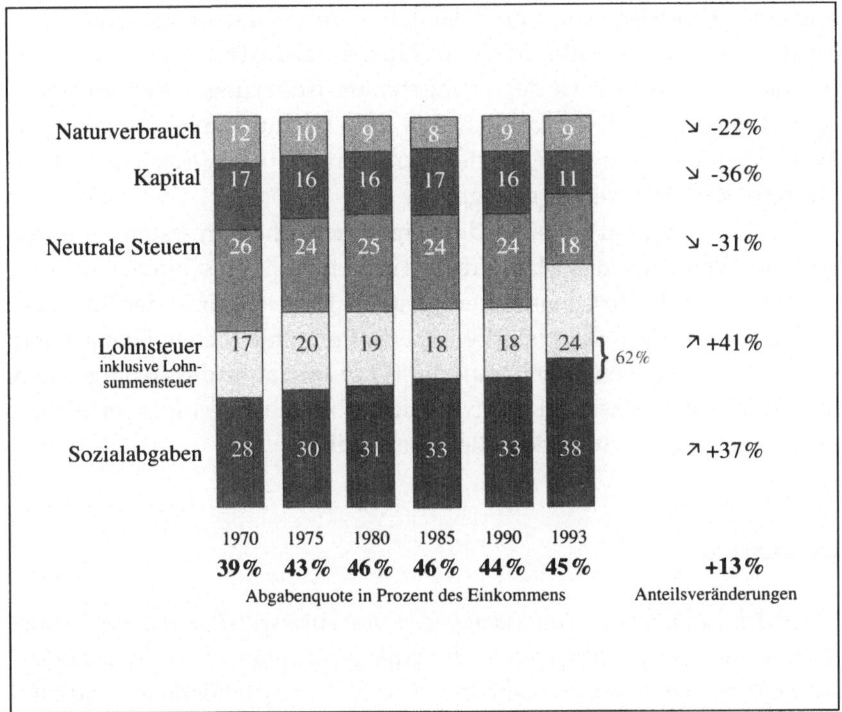

Abbildung 4.10: Langfristige Strukturveränderungen des Abgabensystems 1970–1993

Schublade hatte und herausgeholt hätte, wenn er sich hätte trauen dürfen in der letzten Legislaturperiode. Da gibt es sicher ein paar Sachen, die sinnvoll sind. Aber eines ist klar: All das würde noch keinen Übergang zur Nachhaltigkeit bedeuten und somit die Umweltzerstörung nicht beenden, sondern allenfalls verlangsamen.

Wenn man die ökologische Wende einleiten muß und will, dann kann man das natürlich auch mit einer Verschärfung des Ordnungsrechts tun. Das Ordnungsrecht war gut und schön, als es darum ging, zwanzig Kraftwerken den Einbau von Filtern vorzuschreiben. Das erreichen Sie im Zweifelsfall mit dem Ordnungsrecht schneller und wirksamer als mit einer ökologischen Steuerreform. Aber wenn es darum geht, Hunderttausende von Bauern dazu zu bewegen, daß sie ihre Äcker nicht überdüngen, dann können Sie nicht neben jedem einzelnen einen EU-Kommissar stellen. Wenn es darum geht, bei Hunderttausenden oder Millionen von Haushalten die Heizungen zu sanieren oder in den Kellern der Bürogebäude Isolierungen anzubringen, dann können Sie all dieses nicht mit dem Ordnungsrecht erzwingen. Wenn Sie gleichzeitig eine effiziente und innovative Wirtschaft wollen, dann müssen Sie Preissignale geben.

Und auch das hat unser Student eigentlich schon im ersten Semester gelernt: Wenn wir das über Preise machen, geht es schneller und zu geringeren volkswirtschaftlichen Kosten, als wenn wir es der Bürokratie überlassen. Deswegen sind wir trotz aller anfänglichen Skepsis und Widerstände zuversichtlich, daß der Grundgedanke der ökologischen Steuerreform in unserem Land schließlich auch diejenigen erreichen wird, die heute noch zu den Skeptikern zählen.

Diskussion

Frage: Ich wollte etwas einwenden gegen Ihre Aussage «mit 180 zur Veranstaltung über Tempolimits fahren». Ich denke, man muß auch im eigenen Leben das präsentieren, was man realisieren möchte. Den Grundgedanken habe ich schon verstanden, daß man nicht auch noch vom kleinsten Müllstückchen das Papier abkratzt und damit seine Zeit verschwendet. Aber ich denke, bei der Diskussion zum Thema Verkehr auf dem Podium zu sitzen und gestehen zu müssen, daß man mit 180 auf der Autobahn gekommen ist, das ist doch etwas pervers.

Görres: Ich bin mit dem Auto hierhergefahren. Wenn ich nur nach Bayreuth gefahren wäre, hätte ich aus Bequemlichkeit den Zug genommen. Nicht aus Opfersinn, sondern weil ich etwas Intelligenteres lesen kann als Nummernschilder. Aber ich bin mit dem Auto gefahren, weil ich drei Termine hatte, hier, in Bamberg und in Coburg, und es sonst nicht geschafft hätte. Und wenn ich auf das Tempolimit geachtet habe, dann eher aus Angst vor der Polizei als aus Sorge um die Umwelt. Jetzt können Sie natürlich sagen: Glaubwürdigkeit. Das ist genauso, wenn bei einer Ökodiskussion einer vorne auf dem Podium sitzt und raucht. Das sieht natürlich blöde aus. Er sollte im Sinn der Glaubwürdigkeit klugerweise nicht rauchen, wenn diejenigen, die seine Ideen beurteilen, davon beeinflußt werden. Aber wenn Sie heute beispielsweise für die

Erhöhung der Mehrwertsteuer eintreten, dann müssen Sie doch nicht freiwillig jetzt schon achtzehn Prozent bezahlen. Das wäre absurd. Es wird erwartet, daß man das tut, was man predigt. Meiner Meinung nach zeigt die Analyse, daß gerade dies eigentlich nicht erwartet werden kann. Es ist sicherlich hilfreich, wenn man versucht, sich ein wenig beispielgebend zu verhalten. Es entspricht dem Publikumsgeschmack, aber es liegt nicht in der Logik der Analyse.

Frage: Ich fand es schade, daß Sie den Block zur internationalen Wettbewerbsfähigkeit übersprungen haben. Sie haben als Ansatz den Grenzausgleich erwähnt. Das bedeutet ja wieder Handelsschranken; da schlagen alle Marktwirtschaftler und Wirtschaftsexperten Alarm. Das sei doch in der heutigen Welt und bei der Integration des Marktes wohl nicht der richtige Weg.

Görres: Den Einwand mit den Handelsschranken akzeptiere ich. Das ist für uns ein riesiger Schönheitsfehler, wenn wir einen Grenzausgleich errichten müssen, den man sich aber bitte nicht als die Wiedererrichtung von physischen Schlagbäumen vorstellen muß. Das ist heute im Agrarbereich genausowenig der Fall wie bei der Mineralölsteuer, sondern das wird administrationstechnisch gehandhabt. Gemessen an dem, was wir uns die Aufrechterhaltung der europäischen Landwirtschaftsordnung an bürokratischem Wahnsinn kosten lassen, wäre das, was wir brauchen würden, um einen nationalen Alleingang möglich zu machen – gegen eine noch konservative und rückständige Mehrheit der EU –, allerdings nur ein Klacks. Im Notfall nehme ich es in Kauf, wenn ich es anders nicht schaffe, diese ungeheuer vorteilhafte ökologische Steuerreform allein zu machen.

Von diesen Innovationsvorteilen habe ich heute übrigens überhaupt noch nicht gesprochen. Denn die Ökosteuerreform ist nicht eine Sache, die wir zähneknirschend akzeptieren sollten, sondern sie enthält ungeheure Investitionschancen für die deutsche Wirtschaft, weil sie auf den wenigen Zukunftsmärkten, auf denen sie heute überhaupt noch eine Geige spielt – und darunter ist die Umwelttechnik –, die Möglichkeit hätte, ihren Wettbewerbsvorsprung auszubauen. Und damit hätten wir sogar Wettbewerbsvorteile durch die ökologische Steuerreform.

Frage: Ein Großteil der Welt hat ja noch nicht einmal die soziale Frage im Ansatz gelöst. Und würde die Welt nur aus der Bundesrepublik Deutschland bestehen, dann wäre es sehr vielversprechend. Aber die große Frage ist: Was machen wir mit den anderen vier Milliarden, die dieses Stadium bei weitem noch nicht erreicht haben und die gerade auf billige Energie angewiesen sind, um in irgendeiner Weise den Anschluß zu finden? Ich gehöre zu den Pessimisten.

Görres: Es gibt wahrscheinlich für ein Land in der Dritten Welt, dessen Finanzverwaltung noch wesentlich schwächer entwickelt ist als die unsere, die ja sehr gut funktioniert, kaum eine effizientere und einfacher zu administrierende Steuer als die Ökosteuer. Wahrscheinlich sollten Entwicklungsländer, wenn sie verhindern wollen, daß innerhalb von wenigen Jahren eine Autoflut – Beispiel China – ein völlig unzureichendes Straßennetz verstopft, einen größeren Teil ihrer Steuersysteme auf Energiesteuern fundieren. Ich sehe das gar nicht so skeptisch. Und ich behaupte sogar – wenn wir weltökonomisch denken –, daß ein Teil der Zeche dann nicht von den Steuerzahlern des jeweiligen Landes bezahlt wird, sondern zurückgewälzt wird auf die Anbieter der Primärenergien. Das heißt, die OPEC kann dann nicht mehr so viele Preiserhöhungen durchsetzen. Die nationale Steuer beschneidet den Spielraum der OPEC, und das muß ja auch nicht so schlecht sein.

Frage: Das Prinzip ökologische Steuerreform, das Sie vorgestellt haben, gefällt mir sehr gut. Was ich aber in keiner Weise teile, ist Ihre Vorstellung vom Markt. Sie konstatieren hier Marktversagen, vergessen aber, daß das, was hier stattfindet, eigentlich nicht Markt ist, da das wesentliche Prinzip Handlung und Haftung, das für den Ökobereich gelten soll, nicht verwirklicht ist. Also, um es zu konkretisieren: Es kostet mich nichts, wenn ich Umwelt verschmutze. Ich unternehme zwar eine Handlung, aber ich werde nicht in die Haftung genommen. Insofern würde ich dazu sagen: Da der Markt als Markt nicht verwirklicht ist, funktioniert er auch in ökologischer Hinsicht nicht.

Der zweite wesentliche Einwand ist: Sie sagen, Umwelt wird verbraucht, verschmutzt. Dem wollen wir entgegenwirken. Das kann man natürlich, indem man den Verbrauch der Umwelt verteuert. Auf der anderen Seite erscheint es mir relativ unlogisch, das Geld aufkommensneutral zu verwerten, indem man den Faktor Arbeit verbilligt. Wenn man es schon so macht, dann muß man nach dem Prinzip Handlung und Haftung, über die Steuer verwirklicht, das Steueraufkommen zweckgebundener verwenden, um die Schäden, die angerichtet worden sind, auch wieder zu beheben. Wir leben auf Kosten der Umwelt. Insofern kann es nicht sein, daß wir eine Steuer erheben, die dann nachher aufkommensneutral ist. Wenn wir etwas verbrauchen, dann müssen wir es wieder ersetzen.

Görres: Das, was Sie über Marktversagen gesagt haben, ist genau mein Verständnis. Handlungen können stattfinden, die dann ohne Haftung bleiben. Das bedeutet Marktversagen. Das halte ich für eine sehr gute Definition. Wenn wir uns über die Schlußfolgerung einig sind, daß wir das dem Markt nicht überlassen können und daß der Staat deswegen in irgendeiner Weise korrigieren muß, damit die Rahmenbedingungen wieder stimmen, dann können wir die definitorischen Fragen gerne offen lassen.

Die Forderung, das Geld der Umwelt zugute kommen zu lassen, ist fast so absurd wie die Forderung, das gesamte Aufkommen an Biersteuer in die Finanzierung von Trinkerheilanstalten zu stecken. Es steht zwar in jeder Ausgabe der «ADAC-Motorwelt», daß die Einnahmen aus der Mineralölsteuer ausschließlich für den Straßenausbau verwendet werden dürfen. Aber es wird dadurch nicht richtiger. Das Nonaffektationsprinzip, also die Deckung aller Einnahmen durch alle Ausgaben, ist auch bei Ökosteuern sinnvoll, denn es ist überhaupt nicht ausgemacht, daß das, was zufällig bei einer Ökosteuer hereinkommt, genauso hoch oder genauso niedrig ist wie das, was sinnvollerweise ein Staat zur Förderung von Umwelt ausgeben soll.

Frage: Wenn ich da noch mal einhaken darf. Sie haben mein Argument mit dem Marktversagen so schön umgedreht, daß es hier wieder hereinpaßt. Aber das ist ein Gegensatz. Ich sage: Ich korrigiere mit dieser Steuer die Marktmechanismen. Sie korrigieren sie in diesem Fall erst dann, wenn Sie die Steuer dazu benutzen, die Haftung sicherzustellen. Es ist schwierig, da stimme ich Ihnen zu. Wenn also jemand eine Tonne CO$_2$ ausstößt, dann müßte man irgendwie versuchen, den dadurch entstandenen Schaden zu beheben. Die Ressource Umwelt wird ja weiterhin verbraucht, zwar weniger als heute, aber es wird weder der alte Verbrauch regeneriert, indem man das Geld benutzt und ihn wiederauferstehen läßt, noch wird der neue Verbrauch komplett auf Null gesenkt. Es wird sicherlich weniger Benzin verbraucht, aber es wird nicht kein Benzin verbraucht. Das Geld, das man nehmen müßte, um die entstandenen Schäden zu beheben, wird nicht dafür aufgebracht. Nur dann wäre es akzeptabel und auch marktwirtschaftlich.

Görres: Nein, das ist einfach falsch, was Sie sagen. Der entscheidende Effekt der Pigou-Steuer liegt in der Korrektur falscher Preise, die die externen Kosten nicht internalisieren. In dem Augenblick, da die Kosten internalisiert sind, muß das Aufkommen einer Pigou-Steuer nicht notwendigerweise zur Kompensation der Schäden verwendet werden. Es ist ja sogar ein Zustand denkbar, wo Sie überhaupt nichts mehr kompensieren müssen, weil der steuerkorrigierte Preis so hoch ist, daß Sie mit dem dann resultierenden Niveau an Umweltverschmutzung leben können und gar keine Reparaturmaßnahmen staatlicher Art mehr finanzieren müssen. Das wäre ja denkbar, rein modelltheoretisch gesprochen.

Den viel gewichtigeren Einwand habe ich noch nicht vorgebracht, und der ist politischer Natur. Sie kriegen eine ökologische Steuerreform, die die heutige Steuer- und Abgabenlast nochmals hochschraubt, nicht durch. Die würde ich persönlich auch gar nicht wollen. Wenn der Eindruck in unserer sehr steuermißtrauischen Gesellschaft entsteht, daß diese Reform nur ein neues Hintertürchen ist, mit dem Herr Waigel seine Finanzlöcher stopfen möchte, dann wird dieses Projekt keine Mehrheit erhalten in unserem Land. Ich sage das auch in Richtung vieler Ökologen, teilweise auch in der SPD und bei den Grünen. Jetzt zu sagen: «Ja, können wir nicht, wenn wir vierzig Milliarden haben, nicht wenigstens vier Milliarden nehmen für Sonnenenergie. Das wollten wir doch schon so lange.» Das war Harald Schäfer (SPD) bei einer Diskussion in Berlin. Da habe ich gesagt: «Lieber Herr Schäfer, wenn Sie 4 Milliarden sinnvoll finden zur Förderung der Solartechnologie, dann wird man in Gottes Namen aus einem Bundesetat von 500 Milliarden diese 4 Milliarden irgendwo herauskratzen können, ohne daß wir den Grundgedanken der Aufkommensneutralität einer ökologischen Steuerreform wegen eines lächerlichen Teilbetrags von zehn Prozent dieses Aufkommens kaputtmachen.»

Frage: Was halten Sie von der Zertifikatslösung?

Görres: Theoretisch bin ich voll dafür, praktisch voll dagegen. Theoretisch kann man leicht zeigen, daß die Zertifikate im Grunde das Dual einer Steuerlösung sind, das heißt für alle, bis auf den ersten, der die Zertifikate verkaufen kann, sind die Folgewirkungen sowieso die gleichen. Energieverbrauch verteuert sich, und damit werden die gewünschten Anpassungsreaktionen in Gang gesetzt. Aber die Zertifikatslösung ist noch nicht durchdacht. Ich sage das jetzt nicht polemisch gegen Sie, sondern polemisch gegen die, die die Zertifikatslösung genau in dem Augenblick herausziehen, in dem ein wohldurchdachtes

Konzept einer ökologischen Steuerreform auf dem Tisch des Hauses liegt. Das sind Ausweichmanöver. Wer die Zertifikatslösung wirklich ernst meint, der soll bitte nach zehn Jahren Gerede seine Hausaufgaben und die gleiche Fleißarbeit machen, die wir uns auferlegt haben, und ein implementierbares Konzept auf den Tisch legen. Dann meint er es ernst. Solange er das nicht tut, nehme ich ihm nicht ab, daß er das wirklich will, sondern sage: Das ist ein Scheingefecht.

Das zweite, das die Leute nicht durchdenken: Wenn der Staat die Zertifikate selbst versteigert, dann wird er sie nicht radikal reduzieren, sondern wird beispielsweise die Menge gegenüber heute um fünf Prozent reduzieren, damit sich auf dem Markt ein höherer Preis herausstellt. Und wenn der Staat diese Versteigerungseinnahmen kassiert, dann ist es wie eine Steuer. Dieses Geld kann er dann zurückgeben, indem er Steuern und Abgaben senkt. Dann kann er das auch zurückgeben. Wenn Sie aber die Zertifikate zum «property right», also zum Eigentum der heutigen Verschmutzer machen wollen, machen Sie deren Verschmutzungsrechte handelbar. Dann greifen Sie dem Bürger zweimal in die Tasche. Einmal hat er die ganze Verteuerung, da die Opportunitätskosten steigen. Zum anderen bekommt er keine Kompensation dafür, weil das Geld nämlich nicht bei Herrn Waigel landet und damit nicht wieder recycelt werden kann. Das Geld bleibt in den Taschen derjenigen, die das Glück haben, heute zu den größten Verschmutzern zu gehören. Das kann politisch gar nicht gewollt sein. Das ist meines Erachtens nicht durchdacht, und wenn es politisch gewollt ist, dann ist es politisch sicherlich nicht realisierbar.

Jochen Sigloch: Sie haben vorhin erwähnt, Sie würden nicht den Konsum, sondern die Produktion besteuern. Letztlich ist es aber doch immer der Konsum, den sie – direkt oder indirekt – besteuern. Die Frage ist: Warum wird nicht gleich der Konsum besteuert, dann wäre das Problem mit dem Grenzausgleich möglicherweise nicht so schwierig. Manche Ökonomen, auch Steuerökonomen, sind ja mittlerweile dabei, daß sie von einer Produktionsbesteuerung weg und zu einer Konsumbesteuerung hin wollen.

Zweitens: Sie haben das Ordnungsrecht ziemlich rigoros auf die Seite geschoben. Ich bin nicht sicher, ob man nicht den Modellcharakter von Kraftwerksreinigungsanlagen behutsam – auf dieses «behutsam» lege ich großen Wert – auch auf die vielen kleinen Dreckschleudern in den Haushalten anwenden sollte. Und zwar durchaus mit Strafen. Warum nicht? Natürlich ist das ziemlich unbequem und politisch schwer vermittelbar, wenn man sagen würde, daß die überalterten Heizungen renoviert werden müßten. Aber mit kleinen Steuerentgegenkommen, die hinsichtlich der Vermögenswirkungen gar nicht so groß sind, kann man das Verhalten der Leute ja in wunderbarer Weise steuern. Die würden auf dieses Feld einsteigen in einem Ausmaß, wie man es kaum glaubt. Ich würde meinen, mit dem Ordnungsrecht, flankiert von einer Verteuerung der Energie in kleinen Schritten, aber nachhaltig, käme man entscheidend weiter. Alle Leute rechnen mit Knappheiten, und am Geldbeutel merkt man die Knappheit zuerst.

Vorhin haben Sie gesagt, der Markt richte es nicht. Ich denke, Ihr ganzes Argument läuft darauf hinaus: Sie wollen dem Markt seine Funktion wiedergeben, indem Sie nur die Preise korrigieren. Wir haben nach meinem Dafürhalten gar keine andere Chance als über den Markt. Aber wir müssen die externen Kosten grob abschätzen, und da ist es manchmal gar nicht so schlimm, wenn wir zeitweise etwas darüberliegen. Derzeit sind wir aber weit darunter.

Görres: Ich glaube, daß die Energiesteuer dem gegenüber blind sein sollte, ob ein Liter Heizöl im Büro verbrannt wird oder im Haushalt. Wenn wir von ökologisch wahren Preisen reden, dann kann es nicht unterschiedliche ökologische Wahrheiten für den Produktions- oder Haushaltssektor geben. Wir wollen ja weg von dem fatalen Fehler der bisherigen Umweltpolitik, der genau widerspiegelt, wie die Leute die Ökologieproblematik wahrgenommen haben. Man hat angefangen zu reagieren, als es gestunken hat. Gestunken hat es am Prozeßende, also «end of pipe». Daraufhin hat man hinten angefangen zu basteln. Man muß aber doch daran denken, daß die Sache an der Quelle behoben werden muß. Daher wollen wir vorne den Anreiz geben.

Unser Ansatz unterscheidet uns von vielen, die uns deswegen nicht verstehen. Die haben jetzt angefangen, in der Zeitung auf die Umweltseite zu gucken, und festgestellt: Hoppla, es gibt einen Treibhauseffekt. Das sind Leute, die sich erst relativ kurz mit der Umweltproblematik beschäftigen, sonst würde ihnen auffallen, daß es noch ein paar andere Probleme gibt in der Ökologie, zum Beispiel die Ressourcenschonung. Dieser verengte, bornierte Blick auf das Treibhausproblem, ich will das nicht verniedlichen, aber das ist heute fast schon ein Modeproblem. Vielleicht sind es in zwei Jahren die Delphine und danach irgendwelche Blumen.

Wir müssen aber den Stoffwechsel mit der Natur insgesamt verlangsamen, und weniger herausnehmen aus der Erde. Wir müssen die Inputs reduzieren, damit die Outputs nicht zum Problem werden. Das ist ein simpler Gedanke, dem einige offenbar noch nicht folgen können. Wenn ich die Inputs reduzieren will, muß ich sie schon vorne an der Stelle teuer machen, wo sie erstmals in den Produktionsprozeß einfließen.

Zum Ordnungsrecht: Ich pointiere das. Ich habe überhaupt nichts gegen einen vernünftigen Mix aus beidem. Ich sage nur, und das war der Sinn des Schaubilds: Das Schwergewicht muß sich verlagern. In der Phase 1 der bisherigen konventionellen Umweltpolitik war der Schwerpunkt Ordnungsrecht flankiert durch einige punktuelle Abgabenmodelle, zum Beispiel bei Abwasser, und genau diese Relation muß sich um 180 Grad verändern. Der Schwerpunkt der Steuerungsaufgabe muß von der Steuer kommen, flankiert durch Ordnungsrecht. Ich gebe Ihnen auch Beispiele. Bei Kraftwerken, wo die technische Lösung relativ klar auf der Hand liegt und wenige beteiligte Objekte vorliegen, ist das Ordnungsrecht sehr geeignet. Schon beim Katalysator wäre es mir sehr viel marktwirtschaftlicher erschienen, eine stärkere Spreizung des Benzinpreises zwischen verbleitem und unverbleitem einzuführen. Wenn wir da zwanzig Pfennig als Differenz gehabt hätten, dann gäbe es heute kein Auto ohne Katalysator mehr. Das schwöre ich Ihnen. Vielleicht noch ein paar Oldtimer, die irgendwo in der Garage stehen und einmal im Jahr spazierengefahren werden.

Statt dessen bekamen wir diese langweiligen Diskussionen mit einer Industrie, die sagt: «Das schaffen wir nicht. Das ist der Ruin der deutschen Industrie.» Man hat das jetzt schon öfter gehört, und die gleichen sagen dann zwei Jahre später: «Wir können es ja doch», und das Ding kostet 2000 Mark, und wieder zwei Jahre später stellen wir fest, es hat halt nur 300 Mark gekostet, nachdem es zur Massenfertigung gekommen ist. Also, diese Erfahrung braucht man nur begrenzte Male zu machen, dann hat man sie verstanden.

Wenn man dem Markt die richtigen Signale gibt, dann ist die Marktwirtschaft ungeheuer leistungsfähig. Wir unterfordern sie ständig, weil einige ein bißchen jammern, und wir haben Angst, daß 3,5 Prozent Steuerlastverlagerung in der Wettbewerbsfähigkeit unserer Ökonomie etwas verändern könnte.

Sie haben vielleicht die Differenzen bemerkt zwischen den Nationalstaaten, da gibt es schon immer krasse Unterschiede in der Steuerlaststruktur, über die sich bisher keiner aufgeregt hat. Und jetzt wollen wir die Steuerlast ein klein wenig von Arbeit auf Natur verlagern, und da schreien schon alle und haben Angst. Für mich ist das überhaupt nicht unternehmerisch und schumpeterianisch, sondern einfach nur sehr ängstlich und kleinmütig.

Frage: Warum sind sie grundsätzlich dagegen, ergänzende Umweltsteuern auf toxische Produkte, auf besondere Abfälle zu erheben?

Görres: Es gibt eine Reihe von Probleminputs, die mit einer Energiesteuer nicht erschlagen werden. Insofern ist von unserer Grundphilosophie her gar nichts einzuwenden gegen die Ausdehnung dieses Instrumentariums auf ausgewählte weitere Problemstoffe. Man könnte zum Beispiel Düngemittel, Herbizide, Pestizide, bestimmte Giftstoffe, möglicherweise Wasser- und Grundsteuer mit einbeziehen. Nur: «Keep it simple.» Wir haben heute eine ganze Reihe von Unternehmen, die pleite gehen, weil sie fünf Produkte zuviel produzieren wollen. Zu große Produktvielfalt. Das ist ein schöner Gedanke. Aber lassen Sie uns ein Ding nach dem anderen lösen.

Wenn wir die Stufe 1 der ökologischen Steuerreform fünf, sechs Jahre lang bewältigt haben und feststellen: «Aha, die deutsche Wirtschaft lebt noch» – vielleicht sogar noch besser als vorher –, dann können wir die Steuerreform behutsam ergänzen. Wir können toxische Dinge auch flankierend mit dem Ordnungsrecht bekämpfen. Ich sage immer: Wenn etwas wirklich sehr giftig ist, dann können wir es eigentlich gleich verbieten. Atrazin muß nicht sein. Da brauche ich auch keine Steuer, um es erst aus dem Markt hinauszuverteuern.

Frage: Sie sehen ja eine sehr langsame Erhöhung der Energiepreise vor. Ich habe in ihre Studie mal hineingeschaut. Es sind fünf Prozent pro Jahr statt sieben Prozent pro Jahr bei Greenpeace. Können Sie begründen, warum Sie da so vorsichtig sind?

Görres: Mit dem Wort «vorsichtig» ist eigentlich die Frage schon beantwortet, warum nur fünf Prozent. Als Ökologe hätte ich natürlich gerne zwanzig Prozent, am liebsten zwei, drei Jahre lang. Erst mal so richtig ordentlich, wie damals bei der OPEC. Dann reagieren die Leute. Aber als Ökonom und als politisch denkender Mensch muß ich doch sagen, daß wir das politisch nicht durchkriegen. Insofern ist das der übliche Kompromiß, den man macht zwischen dem ökologischen Ziel und dem politischen Realisierungsziel. Natürlich auch mit der Absicht, daß wir die Wirtschaft nicht mit solchen Schocks kaputtmachen, sondern das Ganze wirtschafts- und sozialverträglich steuern wollen.

Frage: Ich wollte noch einmal auf die Quantifizierung der ökologischen Kosten kommen. Sie sagten, daß als Vorbehalt oft angeführt wird, daß wir die ökologischen Folgekosten nicht abschätzen können. Ich stimme Ihnen zu, daß man trotzdem etwas tun sollte. Ich sehe nur das Problem mit den toxischen Produkten. Wenn ich zum Beispiel einen hölzernen Nachttisch sanieren will, dann kann ich das mit Heißluft machen, was viel Energie kostet, oder ich kann es mit der chemischen Keule machen. Wenn ich jetzt einseitig nur den Energiesektor verteuere, dann führt es vielleicht zu einer aus ökologischer Sicht schlechteren Lösung als vorher.

Görres: Die Sorge, daß es durch das Augenmerk auf die Energie zu einer Allokationsverzerrung kommt, ist mir theoretisch begreiflich, aber sie ist pragmatisch ein bißchen zu puristisch. Wir dürfen nicht den Ehrgeiz haben, daß wir unser sehr mangelhaftes Preissystem ersetzen durch ein darübergelegtes, staatlich administriertes System von perfekten Pigou-Steuern. Das heißt, wir müssen damit leben, daß die Marktallokation mit Preisen funktioniert, die unter Pigou-Gesichtspunkten «less than perfect» sind. Dann müssen wir reagieren, wie es am besten ist, sei es mit einer zusätzlichen Steuer, sei es mit Ordnungsrecht. Aber pragmatisch Vereinfachung, Konzentration der Kräfte auf den ersten Schritt, mit dem wir ja erst einmal anfangen müssen.

Frage: Sie sagen, daß in der Diskussion der Gesichtspunkt der Ressourcenverknappung vernachlässigt wird gegenüber dem Treibhauseffekt. Ich denke, gerade in der Energiediskussion muß man das relativieren. Bis vor einigen Jahrzehnten glaubte man, man müsse sich beim Erdölverbrauch daran orientieren, was noch im Boden zu finden sei in der Zukunft. Aber es ist nun allgemein anerkannt, daß in Zukunft der Verbrauch sich an dem orientieren muß, was wir noch in die Atmosphäre blasen dürfen. Insofern denke ich schon, daß der Treibhauseffekt im Moment gerade im Energiesektor die Richtschnur ist, nach der sich solche steuernden Maßnahmen ausrichten müssen. Und daß die Ressourcen im Moment – man hat ja auch neue Vorkommen entdeckt in den letzten zehn, zwanzig Jahren – nicht mehr die höchste Priorität haben.

Görres: Ich möchte bestimmt den Treibhauseffekt nicht verharmlosen. Das ist ganz klar, wir müssen reagieren. Wenn also die Gefahr besteht, daß ganze Inseln und Küstenstädte im Meer versinken, dann steht uns sicher das Wasser bis zum Hals, und wir müssen handeln. Aber die Endlichkeit der Ressourcen ist für mich damit nicht weniger dringlich. Und wenn ich die Chance habe, mit einer Maßnahme beide Dinge zu erreichen, warum soll ich dann Wege einschlagen, die nur «end of pipe» ansetzen?

Frage: Ich möchte das Ganze einmal auf der betriebswirtschaftlichen Ebene sehen. Was hat das für Auswirkungen auf Unternehmen? Preissteigerungen bedeuten Konsumreduktion und damit Verluste und die Konsequenz, daß Firmen zugrunde gehen. Wie sehen Sie das?

Görres: Vergessen Sie bitte nicht, daß den Mehrbelastungen auch Minderbelastungen gegenüberstehen. Es gibt insgesamt dreißig Branchen, so hat das DIW analysiert; davon wären circa zwanzig unter dem Strich mit nicht mehr als einem Prozent in ihrer Kostenstruktur belastet. Das kann man wirklich vernachlässigen, nur sechs oder sieben wären mit über einem Prozent belastet: Eisen und Stahl, Chemie, NE-Metalle, Steine, Erden, Baustoffe. Und ein paar, die sehr arbeitsintensiv sind und praktisch keine Energie verbrauchen, reine Dienstleister, wären starke Nettoprofiteure von dieser Reform. Aber wenn Sie gucken: Kfz-Industrie und Straßenfahrzeuge sind genau auf der Nullinie.

Die Firma BMW – und Herr Pitschetsrieder hat das im Grunde beim Kamingespräch auch gesagt – verhält sich heute schon so, als ob wir eine Energiesteuerreform hätten. Sie rechnet damit; sie versucht, soviel Energie wie möglich einzusparen. Wenn sie noch dazu belohnt würde – was sie heute nicht wird –, durch die kompensierende Senkung ihrer Arbeitskosten, dann hätte sie unterm Strich keine Exportnachteile. Also, ich glaube wirklich, daß dieses ganze Problem stark aufgeplustert wird.

Frage: Wie wollen Sie das Problem lösen, daß Produktion ins Ausland verlagert wird? Wird es dann so sein, daß für Produkte, die im Ausland hergestellt werden, jemand abschätzt, wieviel Energie bei der Produktion gebraucht wurde, und bei der Einfuhr Zoll erhoben wird? Das ist schwer zu schätzen, aber wenn man es gar nicht macht, läuft man Gefahr, daß ins Ausland verlagert wird.

Görres: Das erste ist auch hier: «Keep it simple.» Das bedeutet ganz bestimmt nicht einen Energiesteuerausgleich für sämtliche Importe. Sondern wenn, dann handelt es sich um einen Bruchteil unserer Importe, um relativ wenige klar benennbare Produkte, im Stahlbereich, im Chemiebereich. Aber auch da geht es nicht um irgendein kleines Pharmazeutikum, sondern um große, großvolumige Stoffe, bei deren Herstellung viel Energie einfließt, wo die Energie von den Kosten her prozentual schwer ins Gewicht fällt. Also dort, wo Energiekosten mehr als zehn Prozent der Kostenstruktur ausmachen, kann man über so etwas nachdenken, und damit ist man bei einer sehr, sehr kleinen Zahl von Produkten, wenn man so eine Regelung treffen würde.

Frage: Mich würde der Export von Energie interessieren. Den Import haben Sie ja gelöst.

Görres: Aus der gleichen Überlegung heraus haben wir darauf verzichtet, Exporte zu entlasten. Bei Produkten, die energieintensiv sind, ist Deutschland gar kein Exporteur. Da sind wir Importeur. Wir exportieren überwiegend Produkte, die sehr stark veredelt sind. Wir sind eine Veredelungsökonomie und keine Rohstoffexportökonomie. Letzteres sind zum Beispiel die Russen. Die Russen leben davon, daß sie Rohstoffe exportieren, weil ihre Produkte nicht wettbewerbsfähig sind auf den Weltmärkten. Die hätten ein Problem mit einer Energiesteuer; das würde ihren Export treffen. Aber wir hätten damit kein großes Problem, wir exportieren Autos, Maschinen und so weiter.

Frage: In welchem Bereich wird es dann eine Entlastung geben? Sie haben das mit der Mehrwertsteuer angedeutet, aber werden dann beispielsweise die Sozialversicherungsbeiträge der Arbeitgeber gekürzt, oder wie stellen Sie sich das vor?

Görres: Die Entlastungsseite bei uns ist langfristig offen. Es könnte sein, daß wir sagen, die Energiesteuer ist eigentlich die ideale indirekte Steuer, viel besser als die Mehrwertsteuer auf lange Sicht. Vor allem, wenn man sieht, daß die Mehrwertsteuer bestimmte Dienstleistungsbereiche kaputtmacht beziehungsweise dort zur Schattenwirtschaft führt. Wie der Handwerker, der Sie heute gleich fragt: «Mit oder ohne Rechnung?»

Kurzfristig haben wir einen Grundgedanken formuliert, der sich dann auch im November 1994 in einem Papier der EU-Kommission wiederfand, nämlich das Zusammentreffen zweier Steuerungsdefizite. Wir haben in Deutschland einen dramatischen Anstieg der Lohnnebenkosten. Alle sind sich einig, daß sie zu hoch sind, und die meisten sind sich auch einig, daß die Sozialversicherungssysteme mit Dingen belastet sind, die dort eigentlich nichts verloren haben.

Die Kosten der deutschen Einheit sind unseriöserweise teilweise den Sozialversicherungsträgern aufgebürdet worden, und zwar besonders der Arbeitslosenversicherung. Damit mich keiner mißversteht: Wir haben natürlich überhaupt nichts gegen Beschäftigungsmaßnahmen in Ostdeutschland, wo man von neun Millionen Arbeitsplätzen in kürzester Zeit auf vier Millionen hinunter ist. Aber wir haben etwas dagegen, daß es in einer Weise finanziert wird, die diejenigen benachteiligt, die das Pech haben, Zwangsmitglieder der Arbeitslosenversicherung zu sein, also jetzt in erster Linie ein Transfer von westdeutschen zu ostdeutschen Arbeitnehmern stattfindet.

Nicht belastet sind Leute, die ein paar Mark mehr verdienen und deswegen prozentual wenig getroffen werden von Sozialbeiträgen. Freiberufler und Beamte können meiner Meinung nach die Kosten der deutschen Einheit über das allgemeine Steuersystem sehr gut mitfinanzieren. Unser Finanzierungsvorschlag setzt dort an, und wir erwarten eigentlich die Zustimmung von all denjenigen aus allen politischen Lagern, die sich in den letzten Jahren kritisch über die zu hohe Lohnnebenkostenbelastung geäußert haben.

Frage: Sie kommen sicher viel herum mit Ihren Vorträgen, auch in den Kreisen der Politik und Industrie. Wie schätzen Sie die Situation momentan ein? Ist die Industrie eher ablehnend einem neuen Steuersystem gegenüber, das ja auch den Markt fördern würde, oder ist es eher die Politik, die verhindert? Wo sind die Widerstände in unserer Gesellschaft?

Görres: Mit Ihrer Frage nach der politischen Durchsetzbarkeit schließe ich den Bogen zurück zu dem, womit ich angefangen habe. Als Otto von Bismarck die Sozialversicherung einführte, tat er es wahrscheinlich nicht nur aus Altruismus und aus Mitleid mit der notleidenden Arbeiterschaft. Sondern er tat es, weil eine Sozialdemokratie entstand, die anfing, Wahlerfolge zu haben. Und er tat dies gegen den erbitterten Widerstand der damaligen Liberalen.

Daß die FDP bei den Landtagswahlen 1995 in Nordrhein-Westfalen den Wiedereinzug nicht geschafft hat, ist in meinen Augen ein Menetekel. Eine Partei, die sich einmal definiert hat mit einem progressiven Verständnis von Marktwirtschaft und Demokratie, hat sich inzwischen fast reduziert auf eine reine Klientelpartei, die vor allem zur Kernfrage der heutigen Marktwirtschaft, nämlich zur Bewältigung des ökologischen Problems, nichts mehr zu sagen und dieses Thema den Grünen überlassen hat. Das geht in die Hose.

Sie werden von der Wirtschaft niemals erwarten dürfen, daß sie zum Vorreiter wird. Zum Beispiel bekomme ich sehr viel positive Resonanz aus den Banken, die uns sagen: «Also, Ökosteuer wäre ja ganz super. Aber wir können es nicht sagen, denn dann ärgern sich unsere Kreditkunden aus der Stahlindustrie.» Die Banken wären Profiteure, und dies völlig zu Recht. Manche sagen: «Dann subventioniert die deutsche Industrie die Banken und Versicherungen.» Das ist Quatsch. Heute subventionieren wir alle die Folgekosten von Produktionsprozessen, die so nicht haltbar sind. Und wenn da ein paar einen Vorteil haben, dann ist das einfach so. Wenn man in der Marktwirtschaft immer wartet, bis niemand einen Nachteil und niemand einen Vorteil hat, dann kann man politisch nichts mehr tun.

Wir werden nicht erwarten dürfen, daß die Industrie sowie Leute und Manager aus der Wirtschaft sich hier massiv äußern. Aber ich merke – Sie haben recht, ich bin da öfter –, die Art der Diskussion verändert sich. Vor zwei Jahren war die Ablehnungsfront unisono, und es war tatsächlich der Ruin der deutschen Wirtschaft. Heute wird gesagt: «Na, hoffentlich kommt die ökologische Steuerreform so, daß sie nicht zum Ruin meines Unternehmens wird.» Also, es ist eher schon ein Vortasten, ein Suchen nach Möglichkeiten.

Ich kann Ihnen als Schlußwort aus meiner Sicht sagen, daß wir die letzten sind, die erwarten, daß alles nach den Buchstaben unseres Memorandums läuft. Wir sind überhaupt nicht päpstlich, was die Realisierung angeht. Wenn es mit Ausnahmebestimmungen kommt, so wie in Dänemark, dann finden wir das zwar nicht schön und nicht prinzipientreu, aber es ist besser als gar nichts. Entscheidend ist, daß Schritte getan werden, und da bitte ich auch Sie um Ihre Unterstützung. Die Wissenschaft muß heraus aus dem Elfenbeinturm.

Es geht auch nicht, was ich oft auf Podiumsdiskussionen erlebe, daß ein Finanzökonom sagt: «Ja, da muß ich aber erst meine Theorie des allgemeinen steuerökonomischen Optimums abschließen, bevor ich mich dazu äußern kann.» Diese Haltung führt uns nicht weiter und trägt mit dazu bei, daß die deutschen Ökonomen sowenig zu sagen haben und sowenig gehört werden in der wirtschaftspolitischen Diskussion; das interessiert die Öffentlichkeit eigentlich nicht. Offenbar springt der Funke nicht über von der Währungsdiskussion und den Artikeln in der «American Economic Review» zu den Leuten, die ganz anderes bewegt.

Wenn Sie dazu beitragen mit der BAYREUTHER INITIATIVE, daß die Kluft zwischen dem Elfenbeinturm und den Problemen der real existierenden Marktwirtschaft ein bißchen kleiner wird, dann wünsche ich Ihnen viel Erfolg und bedanke mich nochmals für die Einladung, für Ihr Interesse und die Diskussionsbeiträge.

Visionen

einer neuen Mobilität

Der Verkehrssektor ist einer der Wirtschaftsbereiche, die am stärksten zur globalen Umweltverschmutzung beitragen. In der Bundesrepublik Deutschland beispielsweise war der Verkehr 1993 mit 21 Prozent an den gesamten CO_2-Emissionen beteiligt. Bundesverkehrsminister Matthias Wissmann prognostiziert bis zum Jahr 2015 für den Güterverkehr eine Zunahme um 90 Prozent und für den Personenverkehr um 33 Prozent. Somit werden alle Fortschritte bei der Reduktion des Verbrauchs und der Schadstoffemissionen durch die steigende Verkehrsleistung mehr als kompensiert.

Einer der Gründe für den steigenden Bedarf an Mobilität liegt in der zunehmenden Individualisierung und Zersiedlung unserer Gesellschaft. Lagen früher Wohnort, Arbeitsplatz und Erholungsgebiet räumlich eng zusammen und waren sie oft per Fuß oder Fahrrad zu erreichen, so ist heute die ein- bis zweistündige Fahrt zum Arbeitsplatz nicht mehr ungewöhnlich. Zudem ist im Freizeitsektor ein großes Wachstum zu beobachten: Spontan-, Kurz- und Fernreisen gehören heute zunehmend zu unserem Alltag. Auf der Suche nach Ruhe und Erholung werden immer weitere Wegstrecken in Kauf genommen.

Es stellt sich somit die zentrale Frage nach dem Zusammenhang von Wohlstand und Mobilität, besonders der automobilen Mobilität. Wenn wir es nicht schaffen, diese Bereiche zu entkoppeln, werden Horrorszenarien wie die Automobilisierung Chinas bald bedrohliche Wirklichkeit.

Doch es gibt andere Möglichkeiten, um die Mobilitätsbedürfnisse der Menschen zu befriedigen: Zum einen durch die Nutzung alternativer Verkehrsmittel (Bahn, Bus, Fahrrad, Fußgang), deren Attraktivität mit neuen Konzepten wie integralen Taktfahrplänen deutlich gesteigert werden kann. Zum anderen müssen auch gänzlich neue Ideen realisiert werden, die beispielsweise schon bei der Städte- und Regionalplanung ansetzen. Darüber hinaus ist es bereits heute möglich, die gewohnte Mobilität durch neue Kommunikationstechniken zu ersetzen. Diese, wie beispielsweise Telearbeit oder Videokonferenzen, können uns von der rein physischen Bewegung unabhängiger machen.

Einführung in den Vortrag von Andreas Troge
Zwangswege und unfreiwillige Immobilität
Rolf Monheim, Abteilung Angewandte Stadtgeographie, Universität Bayreuth

Die Entwicklung von Wirtschaft und Verkehr, von Mobilität und Wohlstand stehen in einem engen wechselseitigen Zusammenhang, der aber im Lauf der Entwicklung sehr unterschiedlich gesehen wurde und den auch heute noch Vertreter verschiedener gesellschaftspolitischer Positionen sehr unterschiedlich beurteilen. Die Schweizer Ökonomen Langloh und Frey haben diese mehrfache Verschiebung der Perspektive sehr gut mit einem Vierphasenschema gekennzeichnet (siehe Kasten). Zunächst diente die Steigerung der Mobilität dazu, mehr Wohlstand zu erreichen: Der Aufbau der Verkehrsinfrastruktur war eine wesentliche Voraussetzung für die Industrialisierung und später auch für den Aufschwung der Dienstleistungsgesellschaft.

Als dann die Wirtschaft lief, kam es zu Engpässen. So hieß die Anforderung: Wenn unsere Wirtschaft weiter wachsen soll, müssen wir die Engpässe beseitigen. Was effektiv aber nur hieß, die Engpässe immer ein Stückchen weiterzuschieben. Sehr gut kann man dies in den USA sehen. Das ist ein Faß ohne Boden. Weshalb dann die Frage kam: Bedeutet eigentlich dieses Mehr-auf-Achse-Sein wirklich mehr Wohlstand?

Die Unterschiede, wieviel man in verschiedenen Regionen «auf Achse» ist, sind dramatisch. Das Forschungsinstitut Sozialdata stellte hinsichtlich der Mobilität einen Vergleich an zwischen Delft in den Niederlanden und Perth in Australien. Die Mobilität ist in beiden Städten nahezu gleich, in Delft ein bißchen höher im Sinn der Zahl der Wege. Im Hinblick auf die Zeit, die man für Verkehr braucht, ist sie gleich. Aber die Leute in Perth müssen gut doppelt so weit unterwegs sein, um ihre Alltagsbedürfnisse zu befriedigen. Da kann man durchaus die Frage stellen, ob das wirklich Fortschritt ist, wenn man für seine Alltagsbelange doppelt so große Entfernungen zurücklegen muß. Man kann zwar stolz darauf sein, wie schnell das geht mit Hilfe des Autos.

Vierphasenschema der Verkehrspolitik

1. Mehr Mobilität = mehr Wohlstand!
Verkehrsentwicklung und Anstieg der Mobilität, um die Industrialisierung zu fördern.

2. Mehr Wohlstand = mehr Mobilität!
Anpassung des Verkehrssystems an die steigende Nachfrage durch Beseitigung von Engpässen.

3. Mehr Mobilität = mehr Wohlstand?
Qualitatives Wachstum durch Anpassung des Verkehrs an Umweltbedürfnisse, um die negativen Nebeneffekte der Mobilität auf den Wohlstand zu reduzieren.

4. Mehr Wohlstand = mehr Mobilität?
Mehr Wohlstand führt nicht zwingend zu mehr Verkehr, wenn die Nachfrage nach Mobilität gemäß den Erfordernissen einer nachhaltigen Entwicklung kontrolliert wird.

Nur ist die Kehrseite, daß man in Perth ohne Auto praktisch nicht mehr leben kann.

Ist das wirklich mehr Wohlstand? Ist das Fortschritt? Dies führt schließlich zur Frage: Brauchen wir überhaupt mehr Mobilität, um unseren Wohlstand zu vermehren?

Es ist wichtig, sich einmal klarzuwerden über die Parallelen zwischen verschiedenen Bereichen, über die im Hinblick auf die Umwelt diskutiert wird: Energie, Abfall und Verkehr. Hier bestehen erstaunlich viele Ähnlichkeiten, wenn man einmal danach fragt, welche strategische Bedeutung verschiedene Ziele haben. Die höchste Position in der Zielhierarchie (vgl. «Hierarchie der Strategien zur Umweltverträglichkeit») hat in allen Bereichen das Sparen bzw. Vermeiden. Wobei man hinsichtlich der Energie nach der Energiekrise lernen mußte, daß wirtschaftlicher Fortschritt auch mit weniger Energieverbrauch möglich ist, daß Energiesparen sogar eine wichtige Triebkraft für Innovationen, das

Hierarchie der Strategien zur Umweltverträglichkeit

Energie	Abfall	Verkehr
1. Sparen	Vermeiden	Vermeiden
2. Vorrang erneuerbarer Energieträger	Minimierung umwelt-belastender Produkte	Vorrang «Umweltverbund»
3. Maximale Sicherheit für umweltgefährdende Energieträger	Sichere Entsorgung des Abfalls	Autos umwelt- und sozialverträglicher konstruieren/nutzen: langsamer + leiser, sparsamer + sauberer

heißt für Fortschritt, ist. Beim Abfall ist man gerade dabei, das Vermeiden mühsam zu lernen, versucht aber noch mit allerlei Tricks, dieses Gebot zu umgehen. Da werden dann grüne, gelbe oder sonstige Punkte kreiert, um nichts lernen zu müssen.

Beim Verkehr sind wir leider immer noch ziemlich weit vom Sparen entfernt. Es ist interessant, daß gerade in der Fachzeitschrift «Internationales Verkehrswesen» eine erbitterte Debatte tobt. Professor Topp aus der Verkehrsdisziplin hat deutlich gemacht, daß Mobilität auch mit weniger Verkehrsaufwand möglich ist. Woraufhin ausgerechnet ein Verkehrsökonom, Professor Willeke, diese Auffassung verreißt und sagt: Verkehrswachstum sei unabdingbar für Wirtschaftswachstum, und deshalb müßten die Engpässe im Straßennetz beseitigt werden.

Höchste Priorität für eine langfristig tragfähige Entwicklung (sustainable development) muß eigentlich sein, Verkehr zu vermeiden, was auf einer ganzen Reihe von Wegen möglich ist. Man muß sich klarmachen, daß viele Wege Zwangswege sind: zum Beispiel der Weg der Mutter, die ihr Kind zum Kindergarten bringen muß, weil es zu gefährlich wäre, das Kind allein gehen zu lassen. Wenn diese Wege unterbleiben können, spart man Verkehr, gewinnt aber an Lebensqualität, weil es sich um Zwangswege handelt. Und wenn der Laden in der Nähe schließt, entsteht ebenfalls zwangsweise zusätzlicher Verkehr durch längere Wege.

Auf der anderen Seite gibt es unfreiwillige Immobilität, besonders bei älteren Menschen, weil es ihnen oft zu gefährlich ist, die Wohnung zu verlassen, oder bei Kindern, die nicht mehr auf die Straße dürfen. Da ist man dann stolz, daß es weniger Kinderunfälle gibt, dabei kommen die Kinder gar nicht mehr ins Freie.

In der Zielhierarchiefolge ist die zweite Ebene die Verlagerung des Verkehrs auf die umweltverträglichen Verkehrsmittel, das heißt: Mobilität erhalten mit weniger Autoverkehr. Und die dritte Ebene ist das, was Verkehrsberuhigung im engeren Sinn meint, das bedeutet, den unvermeidbaren Autoverkehr vernünftiger abzuwickeln. Die gleichen Ziele gibt es bei Energie und Abfall.

Wenn an der Hochschule über Verkehr debattiert wird, dann besteht immer wieder das große Risiko des Ideologievorwurfs. Gerade die Disziplin, die sich primär für Verkehr zuständig fühlt, verfolgt auch heute noch weitgehend einen positivistischen Ansatz, glaubt also, man könne Verkehr wertfrei planen. Das ist aber nach den Handbüchern und offiziellen Leitfäden heute anerkannterweise nicht mehr der Fall. Bis sich das unter Fachkollegen herumspricht, geschweige denn bei den Planern, dauert es allerdings oft sehr lange.

Wir haben gerade hier in Bayreuth die leidvolle Erfahrung mit einem Verkehrsentwicklungsplan gemacht, der sagt, das Minimum des Verkehrszuwachses bei ökologischer Verkehrsplanung seien dreißig Prozent mehr Autos, und der den vorhandenen Autoverkehr überhaupt nicht in Frage stellt. Während heute richtige Verkehrskonzepte fragen: «Was soll das Ziel des zukünftigen Verkehrs sein, und welche Maßnahmen müssen wir ergreifen, um das Ziel zu erreichen?»

Die unterschiedlichen Standpunkte der angewandten Wissenschaft hat die amerikanische Forscherin Anne Buttimer am Beispiel der Beobachtung eines Ruderboots veranschaulicht (Abbildung 5.1): Der Positivist guckt vom Ufer, was da draußen auf dem See läuft. Er begreift natürlich nicht, was die Leute im Boot machen. Die Frage ist: Müssen wir nicht auch als Wissenschaftler unsere Position im Boot einnehmen?

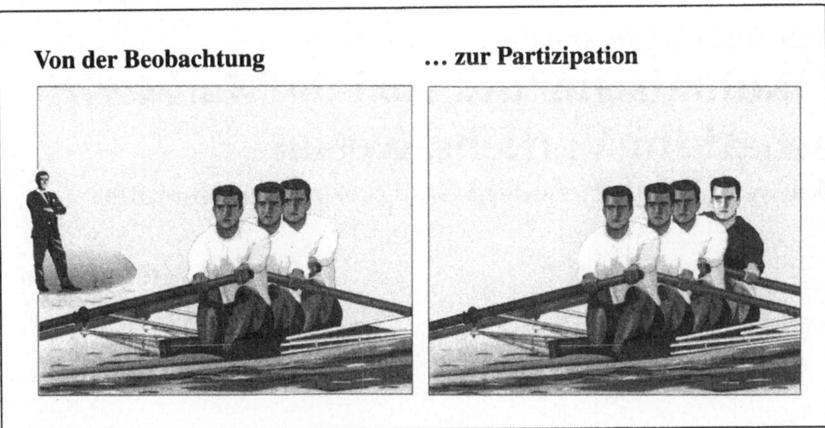

Abbildung 5.1: Von der Beobachtung zur Partizipation

Was natürlich wieder zu Schwierigkeiten führen kann, weil eventuell die notwendige Distanz für objektive Erkenntnisse fehlt. Das ist eine heikle Geschichte. Trotzdem ist es wichtig, sich die Frage zu stellen, wie weit man sich für seinen Untersuchungsgegenstand engagieren bzw. gesellschaftliche Aufgaben zum Untersuchungsgegenstand machen soll. Und es ist deshalb schön, daß wir Lehrbeauftragte wie Dr. Andreas Troge haben, die diese Brücke gut schlagen können.

Mobilität als Glücksspiel
Ökologische und soziale Marktwirtschaft im Verkehrswesen
Andreas Troge, Präsident des Umweltbundesamtes

> Wer Straßen und Parkplätze sät,
> wird Verkehr und Stau ernten.
> *Daniel Goeudevert*

Ich möchte ihnen heute einen kleinen Einblick in die Verkehrsdebatte und ein kleines Grundmuster als Orientierung geben.

Wenn wir an Mobilität denken, denken wir an Straßenverkehr. Das Thema Straßenverkehr ist so populär, weil es, ähnlich wie das Verpackungsthema, alltäglich von jedermann erlebt wird. In welcher Rolle auch immer: als Autofahrer, Fußgänger oder Radfahrer. Mobilität auf der Straße prägt unseren Lebensalltag, sobald wir den Fuß vor die Tür setzen. Wir erleben, daß nicht nur die Innenstadtstraßen mit Autos vollgestellt sind. Wir erleben auch, daß die zunehmende Motorisierung und die erhöhten Fahrleistungen der Vergangenheit immer häufiger das gesamte Verkehrsnetz überlasten.

Was wir vielfach nicht erkennen, das sind die Kosten, die die Umweltbelastungen durch den Verkehr hervorrufen. Ich will ihnen hier nicht alle Zahlen präsentieren; sie gehen in die Größenordnung von Milliarden. Schon der Lärm im Straßenverkehr verursacht Kosten in zweistelliger Milliardenhöhe pro Jahr, was man als untere Grenze der verkehrsbedingten Lärmkosten ansieht.

Ich will eines deutlich machen: Wenn wir etwas tun, verzichten wir auf etwas anderes. Und diese Verzichte sind die Kosten unseres Tuns, die Opportunitätskosten. Deshalb muß jeder, der sich bewegt, die Opportunitätskosten seines Tuns mit einrechnen, und ein Teil davon sind die Umweltkosten.

Wir erwarten, ausgehend von 1990, eine Zunahme des Pkw-Verkehrs (Fahrleistung) von 37 Prozent bis zum Jahr 2005 und eine 40prozentige Steigerung des Kfz-Verkehrs (Fahrleistung) – dies bei dem Ziel, die Kohlendioxidemissionen bis zum Jahr 2005 um 25 Prozent gegenüber 1990 zu senken. Nun ist es so, daß beim Kohlendioxid der Verkehr circa 20 Prozent zum nationalen Treibhauspotential beiträgt. Das ist nicht der größte Betrag; dieser steckt in unseren Gebäudeheizungen mit etwa 30 Prozent. Aber der Verkehr ist der einzige Bereich, der wächst, und zwar besonders dynamisch. Deshalb müssen wir, wenn wir noch rechtzeitig gegensteuern wollen, uns dem Verkehrswesen zuwenden.

Wenn wir nicht nur den Verkehrskollaps vermeiden wollen – der übrigens Mobilität zum Glücksspiel macht –, sondern auch die Umwelt lebenswert erhalten wollen, dann brauchen wir eine langfristig durchhaltbare Strategie hinsichtlich Umwelt und Verkehr. Sonst werden wir weitere Umweltbelastungen verursachen und die Verkehrswege zunehmend verstopfen. Das Ausweichen in die Fläche, also der Zubau von Infrastruktur, ist nur eine kurzfristige Lösung. Denn wenn ich heute zusätzlich eine Straße von A nach B baue oder eine Straße verbreitere, damit sie mehr Verkehr aufnimmt, dann ist die Rechtfertigung für diese Baumaßnahme, daß ich mehr Verkehr erwarte. Wenn ich aber mehr Straßen anbiete, wird die Erreichbarkeit der Orte A und B untereinander verbessert, und im nächsten Schritt wird der zusätzliche Verkehr auch auftreten, wenn die Straße nicht absolut abseits von Verkehrsbedürfnissen geplant ist. Gewissermaßen gilt: Weil die Straße verbreitert wurde, kommt man schneller zum Ziel. Aus diesem Grund benutzen wir sie aber auch eher.

Wir müssen in langfristigen Dimensionen denken. Denn was uns heute die Straße freimacht, könnte dazu beitragen, sie morgen mit zusätzlichem Verkehr zu verstopfen.

Verkehr und Freiheit

Im Verkehr liegen die Probleme anders, als wir es in der Umweltpolitik bisher gewohnt sind. Die Umweltpolitik hat sich bis vor wenigen Jahren hauptsächlich mit den großen Quellen von Schadstoffen befaßt (zum Beispiel den Elektrizitätswerken). Denken Sie an die Großfeuerungsanlagenverordnung oder an die Waldschadensdiskussion. Da hat man relativ wenige Unternehmen gehabt, die den größten Teil zum

Schadstoffauswurf beitrugen (hier Schwefeldioxid). Man hat eine Rechtsverordnung nach Bundesimmissionsschutzgesetz erlassen, und so konnte man innerhalb eines Jahrzehnts die Emissionen um achtzig Prozent reduzieren.

Im Verkehr sieht das anders aus. Da haben wir viele verschiedene kleine Quellen, über die in Deutschland tagtäglich in Millionen von Entscheidungen getrennt voneinander verfügt wird. Dies setzt eine ganz andere Regelungslogik voraus als der Zugang zu einem großen Elektrizitätsversorgungsunternehmen. Hinzu kommt, daß wir trotz Umweltschutz noch in einer freiheitlichen Gesellschaft leben und weiterhin leben wollen. Das muß man manchmal hinzufügen, weil nicht jedes Konzept von vornherein dem Grundgesetz Rechnung trägt. Das heißt, wir müssen Regelungen finden, die einer freiheitlichen Gesellschaftsordnung entsprechen. Das macht es aus meiner Sicht erforderlich,

- daß der Handlungsrahmen des einzelnen so gestaltet wird, daß er in der Regel beim kompromißhaften Ausgleich zwischen dem Nutzen und den Kosten der Mobilität auch Umweltschutzaspekte in Betracht zieht, also indirekt eine Sparwirkung für die Umwelt erreicht wird;
- daß gegenüber dem einzelnen willkürliche Zwangsmaßnahmen vermieden werden – willkürlich in dem Sinn, daß sie aus der Sache heraus nicht begründbar sind und zwischen ähnlich gelagerten Fällen diskriminieren. Denn wenn man diskriminiert, verliert man den Grundkonsens in einer freiheitlichen Gesellschaft, und dann ist eine solche Politik nicht umsetzbar.

Die Bürger müssen schon jetzt in groben Zügen wissen, wo es langgeht. Denn die Entscheidung über die Aufnahme einer Hypothek für ein Haus am Stadtrand, die heute fällt, muß in Kenntnis der zukünftig steigenden Verkehrskosten getroffen werden und nicht im Glauben, das Haus amortisiere sich, weil es so preiswert zu erreichen sei. Diejenigen, die heute oder in den nächsten zwei Jahren planen, ein Auto zu kaufen, sollten möglichst wissen, wie hoch die Mineralölsteuer in fünf und acht Jahren sein wird, damit sie heute nicht eine Fehlentscheidung fällen. Dies setzt aber auch voraus, daß sich die Politik an die heutigen Grundentscheidungen bindet, damit Orientierung gegeben ist.

Das Problem ist, daß wir, wenn wir über Umwelt und Verkehr diskutieren – ich will einmal einen Vergleich nehmen –, im Sandkasten sitzen, mit einem Teelöffelchen buddeln und dabei mit Freude am Erfolg Sand in bescheidenen Mengen bewegen. Aber die Verkehrswelle kommt gleichzeitig wie eine große Wanderdüne unaufhaltsam auf uns zu.

Wenn ich Ihnen jetzt zu den langfristigen Strategien etwas sage, dann werden Sie zu Recht fragen: «Kommt das nicht alles ein bißchen spät?» Deshalb will ich Ihnen eine Übergangsstrategie erläutern. Denn optimale Lösungen zu erhalten, dauert in einer freiheitlichen Wirtschaftsordnung wie der ökologischen und sozialen Marktwirtschaft relativ lange.

Wir brauchen für die langfristig durchhaltbare Strategie einige Grundsätze:

Kostenklarheit: Wenn jemand nicht weiß, was die Kosten seiner Handlung sind, dann wird er sich bei seiner Entscheidung auch nicht an diesen Kosten orientieren können. Das gilt besonders für den privaten Kraftfahrzeugverkehr. Die These ist: Jeder, der Mobilität ausübt, vor allem motorisierte Mobilität, sollte nutzungsproportional die Kosteninformation haben.

Kostenwahrheit: Die Kosten müßten wahr sein. Die Wahrheit ist aber ein wissenschaftlicher Begriff, der auch von der Wissenschaft nicht erreicht wird. Deshalb darf ich die Ansprüche etwas tiefer setzen. Das heißt im Grunde, daß wir eine Konvention brauchen über die Frage: «Was sind eigentlich die vollen Kosten?» Das sind die Kostenarten und die quantitativen Kostenschätzungen. Jeder soll die vollen Kosten seines Handelns berücksichtigen, und zwar sowohl der Anbieter als auch der Nachfrager von Verkehrsleistungen.

Im Flugverkehr, um dies einzuflechten, wird dies zukünftig bedeuten, daß wir mögliche ozonschädigende Stoffe oder treibhauswirksame Gase, die bei Nordatlantik- oder Transkontinentalflügen in kleiner Menge in großen Höhen ausgestoßen werden, in irgendeiner Weise berücksichtigen müssen.

Die Freiheit der Nachfrage und des Angebots: Man kann keine Umstrukturierung zugunsten weniger umweltverbrauchender Verkehrsträger machen, wenn die Menschen keine Alternative haben, auf die sie umsatteln können. Wenn ich sage umsatteln, dann kann das auch das Fahrrad sein oder das Zufußgehen. Heute ist für viele das Zufußgehen eine Illusion, wenn sie beispielsweise zum Landratsamt wollen oder zum Amtsarzt.

Warum? Weil wir uns auch bei öffentlichen Entscheidungen über die Konzentration von Ämtern lange Jahre hinweg aus der Fläche zurückgezogen haben und damit jenen Verkehr mit induzieren, den wir heute beklagen. Dies gilt übrigens auch für zentral an einem Ort liegende Universitäten mit einem großen Einzugsbereich. Man muß über Alternativen nachdenken. Das gilt auch für das Angebot. Der Monopolist ist der größte Ressourcenverschwender, und wir haben im Verkehrswesen noch sehr starke Regulierungen trotz Privatisierung der Bahn. Hier müssen Regulierungen abgebaut werden, damit auch tatsächlich Innovationen von neuen Anbietern in die Märkte kommen können. Denken Sie an das Elektroauto, das ich nicht generell begrüße, aber ich kann mir Nischenanwendungen im Zusammenhang mit dem öffentlichen Nahverkehr gut vorstellen.

Was kostet Mobilität für den einzelnen?

Für den Straßenverkehr kann man sich in langfristiger Perspektive ein erfolgversprechendes Verfahren vorstellen. Und zwar das sogenannte Road-Pricing, das eine Art Benutzungsgebühr darstellt. Sie wissen, daß Bundesverkehrsminister Wissmann dies für Autobahnen gegenwärtig untersuchen läßt. Die Stadt Stuttgart hat ein solches System probeweise eingeführt, wobei der einzelne noch nichts zahlen muß, was zu besonders anschaulichen Ergebnissen führen dürfte.

Ich möchte Ihnen den Grundgedanken, der hier nur beispielhaft für den Straßenverkehr umgesetzt worden ist, kurz erläutern: Man muß die Kosten wahrnehmen können – *Kostentransparenz*. Und dazu zählt zunächst einmal, daß die Kosten pro Kilometer, also fahrleistungsproportional, angezeigt werden. Wir haben uns daran gewöhnt, daß alles Fixkosten sind.

Ich möchte dazu ein Beispiel bringen, und zwar den Vergleich zwischen einem Autofahrer und einem Taxibenutzer. Wenn Sie das Auto nehmen, lassen Sie den Wagen an und fahren los. Die Fixkosten (Steuern, Versicherung) werden irgendwo vom Konto abgebucht. So entsteht der Effekt, daß man die Kosten seines Tuns nicht kennt. Wenn

Sie in ein Taxi steigen, tun Sie das mit einem gewissen Stolz, denn Sie können es sich leisten. Dieser Stolz geht relativ schnell verloren, wenn Sie nach zwei oder drei Minuten auf den Taxameter schauen. Diesen «Guckeffekt» in einem normalen Auto mit einem kleinen Display einzubauen wäre eine erzieherische Maßnahme, die wilde Geschichten, die sich so mancher ausdenkt, vielleicht gar nicht erforderlich macht. Nun sagen natürlich sofort Verkehrswissenschaftler, besonders Sicherheitsexperten: Die Autofahrer schauen die ganze Zeit darauf und fahren deshalb weniger konzentriert. Dies hat man auch gesagt, als es um das Ökometer zum Benzinsparen ging, aber die Kritiker hatten unrecht.

Wenn sie sich einmal vorstellen, wie ein solches System funktioniert – es geht nur um die Anzeige. Es geht nicht darum, den Bürger zusätzlich zu schröpfen, sondern darum, ihm die privaten Kosten, die er bereits trägt, zu visualisieren.

Nehmen Sie folgenden Fall: Ich steige morgens in ein Auto der Mittel- oder Kompaktklasse. Draußen sind es zwischen null und zehn Grad Celsius. Ich will mir mit dem Auto beim Kiosk in vielleicht 700 Metern Entfernung eine Zeitung für 1,80 Mark holen. Bevor ich den Zündschlüssel umdrehen kann, springt das Display an und signalisiert mir: Troge, 1,50 Mark für den Kaltstart! Dieser Preis ist nicht unrealistisch. Wenn Sie sich vergegenwärtigen, daß ein Automotor bei einem Kaltstart zwischen 0 und 10 Grad Celsius etwa den gleichen technischen Verschleiß hat wie bei einer Warmlaufstrecke von 250 bis 350 Kilometern, dann wissen Sie, was ein Kaltstart bedeutet. Es gibt Marktindizien dafür: Wenn ein Fahrzeug offensichtlich vor allem auf Kurzstrecken benutzt worden ist, etwa nur in der Stadt, dann werden Sie vermutlich einen geringeren Gebrauchtwagenpreis erlösen als bei einem Langstreckenfahrzeug mit gleicher Kilometerleistung.

Es stellen sich weitere Fragen. Zum Beispiel: Reicht eigentlich die Versicherungsdeckung für die Risiken, die wir für andere mit unserem Fahrzeug auslösen? Die Frage aufzuwerfen heißt, sie zu verneinen. Denn alles, was über die Deckungssummen der Autohaftpflichtversicherung hinausgeht, wird von den gesetzlichen Versicherungen, also im Invaliditätsfall von der Rentenversicherung bezahlt, so daß hier eine ganz andere Gruppe von Versicherten, in der viele gar kein Auto haben, für verkehrsbedingte Kosten mit geradesteht. Da könnte man sagen: Wir müssen die Autohaftpflichtversicherung erweitern zu einer Lebensversicherung in einer Größenordnung, daß eine Familie, deren Ernährer oder Ernährerin infolge eines Verkehrsunfalls zu Tode kommt, ein auskömmliches Leben haben kann entsprechend der vermutlichen Karriere des Opfers bei normaler Lebenserwartung. Dann wird Autofahren sehr teuer. Hier handelt es sich möglicherweise um versteckte Subventionen, die wir durch unterlassene Kostenzuteilung verursachen.

Des weiteren müssen wir die Straßenverkehrskosten berücksichtigen. Es gibt viele, die meinen, die Mineralölsteuer würde diese abdecken. Ich bin der Auffassung, dieses ist nicht Aufgabe der Mineralölsteuer. Die Straßenverkehrskosten einzelner Verkehrsträger, wie etwa die des Lkw, werden nicht gedeckt. Das hat damit zu tun, daß der Lkw mit 38 oder 40 Tonnen die Autobahn vollbeladen zehntausendfach stärker belastet und abnutzt als ein vollbeladener Pkw. Das heißt, hier gibt es auch Kostenunterschiede.

Was Mobilität die Gesellschaft kostet

Nächster Punkt sind die zusätzlichen Kosten für die Umweltbeeinträchtigungen. Externe Kosten des Umweltschutzes sind nicht aus dem Fenster heraus zu erkennen. Aber ob Lärm etwas Schönes oder etwas Schlechtes ist, besonders bis zu welchem Pegel, hängt sehr vom einzelnen ab. Und wir können nicht analytisch als Ökonomen sagen, das sind die externen Kosten, sondern hierzu bedarf es einer gesellschaftlichen, also auch einer politischen Konvention. Deshalb sind alle Kostenrechnungen, die Sie heute hören, hypothetisch. Wie zum Beispiel derart, daß man einfach annimmt, die Gesellschaft empfinde Lärm oberhalb von 65 Dezibel tagsüber als extreme Belästigung.

Die Botschaft ist also: Wenn wir Umweltschutz und Verkehr in einer sozialen und ökologischen Marktwirtschaft verbinden wollen, muß der Grundsatz gelten, daß jeder die vollen Kosten seiner Handlung zu tragen hat, einschließlich der Kosten für Umweltbelastung.

Ich will jetzt nicht auf die Quantifizierungsmöglichkeiten für externe Kosten eingehen. Es gibt viele Ansatzpunkte dafür, etwa die Rechtsprechung, die Gesetzgebung, aber auch den wissenschaftlichen Blick auf die Märkte. Ich möchte nur sagen, daß wir dieses Problem im politischen Alltag ständig lösen. Denn indem wir beispielsweise darüber debattieren, ab welcher Konzentration von Ozon in der Umgebungsluft es Fahrverbote für Nicht-Kat-Autos geben soll, fällen wir natürlich laufend Werturteile. Deshalb ist es auch möglich, daß wir Entscheidungen über externe Kosten treffen.

Es hat auf der Basis von Angaben vom Ende der achtziger Jahre eine Untersuchung der Planko GmbH im Auftrag der Deutschen Bahn gegeben zu dem Thema: Wie verhalten sich die externen Kosten der verschiedenen Verkehrsträger zueinander? Ich will hieraus nur die Größenordnung angeben von 37 bis 48 Milliarden Mark im Jahr für den gesamten landgebundenen Verkehr (also ohne Schiff und Flugzeug) für die alten Bundesländer. Es entfallen allein 95 Prozent auf den Straßenverkehr. Die reinen Umweltkosten würden beim Individualverkehr sechs bis sieben Mark je hundert Personenkilometer ausmachen, beim Straßengüterverkehr in der Größenordnung von vier bis fünf Mark pro Tonnenkilometer. Im Jahr 1993 wäre, wenn man das auf die damaligen Fahrleistungen und Verbräuche umlegt, eine Erhöhung der Mineralölsteuer um eine Mark pro Liter gerechtfertigt gewesen, allein unter dem Gesichtspunkt der Umweltkosten.

Ich habe eine neuere Untersuchung des Amtes, die noch nicht ganz fertig ist. Die aktualisierten Zahlen dieser Untersuchung kommen auf etwa 25 Pfennig Umwelt-, nicht gedeckte Unfall- und Verkehrsinfrastrukturkosten pro Kilometer im Schnitt für alle Kraftfahrzeuge. Daß heißt, darin liegt, wie man unschwer erkennt, politische Musik.

Nur wenn man den Nutzern von Verkehrsleistungen die vollen Kosten der Inanspruchnahme nutzungsproportional berechnet, können wir auf Dauer überhaupt hoffen, daß aus individueller Sicht vermeidbare Verkehrsleistungen unterbleiben und individuell gewünschte Verkehrsleistungen mit gesamtwirtschaftlich günstigen Verkehrsträgern abgewickelt werden. Nur dann!

Alle, die sagen, der Verkehr, der hier oder dort stattfindet, sei nicht notwendig, mögen das in wissenschaftlicher Neutralität und an der Universität sagen. Wenn man draußen erklärt, ein bestimmter Verkehr sei nicht notwendig, hat man sofort den Konflikt: Wer bestimmt denn, was notwendig ist? Die Antwort einer freiheitlichen Gesellschaft ist, daß die Leute es selbst bestimmen. Dann müssen wir ihnen aber die Kosten ihres Tuns nennen. Dann werden sich die Menschen geradezu wie die Eisenspäne am Magneten ausrichten und in ihren Köpfen den größten Teil des

Regelungsbedarfs übernehmen. Dieses Vertrauen in die Vernunft der Menschen haben wir beim Verkehr häufig verloren. Aber die letzte Mineralölsteuererhöhung 1994 hat im Personenverkehr zu einem Rückgang des Kraftstoffverbrauchs von 3,4 Prozent gegenüber 1993 geführt.

Wenn wir dieses Vertrauen haben, dann müssen wir es auch in den Staat setzen, und das ist manchmal schwierig, weil der Staat nicht nur eine einnehmende Funktion, sondern auch eine austeilende Funktion hat. Und das heißt zunächst einmal bei einem Staatssektoranteil von vierzig Prozent am Sozialprodukt, daß man die öffentlichen Einnahmen und Ausgaben durchforsten muß: Wo wird überall Umweltnutzung, speziell Verkehr, gefördert? Das gilt nicht nur für Deutschland. Wir können den Verkehrsteilnehmern nicht sagen: Ihr müßt die vollen Kosten eures Tuns auch im Verkehr tragen, aber dafür fördern wir euch.

Der nächste Schritt wäre also, daß man die offenen und die versteckten Subventionen abschafft. Warum muß beispielsweise der Steuersatz für Diesel so niedrig sein? Das hat sicher keine Umweltgründe. Im Einkommensteuerrecht beträgt die Kilometerpauschale derzeit siebzig Pfennig für die einfache Fahrt. Da müssen wir überlegen, was wir mit der Kilometerpauschale machen, denn hier wird der Verkehr im Grunde im vollen Umfang absetzbar. Ich bin der Auffassung, wir sollten die Kilometerpauschale durch eine Entfernungspauschale ersetzen, die sich an den Kosten des nächstbesten Verkehrsmittels des öffentlichen Personennahverkehrs (ÖPNV) für die gleiche Fahrstrecke orientiert. Das bedeutet aber auch, daß der autofahrende Arbeitnehmer, wenn es die Alternative ÖPNV nicht gibt, seine Kosten in voller Höhe absetzen können muß, zumindest für eine gewisse Zeit. Entscheidend ist nur, daß man mit dem Signal «Wir führen eine Entfernungspauschale ein und befristen die bisherige Kilometerpauschale» für die zukünftigen Häuslebauer und auch Unternehmen, die sich irgendwo ansiedeln, zeigt, daß sie nicht mehr für die ewige Zukunft auf einen preisgünstigen Verkehr hoffen können.

Wandel in kleinen Schritten

Ich komme jetzt zur Übergangsstrategie. Diese Ansätze müssen wesentlich bescheidener sein, weil der große Wurf – wie zum Beispiel

Road-Pricing an den wichtigsten Verkehrsadern und in den Ballungsräumen, bis alles funktioniert und wirklich Effekte bringt für die Umwelt (weniger fahren, weniger Emissionen) – sicher noch ein Jahrzehnt
auf sich warten läßt. Deshalb gehen wir zu bescheideneren Ansätzen
über, denn wir können dem Bürger nicht sagen: «Fahr nicht mit dem
Auto im ländlichen Raum, hoffe auf die Bahn in zehn Jahren.»

Wir können auch nicht sagen, daß wir die technischen Alternativen
alle haben wollen, wenn sie nicht angeboten werden, weil der Markt-
zutritt vielfach beschränkt ist. Also müssen wir die Märkte auf der
Angebotsseite öffnen. Und wenn wir verkehrsorientierte Abgaben einführen, dann muß man natürlich auch fragen: Wie sieht das steuerpo-
litisch aus, an welcher konkreten Stelle werden die Steuerzahler bei
anderen Staatseinnahmen entlastet? Das heißt: Nur zu fordern, den
Verkehr teurer zu machen, führt dazu, daß alles so bleibt, wie es ist.
Man muß auch Entlastungsvorschläge bringen, nicht ausgerechnet hinsichtlich der Mineralölsteuer, sondern vielleicht im Hinblick auf die
Einkommensteuer, vielleicht aber auch auf den Sozialtransfer bei denen, die keine Einkommensteuer bezahlen. Falsch ist es, nur den öffentlichen Verkehr zu subventionieren, weil damit alle subventioniert werden.

Was sind die Schritte, die eingeleitet werden müssen? Zunächst die
beliebten technischen Maßnahmen. Ich erinnere hier an den kürzlich
vom Umweltbundesamt geforderten Superkat, bei dem die Umsatzrate
bei Pkw für alle wesentlichen Luftschadstoffe etwa 98 Prozent beträgt.
Des weiteren gibt es zur Verringerung des Motorlärms die Kapselung,
dann für Motorräder Katalysatoren und ähnliches.

Das Problem ist hier allerdings wie beim Road-Pricing: Bis man die
sauberen Fahrzeuge im Bestand hat, vergehen angesichts der Lebens-
dauer von Pkw zehn Jahre. Wir haben 1986 beschlossen, den Katalysator einzuführen. Der Bestand an Dreiwegekatalysatoren nach US-Norm
liegt in Deutschland derzeit bei knapp unter sechzig Prozent. Und wir
sind der Zeit praktisch ein Jahrzehnt hinterher. Das heißt, daß Technik
allein nicht ausreicht, weil die Fahrleistungen bei immer längeren Wegstrecken schneller zunehmen, als die Technik es in vielen Gebieten
kompensieren kann.

Ein weiterer Punkt besteht darin, daß wir aus Umweltschutzgrün-
den eine höhere Haltbarkeit fordern im Sinn des Schutzes von Rohstof-

fen und Energie, die in den Fahrzeugen steckt. Also gibt es einen inneren Konflikt der Umweltschützer.

Übrigens existiert ein Stimulus, damit neue Techniken schneller eingesetzt werden. Das sind nicht nur Steuern, sondern zum Beispiel auch Zertifikatslösungen. Österreich hat uns das vorgemacht. Vor einigen Jahren gab es eine fürchterliche Diskussion zwischen Österreich und der EG. Die Österreicher haben erklärt: Wir machen den Brenner dicht, wenn ihr nicht schadstoff- und lärmarme Lkw einsetzt. Es gab ein Hin und Her, bis Österreich sagte: Wir führen ein Ökopunktesystem ein. Nun darf man von 6 Uhr morgens bis 22 Uhr abends mit einem Nutzfahrzeug über den Brenner fahren. Um die sehr teuren Ökopunkte nicht kaufen zu müssen, haben die Spediteure in Windeseile lärm- und schadstoffarme Lkw geordert und schnell in Dienst gestellt, weil sie sonst ihr Frachtgeschäft verloren hätten.

Übrigens waren das Lkw, von denen die Industrie noch wenige Monate zuvor gegenüber dem Umweltbundesamt behauptet hatte, sie seien Prototypen und noch gar nicht richtig serienreif. Man sieht, Märkte können manchmal sehr schnell reagieren, wenn sie vernünftige Signale bekommen.

Außerdem kann man technische Beschleunigungsmaßnahmen im ÖPNV durchführen, zum Beispiel die Ampelschaltung für Busse und Straßenbahnen verbessern. Warum haben diese Fahrzeuge nicht Vorrang? Warum werden sie nicht schneller, damit für jeden, der nicht glauben mag, daß die Durchschnittsgeschwindigkeit von Pkw in Innenstädten kaum dreißig Stundenkilometer überschreitet, ersichtlich wird, daß die öffentlichen Verkehrsmittel schneller als Autos sind, nur noch geschlagen von jüngeren Radfahrern? Die Verlagerung auf umweltfreundliche Verkehrsträger ist auch mit solchen attraktivitätssteigernden Maßnahmen zu fördern. Entscheidend ist hier wieder die Grundüberlegung: Wenn man eine neue Technik einführt, muß man diese gleich mit Benutzervorteilen verbinden. Das heißt beim österreichischen Beispiel, daß Lkw, die weniger umweltbelastend sind, auch ohne Ökopunkte fahren dürfen.

Es gibt weitere Stichworte, die ich hier nur erwähnen kann, wie etwa die Mineralölsteuer, solange wir noch kein Road-Pricing haben. «Da ich dem Staat etwas gebe, muß er auch eine Leistung für mich erbringen», argumentiert der ADAC. «Wir zahlen soundsoviel Mineralölsteuer, dafür muß der Staat die Straßen unterhalten und neue bauen.» Steuern sind Leistungen des Steuerpflichtigen ohne direkte Gegenleistung der Gebietskörperschaften. Das sollte man sich immer wieder vergegenwärtigen. Eine Diskussion nach dem Motto: «Was ist mein Staatsanteil? Den will ich wiederhaben» bekommen wir vielleicht in der Europäischen Union, aber nicht auf nationaler Ebene zwischen dem Steuerzahler und den Gebietskörperschaften.

Die Mineralölsteuer soll, wenn sie erhöht wird, zweckgebunden sein, um den Bürgern jene Alternativen an Verkehrsmitteln darzustellen, die er heute noch nicht hat. Ich denke hier nicht nur an das flache Land, ich denke auch an bessere Taktfrequenzen im ÖPNV, auch an eine Erneuerung der Wagenparks, teilweise an Verkleinerungen. Ich denke an den Bau von Radwegen und an mehr Sicherheit im ÖPNV.

Das sage ich in Kenntnis sozialpsychologischer Untersuchungen, wonach sich Menschen, obwohl es objektiv nicht so ist, im Auto vor kriminellen Übergriffen sicherer fühlen als in einer S-Bahn, in einer Straßenbahn oder in einem Bus. Da gibt es interessante Beobachtungen wie die, daß jemand, der in eine fast leere Straßenbahn kommt, hier nicht etwa zu dem Menschen hingeht, der bereits darin sitzt, sondern in einer ganz anderen Ecke Platz nimmt. Er sucht Distanz, wohingegen es auf einem Parkplatz genau umgekehrt ist. Da stehen die Autos nach Möglichkeit immer nebeneinander.

Ich will hiermit darauf hinweisen, daß man für den öffentlichen Nahverkehr so lange werben kann, wie man will; solange ein Kind dort zu Schaden kommt oder ältere Menschen, bleiben zunehmend auch die mittleren Jahrgänge aus diesen Verkehrsträgern weg. Es handelt sich aber um Einzelfälle. Sicherheit muß deutlich sichtbar sein, damit ein Sicherheitsgefühl vermittelt wird. Ich habe damit nicht behauptet, daß Überfälle auf Autos weniger häufig sind als in öffentlichen Verkehrsmitteln.

Wir brauchen in einer solchen Übergangsstrategie nicht nur eine befristete Subventionierung der Alternativen zum Auto, sondern auch die Mineralölsteuererhöhung, um eine Re-Dezentralisierung unserer Lebensfunktionen zu erreichen. Das heißt, die Versorgungsstrukturen dürfen nicht mehr abseits der Trabantenstädte aufgebaut werden, sondern verstreut in den Trabantenstädten. Und das Einwohnermeldeamt muß zu Fuß erreichbar sein, damit Personalausweis oder Paß nicht mehr in großen zentralisierten Meldestellen beantragt und abgeholt werden müssen.

Wir werden vor allem in den Innenstädten den Verkehr drastisch beruhigen müssen. Verkehrsberuhigung läuft heute so, daß man ein Konjunkturprogramm für Schildermaler macht. Man weist alle Tempo-30- und alle Spielzonen mit Schildern aus. Ich plädiere für den umgekehrten Weg. Lassen Sie uns doch alle Wohngebiete zu Tempo-30-Zonen erklären, und diejenigen Hauptverkehrsstraßen, auf denen man 50 Stundenkilometer fahren kann, schildern wir aus. Das wäre der Weg, der in die andere Richtung führt.

Allen, die sagen: «Road-Pricing ist des Teufels», muß ich erwidern: «Mitnichten.» Wer Road-Pricing verwechselt mit Telematik, wie es von der Automobilindustrie propagiert wird, muß eines sehen: Die Telematik verteilt den Verkehr nur in der Fläche. Die lastet keine Kosten an, sondern sagt nur: «Wie umfahre ich die ungewünschte Immobilität, nämlich den Stau?» Das hat einen Vorteil, denn wenn Sie den Verkehr in der Fläche verteilen, haben Sie zwar wahrscheinlich nicht weniger Emissionen, aber Sie haben weniger Ansprüche an zusätzliche Verkehrsflächen, weil das Netz besser ausgelastet wird.

Nur, ich sage ganz freimütig: Die Telematik ist für die Umweltpolitik nur auf Dauer interessant, wenn man darüber nutzungsproportional die Preise kassieren kann, die für Straße und Umwelt zu bezahlen sind. Beim Road-Pricing ist das Interessante – im Gegensatz zur Mineralölsteuer, deshalb ist diese nur eine Krücke –, daß die Preise für die Straßenbenutzung zeitabhängig festgesetzt werden können, nämlich im Hinblick auf die Auslastung der Straße. So ist es auch auf den Märkten: Wenn etwas besonders knapp ist, dann kostet es ein bißchen mehr. Wir verzichten auf unsere Nachfrage, wenn es uns zu teuer wird.

Neue Konzepte in der Stadt

Mit dieser Diskussion treten wir eine kleine Lawine los, die sich nicht nur auf den Verkehr beschränkt. Zunächst entsteht durch das Road-Pricing-System etwas, das wir bis jetzt noch nicht haben, nämlich ein starker Anreiz, Verkehrsdienstleistungen gar nicht erst zu beanspruchen. Das bedeutet aber auch, daß man den öffentlichen Nahverkehr nicht ewig subventionieren kann und vor allen Dingen nicht sollte! Denn auch das Achsenkonzept – nur dort, wo ÖPNV schon existiert oder hingeführt werden soll, werden neue Siedlungsflächen ausgewiesen – erzeugt mehr Verkehr, wenn wir ihn zu billig machen.

Das beste Beispiel dafür ist Berlin. Dort kann man für 3,70 Mark durch die ganze Stadt fahren. Das hat zur Folge, und das sind empirische Daten, daß im Speckgürtel von Berlin ein hochwertiges Konsumangebot kaum entsteht. Das gibt es nur in der Stadt. Sie finden am Rand keine Boutiquen mit gehobenem Anspruch. Um solche Boutiquen aufzusuchen, müssen Sie in die Stadt fahren. Das ist billig und spart Zeit. Dies bewirkt aber, daß wir wesentlich mehr Waren in die City von Berlin hineinbringen müssen, wie mir das Güternahverkehrsgewerbe berichtet. Um das Stadtzentrum mit Waren zu versorgen, werden am Rand Berlins jetzt drei Güterverkehrszentren gebaut, die Fläche, Autobahn- und nach Möglichkeit auch Kanalanschlüsse brauchen. Wir merken plötzlich, daß wir durch relativ kleine Fehlsteuerungen und Subventionen ein ganzes Rad mit in Bewegung halten.

Gebühren mit vernünftiger Kostenzurechnung sind für das Verkehrswesen etwas ganz Neues. Daran wird man sich nur mühsam gewöhnen.

Umweltpolitisch gesehen, können wir die Emissionsminderungsziele im Verkehr nicht allein durch Technik erreichen, sondern nur durch zusätzliche verhaltensbeeinflussende Maßnahmen.

Raumordnungspolitisch gesehen, bekommt man so etwas Luft, um tatsächlich zusammenhängende Freiräume zu planen, weil der Druck auf die Landratsämter und sonstigen Kommunalbehörden, überall Hypothekenhügel auszuweisen, nachlassen wird, da die Leute preiswert bauen und den Wohnort billig erreichen können.

Wirtschaftspolitisch gesehen, paßt die Deregulierung im Verkehr in eine soziale Marktwirtschaft, besonders der direkte Subventionsabbau, aber auch der indirekte über die Anlastung der Umweltkosten

Sozialpolitisch gesehen, werden wir enorme Rationalisierungseffekte erzielen, wenn wir nicht mehr die Nutzung des Autos durch unterlassene Kostenzuordnung subventionieren, sondern wirklich bedürftige Personen unterstützen. Sonst erreichen wir über Preissubventionierung lediglich Mitnahmeeffekte, das heißt, auch nicht bedürftige Personen kommen in den Genuß des vergünstigten Angebots.

Arbeitsmarktpolitisch gesehen, ergeben sich für die Festlegung von Arbeitszeiten neue Perspektiven. Stellen Sie sich bitte vor, es gibt ein Road-Pricing und zur Rush-hour kostet die Fahrt viel. Man wird erleben, daß sich die Betriebsräte für flexible Arbeitszeiten in Unternehmen einsetzen. Das bedeutet aber auch, daß das bequeme Leben, wie es sich manche heute machen, nicht mehr möglich sein wird. Es kann nicht sein, daß Sie als Spediteur morgens zwischen 6 und 8 Uhr 30 in der Fabrik Ware laden und sie zwischen 12 und 15 Uhr 30 beim Empfänger abliefern müssen. Dann haben Sie nämlich nur die Zeitspanne von wenigen Stunden, um die Ware abzuholen und abzugeben, und das verursacht Verkehrsstaus. Das heißt, daß sich die Annahme- und Abgabezeiten ändern müssen und daß dadurch auch mehr Flexibilität in die Arbeitszeitgestaltung kommt.

Finanzpolitisch gesehen, bedeuten die neuen Abgaben, daß es keine mehr oder minder willkürlich empfundene Drehung an der Mineralölsteuerschraube gibt, sondern ein Gebührenregime, das substantielle Kriterien hat und nach Möglichkeit auch von einem unabhängigen Sachverständigengremium bestimmt werden sollte, so daß der Bürger nicht den Eindruck haben muß, ihm werde dauernd in die Tasche gegriffen, ohne Staatsleistungen dafür zu erhalten.

Das Szenario, das ich hier zum Thema Verkehr und Umwelt entworfen habe, steht eigentlich unter dem Motto: Statt uns von Einzelintervention zu Einzelintervention zu hangeln, orientieren wir uns auf ein Gesamtkonzept, und dann versuchen wir, die Einzelmaßnahmen darin einzuordnen.

Wichtig ist, daß der Bürger darüber informiert wird, daß das Wachstum der Mobilität in Zukunft für ihn nicht mehr möglich ist. Denn was nutzt mir der schönste Straßenbau, wenn die Emissionen des Kraftfahrzeugverkehrs zu einem Ozonfahrverbot führen? Wenn wir sehr viel mit Katalysatorautos fahren und deren Bestand weiter zunimmt, dann prognostiziere ich das für die nächste Zeit – es braucht bloß genug Sonne und Wärme. Wir haben in unserer Atmosphäre so viele leichtflüchtige Kohlenwasserstoffe und Stickoxide, daß bei genügend Sonnenschein Ozon entsteht, so daß Fahrverbote oder zumindest Geschwindigkeitsbeschränkungen drohen.

Diskussion

Frage: Und was ist mit dem Transitverkehr?

Troge: Das ist ein wichtiges Problem. Ob es EG-rechtlich zulässig ist, jemanden zu zwingen, sein Auto stehenzulassen, ist strittig. Beim Wintersmog galt die Fahrbeschränkung für Inländer und Ausländer gleichermaßen. Das heißt, wir haben einen Fall, wo dies tatsächlich schon angewendet wurde. Außerdem muß man sehen, daß die Diskussion vermutlich vor den Europäischen Gerichtshof getragen werden wird; um dies abzuwenden, dürften andere Länder eher bereit sein, auch so etwas zu tun wie wir. Und damit hätten wir die Vorläufersubstanzen für Ozon verringert.

Ich will bei dieser Frage noch eines anmerken. Jeder weiß, wie sich Ozon bildet: nicht in der Stratosphäre dort oben, sondern in der Troposphäre hier unten in bis zu fünf Kilometern Höhe. Ozon bildet sich aus zwei Substanzen, wenn hinreichend Wärme und Sonne da sind. Das sind einmal die Stickoxide und zum anderen die leichtflüchtigen organischen Verbindungen (Kohlenwasserstoffe ohne Methan). Wenn Stickoxide und Kohlenwasserstoffe zusammenkommen unter Sonneneinstrahlung und Wärme, dann entsteht in einem sehr komplizierten Prozeß Ozon, wobei die Innenstädte aufgrund dieser luftchemischen Zusammenhänge bei starker Emission weniger Ozon aufweisen als die Wohngebiete in der Nachbarschaft, wo die hohen Werte gemessen werden. Der Verkehr ist mit etwa 67 Prozent an den Stickoxidemissionen beteiligt und mit etwa 40 Prozent an den leichtflüchtigen Kohlenwasserstoffen. Deshalb ist der Ansatzpunkt Verkehr von zentraler Bedeutung.

Frage: Wie sieht es bei der Flugbenzinsteuer aus?

Troge: Sie wissen, Umweltministerin Angela Merkel hat sich darum bemüht, die Steuerbefreiung für Flugbenzin wie Kerosin auf mittlere Sicht aufzuheben. Dabei hat sich herausgestellt, daß international die Bereitschaft hierfür noch nicht gegeben ist. Zumindest in der EU müßte das besprochen werden. Das dauert gewöhnlich lange. Und dann müßte zwischen den Staaten verhandelt werden. Das dauert eine geraume Zeit, aber es gilt der Grundsatz: Was lange dauert, muß man früh anfangen.

Ich sehe es nicht ein, daß hier erhebliche Einnahmen für den Staat verlorengehen. Ich sage das auch ein bißchen aus dem politischen

Blickwinkel, weil wir im Rahmen der Vertragsstaatenkonferenz von Rio zu den weniger entwickelten Ländern gehen und erklären: «Unterlaßt doch eure Energiesubventionen, die zum Kohlendioxidausstoß führen.» Und natürlich erwidern Vertreter der weniger entwickelten Länder uns: «Was macht Ihr denn etwa beim Flugverkehr?» Genau das ist der Punkt. Also, die Frage steht auf der Liste, aber ich mache da keine Hoffnung, daß das sehr schnell geht, weil die internationale Bereitschaft hierzu noch sehr gering ist.

Frage: Die Maßnahmen, die Sie genannt haben, haben weitreichende Konsequenzen. Ist das Ganze ein Nullsummenspiel? Wie schnell können solche Maßnahmen international durchgesetzt werden?

Troge: Das ist ein Grundproblem. Ich kann nur sagen, wenn wir warten würden, bis es alle machen, hätten wir heute noch keinen Dreiwegekatalysator, noch keine entschwefelten Kraftwerke und in zehn Jahren etwas weniger Wald und etwas weniger gesunde Menschen als heute. Das kann es nicht sein.

Aber Sie sprechen einen Punkt an, der häufig übersehen wird. Wir denken jeder im eigenen Kästchen; da sind der Raumordnungs-, der Energie-, der Wirtschafts- und der Umweltpolitiker, jeder rührt in seiner Schüssel seinen Brei, und nichts paßt zusammen. Wenn wir aus dringenden Gründen in Deutschland und zukünftig, aber auch schon aktuell in Europa die Umwelt besser schützen, werden wir vermutlich auf einer anderen Seite Abstriche machen müssen, wenn wir den Wirtschaftsstandort halten wollen. Die andere Seite heißt für mich Sozialpolitik, und zwar aus dem einfachen Grund: Wir wollen alle eine saubere Natur haben. Aber der aktuelle Einkommens- und Vermögensstatus, der traditionelle Wohlstand soll zu jedem Zeitpunkt dieses Anpassungsprozesses mindestens so sein wie heute. Das definieren wir als sozialadäquat. Wenn Immobilität aufgrund hoher Verkehrsbelastungen überall vorherrscht, werden wir nicht nur beim Umweltschutz verlieren, sondern trotz – oder besser: wegen – unterlassenen Umweltschutzes an Standortqualität verlieren.

Frage: Es gibt meiner Ansicht nach noch eine dritte Möglichkeit, die Kosten so aufzufangen, daß man auch nach außen hin auf einer Ebene bleibt. Man könnte Zölle einführen, wenn die eigenen Kosten steigen. Sie sagen, was von außen kommt und unsere Umweltstandards negiert, ist eine versteckte Subvention. Wer zum Beispiel im Ausland unter Mißachtung von Umweltstan-

dards seine Waren produziert, tut nichts anderes, als auf Kosten der Umwelt zu subventionieren und herzustellen. Solche Güter lassen wir bei uns nicht rein. Wie stehen Sie zu dieser These?

Troge: Das ist der schnellste Weg zur vollständigen Verarmung. Bis dahin, daß wir in eine Situation kommen wie die «Least developed countries»; bei diesen ist nämlich die armutsbedingte Übernutzung der Natur die Ursache für die Umweltbelastung und nicht die wohlstandsbedingte. Aus einem einfachen Grund: Wenn Sie die internationale Arbeitsteilung weitgehend einschränken, fallen Sie in die Zeit des Mittelalters zurück, weil Sie die Kostenvorteile, die verschiedenen Fähigkeiten, die über die Welt verteilt sind, nicht nutzen können. Das ist Schutzpolitik.

Das ist übrigens ein Phänomen, das Sie vor fünf Jahren beobachten konnten. Die sozialistische Welt ist an dem mangelnden Austausch ihrer Leistungen eingegangen. Ich bin der Überzeugung, daß das kein Weg sein kann.

Was wir machen können, ist, daß wir an die Produkte, die zu uns hereinkommen, bestimmte Eigenschaftsforderungen stellen, was den Umweltschutz angeht. Bei den Produktionsverfahren geht das nicht, und aus diesem Grund werden wir nur durch eine Mischstrategie etwas erreichen, nämlich indem wir den Ländern, von denen wir etwas fordern, auch etwas geben, wie zum Beispiel vernünftige Kaufpreise für ihre Erzeugnisse. Wenn wir dagegen die Grenze dichtmachen für Waren, die uns nach unserer Umwelteinschätzung nicht behagen, hören wir den Vorwurf: «Ihr entwickelten Länder macht doch mit uns Ökoprotektionismus. Ihr sagt, wir sollen umweltsauber sein, und laßt deshalb unsere Erzeugnisse zu euch nicht herein.» Solche Schutzpolitik läßt sich nicht durchsetzen.

Frage: Sie sagen, daß internationale Arbeitsteilung notwendig ist. Steht das nicht im Widerspruch zu dem, was Sie davor erklärt haben? Kommt es nicht zu internationaler Arbeitsteilung infolge der geringen Kosten im Transport? Wenn die Kosten für Transporte ihren Auswirkungen entsprechen würden, dann würden wir doch gar nicht mehr soviel hin und her transportieren.

Troge: Sie haben recht mit Ihrer Diagnose. Ich habe Ihre These so verstanden, daß wir die Grenzen dichtmachen sollen. Aber Zölle sind verboten im Rahmen des Handelsabkommens GATT. Was wir machen können als Industrieländer, ist, daß wir beim Verkehr ansetzen, weil es hier Gremien für internationale Vereinbarungen gibt. Es gibt dagegen keine internationalen Gremien, die uns Zölle erlauben würden, und wenn es sie gäbe, würden wir die Produktivitätsvorteile internationaler Arbeitsteilung nicht nutzen.

Auf der anderen Seite stimme ich Ihnen zu, daß wir die externen Umweltkosten auch im Ausland vermeiden oder, wenn wir es nicht tun, wenigstens im Preissystem berücksichtigen müssen. Vermeiden können wir externe Umweltkosten aber nur, indem wir Abkommen mit Ländern schließen, und dies kostet eine Menge, besonders bei ärmeren Staaten. Wenn wir von Entwicklungsländern verlangen, daß sie die neuesten Kraftwerkssteuerungstechniken einkaufen, müssen wir ihnen Geld geben. So können wir dort externe Kosten des Umweltschutzes vermeiden. Das setzt wiederum voraus, daß diese Länder Umweltschäden genauso einschätzen wie wir.

Ich sehe den einzigen Weg in solchen Abkommen und nicht im Ausschluß. Kein anderes Land hat einen so großen Marktanteil in Deutschland, daß es nicht mittelfristig auf andere Märkte ausweichen könnte.

Frage: Wie entkräften Sie das Argument: «Dann können nur noch die Reichen die Umwelt verschmutzen, denn die Armen können es sich nicht mehr leisten?»

Troge: Zum ersten ist das immer ein Argument, denn jede Veränderung ist ein Argument. Es ist tatsächlich so, die Armen fahren in Schrottkisten. Das ist auch eine Sicherheitsfrage. Die Gesundheits- und Ernährungslage ist nicht weniger eine Frage des Einkommens, und dies gilt natürlich ebenso für Umweltkosten. Nur muß man das sehen: Die Umweltkosten, die Belastungen sind keine Fiktion.

Umweltzerstörungen betreffen schwerpunktmäßig jene Menschen, die nicht in den schmucken, verkehrsberuhigten Wohnquartieren mit eigener Polizeistation leben. Die unteren Einkommensschichten haben in der Regel kein Auto. Obwohl die meisten Sozialhilfeempfänger ein Auto fahren. Da muß man sich fragen: Gehört ein Auto zum menschenwürdigen Leben?

Wenn der Staat das garantieren will, befinden wir uns in einer zementierten Gesellschaft, in der wir nicht nur die Umweltherausforderungen nicht bewältigen, sondern auch die Frage der Sicherung des Wirtschaftsstandorts nicht lösen werden.

Die Bahn zwischen Ökonomie und Ökologie

Heinz Dürr, Vorstandsvorsitzender der Deutschen Bahn AG

> Mobilität heißt Beweglichkeit,
> Lebendigkeit, Wandel.
> *Frederic Vester*

Die Liberalisierung des europäischen Markts sowie die Öffnung Europas nach Osten haben den Verkehr rasant wachsen lassen und werden dies auch weiterhin tun. Die Europäische Kommission rechnet mit einer Verkehrszunahme um bis zu annähernd fünfzig Prozent bis zum Jahr 2005. Was dies für die Verhältnisse auf den Straßen und für die Umwelt bedeutet, läßt sich denken.

Für die Verkehrspolitiker dieses Landes stand daher schon recht früh fest, daß der zu erwartende Verkehrszuwachs in größerem Maß umweltverträglicher abzuwickeln sei, als dies der Fall war. Der Bahn dachten sie hierbei eine besondere Rolle zu. Sie waren sich schon im klaren darüber, daß die Bahn diesen Part nur übernehmen könnte, wenn sie umstrukturiert werden würde. Die Bahn mußte rechtlich und organisatorisch so gestellt werden, daß sie sich in einem überwiegend privatwirtschaftlich organisierten Markt behaupten konnte.

Mit der Bahnreform vom 1. Januar 1994 wurde die Bahn von einer Behörde in eine Aktiengesellschaft umgewandelt. Getreu der Absicht, die Bahn stärker am Verkehrszuwachs teilhaben zu lassen, lautet denn auch eines der Hauptziele der Bahnreform: mehr Verkehr auf die Schiene. Die weitere wesentliche Zielsetzung ergibt sich aus der neuen Rechtsform der Bahn als Aktiengesellschaft: Die Bahn muß ökonomisch erfolgreich sein.

Der Vorstand der Deutschen Bahn AG definiert seine Aufgabenstellung daher folgerichtig so: Die gesellschaftliche Veranstaltung «Unternehmen» ist so zu führen, daß die Einnahmen größer sind als die Ausgaben, und dies über einen längeren Zeitraum gesehen. Dann wird das Unternehmen den ihm gestellten Aufgaben gerecht, Güter und Dienstleistungen für die Gesellschaft zu erzeugen, Arbeitsplätze zu sichern und für die Verzinsung des eingesetzten Kapitals zu sorgen.

Die Bahn hat das erste Jahr als privatwirtschaftliches Unternehmen DB AG erfolgreich im Sinn der beiden oben genannten Ziele abgeschlossen. Sie hat 1994 bei den Verkehrsleistungen zugelegt und ein positives Betriebsergebnis von 89 Millionen Mark zu Buche stehen. Für 1995 wird erwartet, daß das Betriebsergebnis noch darüber liegen wird.

Unternehmerisches Handeln hat aber nicht nur eine ökonomische Seite. Heute müssen wir die gesellschaftliche Veranstaltung «Unternehmen» um das Ziel des ökologischen Erfolgs erweitern. Denn letztlich führt ökologischer Erfolg auch zu ökonomischem Erfolg, wenn nämlich das Einsparpotential knapper Ressourcen konsequent genutzt wird – sprich: wenn mit weniger Einsatz mehr Leistung erbracht wird.

So wird mit dem Energiesparprogramm 2005 im Zeitraum von 1995 bis 2005 eine Reduktion des spezifischen Energieverbrauchs der Züge um 25 Prozent angestrebt. Damit verbunden ist eine bevorstehende Umwälzung des Fahrzeugparks der DB AG: schwere Loks nur noch vor schweren Zügen, aber leichte, verbrauchsarme Triebwagen im Personenverkehr – dies steht künftig vor dem Prinzip der universellen Einsetzbarkeit, das bisher vorherrschte und nicht mehr zukunftsfähig ist. Auch in den stationären Prozessen soll Energie gespart werden: ebenfalls 25 Prozent. Damit werden nicht nur Kosten im Unternehmen gesenkt, sondern es wird auch ein wichtiger Beitrag zum CO_2-Reduktionsziel der Bundesregierung geleistet.

Im Personenverkehr gilt: Jeder Kunde in unseren Zügen sitzt nicht im Auto oder im Flugzeug. Die Beeinflussung der Verkehrsmittelwahl zugunsten der Bahn durch attraktive Angebote und Produkte ist ein Erfolg für das Unternehmen Deutsche Bahn AG und für die Umwelt. Neue Qualitätsprodukte vom ICE bis zur Regionalbahn haben einen Imagewandel bewirkt. Die Einführung des Angebots «Schönes-Wochenende-Ticket» hat der Bahn zu einer ungeahnten Popularität verholfen. Die Bahn ist wieder «in» – nicht nur dank des schnellen ICE, sondern sogar auch in einem Segment, das vor zehn Jahren noch totgeglaubt war: dem Nahverkehr! Gerade beim weiter ansteigenden Freizeitverkehr wurden spürbare Verlagerungseffekte auf die umweltfreundlichere Art zu reisen erzielt.

Ferner werden Maßnahmen ergriffen, um die Leistungsfähigkeit im Netz zu erhöhen. Mehr Kapazität auf vorhandenen und bereits voll ausgelasteten Magistralen zu schaffen, heißt, ohne aufwendige Neubaumaßnahmen mehr Gütertransporte von der Straße auf die Schiene verlagern zu können:

- Mit dem Projekt «Netz 21» ist eine leistungsbezogene Klassifizierung des DB-AG-Netzes vorgesehen. Auf Magistralen, dem Leistungsnetz, sollen der Güter- und hochwertige Personenverkehr entmischt werden, um durch die Angleichung der Zuggeschwindigkeiten eine höhere Kapazität der Strecke zu erreichen.
- «Computer Integrated Railroading zur Erhöhung des Leistungsfähigkeit im Kernnetz» (CIR-ELKE) soll das Fahren auf «elektronische Sicht» statt, wie bisher üblich, mittels ortsfester Signale ermöglichen. Folge: deutlich weniger energieaufwendige Brems- und Wiederbeschleunigungsmanöver.

Die konsequente Nutzbarmachung technischer Innovation für das System Eisenbahn hilft, die umweltfreundliche Güterbahn flexibler und somit für Verlader attraktiver zu machen:

- Über Satellit ferngesteuerte selbstfahrende Gütereinheiten sind eine realistische Vision. Sie können das Transportangebot vor allem in der Fläche, wo heute der Lkw dominiert, wirkungsvoll ergänzen.

Daß dieses Bekenntnis zur Technik auch den Vorstellungen des neuen Berichts «Faktor vier» an den Club of Rome entspricht, zeigt die Zukunftsfähigkeit des von der DB AG eingeschlagenen Wegs. «Faktor vier» könnte auf die Bahn übersetzt bedeuten: die Nutzung der Züge verdoppeln und den Ressourceneinsatz halbieren. Dies – fast genau – entspricht den strategischen Zielen der Deutschen Bahn AG.

Einführung in den Vortrag von Frank Matthias Ludwig
Wo blieb da die Bundesbahn?
Andreas Remer, Lehrstuhl für Organisation und
Management, Universität Bayreuth

Vor fünf Jahren hatten wir hier einen Kongreß zum Thema «Ökologie
– Modethema oder Notstand?» ausgerichtet. Das war gewissermaßen
auch die Geburtsstunde der BAYREUTHER INITIATIVE. Damals hat Heinz
Dürr, der zu dieser Zeit noch Vorstand bei AEG war, hier gesprochen.
Er hat unsere Idee der Wirtschaftsökologie sehr nachhaltig aus der Sicht
der Industrie unterstützt. Dieser Kongreß war der Beginn eines langen
und zähen, aber leider bisher vergeblichen Kampfes um eine zukunfts-
weisende hochschulpolitische Entscheidung: die Einrichtung eines
Lehrstuhls für Betriebsökologie. Auch der jetzige bayerische Umweltminister, Dr. Thomas Goppel, damals noch Staatssekretär im Kultus-
ministerium, hat sich damals unserer Forderungen sehr angenommen.
Er hat seinerseits einige Bedingungen gestellt, die heute allesamt erfüllt
sind. Es ist aber gleichwohl bis heute leider nichts geschehen. Das gibt
zu denken – zumal andere Bundesländer und andere Staaten, wie die
Schweiz und Österreich, längst die Zeichen der Zeit erkannt haben und
zumindest an einer Landesuniversität einen entsprechenden Lehrstuhl
eingerichtet haben.

Mit Herrn Dr. Ludwig haben wir einen sehr kompetenten Referenten gewonnen, den ich Ihnen jetzt kurz vorstellen darf. Er ist in
München geboren und hat zunächst eine Ausbildung zum Industriekaufmann bei der Firma Siemens erhalten. Das macht ihn vertrauens-
würdig. Noch vertrauenswürdiger macht ihn sein rechtswissenschaft-
liches Studium an der Universität München. Er war dann Trainee
in der Unternehmensplanung bei Siemens und später wissenschaftlicher Mitarbeiter. Seine Promotion hat er 1992 in Speyer abgeschlossen, und er ist heute Leiter der Verkehrs- und Konzernpolitik im
Vorstandsbereich Konzernentwicklung der Zentrale der Deutschen
Bahn AG.

Damals, auf unserem Kongreß, hatte Herr Dürr folgendes gesagt:
«Ein Beispiel für ökologische Komplettlösungen ist das integrierte Ver-

kehrssystem, an dem wir bei Daimler-Benz arbeiten. Wir werden am
Beispiel unserer Hauptstadt Berlin ein Projekt vorstellen, in dem die
verschiedenen Stärken der jeweiligen Verkehrsmittel zu einer umweltfreundlichen Gesamtlösung zusammengefaßt sind. Um diese sehr
große Umweltaufgabe optimal zu lösen, bündeln wir das ökologische
Know-how und das Systemwissen von Mercedes, der AEG und der
Deutschen Aerospace.» Die Frage ist: Wo blieb da die Bundesbahn?

Unternehmerische «Denke» zieht ein

Deutsche Bahn – der umweltbewußte Verkehrsträger?

Frank Matthias Ludwig, Leiter Verkehrs- und
Konzernpolitik der Deutschen Bahn AG

> Ich habe entdeckt, daß alles Unglück der Menschen
> von einem einzigen herkommt: daß sie es nämlich
> nicht verstehen, in Ruhe in einem Zimmer zu bleiben.
> *Blaise Pascal*

Fie Bahn ist dann ökologisch, wenn sie wirtschaftlich effizient ist. Wirtschaftliche Effizienz und Ökologie sind kein Gegensatz, sondern bedingen sich gegenseitig.

Weil das heutige Thema auch europäisch angelegt ist, möchte ich zunächst auf einige Punkte hinweisen, die für das Verständnis der Bahnpolitik in Europa notwendig sind.

Wenn wir von wirtschaftlich und ökologisch effizienten Bahnen sprechen wollen, dann ist die Voraussetzung dafür, daß wir es auch wirklich mit Unternehmen zu tun haben. Die Debatte um die Reform der deutschen Eisenbahn lief bereits seit den fünfziger Jahren. Wir haben nach dem Krieg sechzehn Reformvorschläge erlebt, die alle nicht umgesetzt worden sind. Und deswegen war es erfreulich, daß man sich auf europäischer Ebene endlich dieser Thematik angenommen hat.

Die Deregulierung im Verkehrswesen in Europa hat einen besonderen Stellenwert, und die EG-Richtlinie 91/440 aus dem Jahr 1991 war der Meilenstein in Europa für die weitere Entwicklung der Bahnen. Schließlich wird die deutsche Verkehrspolitik zu einem erheblichen Teil von Europa bestimmt. Aber diese Richtlinie betrifft nicht nur die Bahnreform in Deutschland, sondern auch alle anderen europäischen Bahnen. Das heißt, vergleichbare Entwicklungen, wie sie sich heute in Deutschland vollziehen, werden Sie auch in anderen Ländern Europas, mit unterschiedlichen Nuancen, vorfinden.

Was hat der EU-Verkehrsministerrat 1991 beschlossen? An vorderster Stelle steht die unternehmerische Autonomie der Bahnen. Alle

Bahnen Europas sind bzw. waren mehr oder weniger Teil der jeweiligen Staatsverwaltung. Dies galt besonders für die damalige Deutsche Bundesbahn und die Deutsche Reichsbahn. Die Bahnen waren Behörden, während alle Konkurrenten als privatwirtschaftliche Unternehmen flexibel agieren konnten. Oftmals wurde in der Vergangenheit in Planungs- und Abstimmungsgesprächen mit den Aufsichtsbehörden und Ministerien soviel Zeit verbracht, daß am Ende die Marktchance für die Bahn verspielt war.

Ein weiterer wichtiger Aspekt für die Zukunft der Bahnen Europas ist deren finanzielle Gesundung. Gerade dieser Punkt spielt angesichts der Diskussion um die Finanzierung der Bahnreform in Deutschland eine ganz entscheidende Rolle. Die Deutsche Bundesbahn und die Deutsche Reichsbahn hatten nach dem Krieg circa 66 Milliarden Mark Schulden angehäuft. Diese konnten natürlich nicht die Basis sein für einen Start in die Zukunft als Bahnunternehmen Deutsche Bahn AG, so daß im Zuge der Bahnreform in Deutschland eine weitgehende Entschuldung erforderlich wurde. Die anderen Bahnen in Europa befanden bzw. befinden sich bis heute in einer ähnlichen Situation.

Ein weiterer, ganz wesentlicher Punkt der EU-Richtlinie 91/440 ist die Trennung von Fahrweg und Betrieb. Das heißt, die Bahnen sind in Zukunft in Europa nicht mehr unbedingt als vollintegrierte Eisenbahnunternehmen im traditionellen Sinn zu verstehen, denn die Bahnen müssen die Infrastruktur zumindest rechnerisch von den anderen Bereichen, zum Beispiel Personenverkehr und Güterverkehr, trennen. Es ist denkbar, daß die Trennung darüber hinausgeht. In Schweden und in Großbritannien ist zum Beispiel die Infrastruktur vollkommen aus den bestehenden Bahnen herausgebrochen und in eine eigene Organisation überführt worden.

Schließlich sieht die Richtlinie den Beginn der Öffnung der traditionell national abgesteckten Schienennetze für dritte vor, besonders im internationalen Verkehr.

Soweit der internationale Rahmen. Ich will Ihnen kurz erzählen, wie sich die EU-Richtlinie auf die Bahnreform bei uns in Deutschland ausgewirkt hat.

1994 wurden die Deutsche Bundesbahn (DB) und die Deutsche Reichsbahn (DR) in der Deutschen Bahn AG zusammengefaßt. Die Aktien gehören zunächst zu hundert Prozent dem Staat. Im Rahmen der

Bahnreform wurde erstmalig klar zwischen staatlichen Aufgaben und unternehmerischen, also privatwirtschaftlichen Aufgaben der Bahn getrennt. Das Problem bei der Bundesbahn war, daß sie einerseits als Behörde streng nach Vorschriften handeln mußte und sich andererseits nach § 28 Bundesbahngesetz wie ein Unternehmen verhalten sollte.

Während die unternehmerischen Bestandteile von DB und DR in der Deutschen Bahn AG zusammengefaßt wurden, gibt es zwei weitere Organisationen für die staatlichen Aufgaben im Eisenbahnwesen: zum einen das Eisenbahnbundesamt, das als staatliche Aufsichtsbehörde zuständig ist für die Überwachung der Sicherheit im Eisenbahnverkehr, die Zulassung neuer Bahnunternehmen und die Planfeststellung im Zuge von Aus- und Neubaustrecken, und zum anderen das Bundeseisenbahnvermögen als «Dienstherr» der Beamten der ehemaligen DB und DR.

Das Bundeseisenbahnvermögen leiht die Beamten an die Deutsche Bahn AG aus. Die DB AG zahlt hierfür den sogenannten «Marktpreis» gemäß dem 1994 mit den Eisenbahngewerkschaften abgeschlossenen Eisenbahntarifvertrag. Der Eisenbahntarifvertrag liegt unter dem, was im Öffentlichen Dienst vorher bezahlt wurde. Eine weitere wichtige Aufgabe des Bundeseisenbahnvermögens ist die Altschuldenverwaltung.

Die DB AG soll in einem zweiten Schritt der Bahnreform in eine Holding umgewandelt werden. Unter dem Dach dieser Holding wird es dann mehrere Aktiengesellschaften geben, die für eine materielle Privatisierung offenstehen. Das heißt, die finanzielle Leistungsfähigkeit dieser Aktiengesellschaften wird darüber entscheiden, wie schnell und wie rasch die Deutsche Bahn AG an die Börse gehen wird. Es gibt nur eine Ausnahme: die Aktiengesellschaft Infrastruktur. Die Infrastruktur wird in einem gewissen Sinn auch als in staatlicher Verantwortung liegend gesehen. Ein Verkauf von Anteilen der Infrastruktur AG an Private ist an eine gesetzliche Zustimmung des Bundestags gebunden. Und sollten mehr als fünfzig Prozent der Anteile der Infrastruktur AG an dritte verkauft werden, dann bedarf es sogar einer Verfassungsänderung.

Ein wesentlicher Punkt in diesem Zusammenhang ist die Tatsache, daß die Infrastruktur einen Unternehmensbereich der Bahn darstellt und damit auch in diesem Sektor, den man noch weitgehend als Daseinsvorsorge des Staats bezeichnen kann, unternehmerische «Denke» einzieht. In den nächsten Jahren müssen die Kosten der Infrastruktur drastisch gesenkt werden, um unseren Kunden, die auf dem Netz fahren wollen, akzeptable Preise für die Nutzung anzubieten und somit gegenüber anderen Verkehrsträgern konkurrenzfähig zu sein.

Die Bahn ist mit der Veröffentlichung des Trassenpreissystems einen großen Schritt im Sinn eines Rail-Pricing vorangegangen. Wir erwarten uns vom Rail-Pricing eine sehr gute Effizienzsteuerung unserer Infrastrukturressourcen; es ist ein System, das sicher auch bei anderen Verkehrsträgern angewendet werden kann.

Nach den Ausführungen zur externen Bahnreform nun ein paar Erläuterungen zu dem, was wir bei der Bahn intern vorhaben. Im Mai letzten Jahres wurde ein 180-Punkte-Programm beschlossen, das die Bahn in die Lage bringen soll, ein Unternehmen zu werden, das im Wettbewerb überleben kann. Der Marktanteil soll in Zukunft wachsen, was unser Gesamtverkehrssystem ökologisch verbessern wird. Die 180 Maßnahmen lassen sich grob einteilen in Maßnahmen am Markt, Maßnahmen zur Produktivitätssteigerung sowie Maßnahmen zur besseren Unternehmensführung und -steuerung.

Der Beitrag der Bahn zu umweltfreundlichem Verkehr

Das CO_2-Minderungsziel der Bundesregierung aus dem Jahr 1990 ist bekannt. Die Bundesrepublik hat, bezogen auf das Jahr 1987, zugesagt, die CO_2-Emissionen bis 2005 um 25 bis 30 Prozent zu senken. Das Problem dabei ist aber, daß der Verkehr weiterhin gewachsen ist. Allein mit dem Wegfall der Mauer in Europa zeigte sich ein gigantischer Nachholbedarf an automobiler Mobilität. Die CO_2-Emissionen sind dadurch seit 1990 in den alten Bundesländern um fünfzehn Prozent gestiegen, in den neuen Bundesländern sogar um über hundert Prozent. Das heißt, das CO_2-Minderungsziel der Bundesregierung kann bei den derzeitigen verkehrspolitischen Rahmenbedingungen unseres Erachtens nur relativ schwer erreicht werden.

In der Verkehrspolitik wird deshalb oft von einer notwendigen Verkehrsverlagerung auf die Schiene gesprochen. Aus Sicht der Bahn gilt das nur mit Einschränkung: Verkehrsverlagerung auf die Schiene dort, wo es sinnvoll ist, das heißt, wo entsprechend große bündelbare Verkehrsströme vorhanden sind, die systemgerecht bewältigt werden können. Die DB erhebt keinesfalls den Anspruch, die Verkehrsprobleme der Bundesrepublik Deutschland allein lösen zu können. Vielmehr ist dies nur durch ein Zusammenwirken aller Verkehrsträger vorstellbar, in das jeder seine spezifischen Stärken einbringt. Dort, wo die Bahn leistungsfähig ist oder leistungsfähiger werden kann, kann sie noch erheblich mehr Verkehr übernehmen. Wenn nur der Güter- und der Personenverkehr effizienter getrennt werden, kann auf den Hauptrouten bis zu 200 Prozent mehr Verkehr bewältigt werden.

Bei sinnvollem Einsatz der Bahn ist ein geringer spezifischer Energieverbrauch schon aufgrund ihrer systembedingten Eigenschaften gegeben, zum Beispiel wegen des geringeren Rollwiderstands von Stahl auf Stahl im Vergleich zu Gummi/Luft auf Beton/Asphalt. Die Spurführung von Zügen ermöglicht es, sehr lange Zugeinheiten zu bilden. Die Effizienz des Schienengüterverkehrs kann noch gesteigert werden, indem die Güterzüge länger werden, zum Beispiel durch Zusammenkuppeln mehrerer Züge. Die US-Bahnen machen uns das vor. Dort werden sogar doppelstöckige Containerzüge mit mehreren tausend Tonnen Nutzlast gefahren. Ein weiterer Systemvorteil der Bahn in Deutschland ist es, daß achtzig Prozent der Verkehrsleistungen elektrisch erbracht werden. Damit besteht die Möglichkeit, auch umweltfreundliche Energien zu nutzen. Immerhin zehn bis fünfzehn Prozent des Bahnstroms kommen aus der Wasserkraft.

Kritiker der Bahn haben in der letzten Zeit den angeblich hohen Energieverbrauch des ICE hervorgehoben – basierend auf Aussagen des Gutachtens der Regierungskommission Bahn zur Bahnreform. Dort wird behauptet, daß der ICE circa 5 Liter Benzin für 100 Personenkilometer braucht. Unterstellt wurde jedoch – das Gutachten ist vor der Aufnahme des ICE-Verkehrs angefertigt worden –, daß der ICE nur eine Auslastung von 30 bis 33 Prozent hat. In der Tat liegt die Auslastung des ICE aber bei rund 50 Prozent. Ein Gutachten von Prognos im Auftrag der deutschen Flughäfen ergibt, daß bei der derzeitigen Auslastung ein Fahrgast im ICE ungefähr 2,5 Liter auf 100 Kilometer verbraucht. Als Autofahrer im Fernverkehr liegt man bei einer typischen Auslastung von etwa 1,7 Personen bei knapp unter 6 Litern, und zumindest bei den Inlandsflügen ist der Energieverbrauch noch problematischer (Abbildung 6.1).

Derartige Vergleichszahlen sind natürlich immer etwas pauschal. Daher muß immer der einzelne Transportvorgang betrachtet werden.

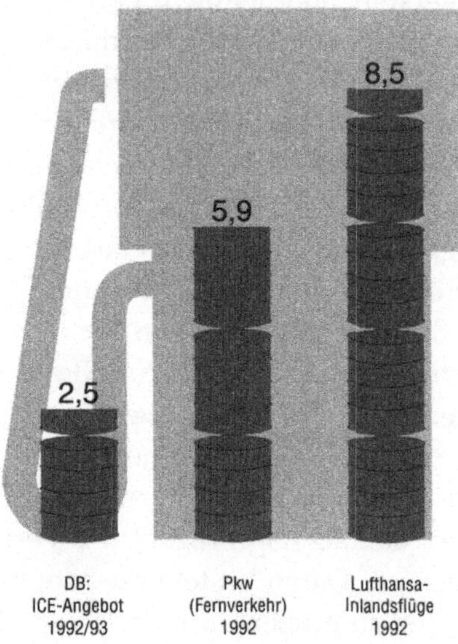

Abbildung 6.1: Spezifischer Primärenergieverbrauch der Verkehrsträger in Deutschland 1992

Im Einzelfall kann die Straße hinsichtlich des Energieverbrauchs besser sein als die Schiene.

Die DB AG hat neue ICE-Zuggenerationen bestellt, die kürzer sind und besser an die tatsächlich vorhandene Nachfrage angepaßt werden können. Neue ICE-Zuggenerationen sollen außerdem leichter werden, so daß zukünftig ein Verbrauchswert von 2 bis 2,2 Litern auf 100 Personenkilometer erreicht wird.

Seit kurzem liegt zum Thema «Externe Effekte des Verkehrs» eine Studie des Instituts für Wirtschaftspolitik und Wirtschaftsforschung

	Unfälle	Lärm	Luftver-schmutzung	Treibhaus-effekt	Gesamt
Pkw/Kräder	35,137	5,569	4,737	5,343	**50,786**
Busse	0,772	0,366	0,327	0,196	**1,661**
Lkw	3,602	2,206	2,065	1,524	**9,397**
Reisezüge	0,119	0,246	0,136	0,253	**0,754**
Güterzüge	0,079	0,443	0,049	0,120	**0,691**
Personen-luftfahrt	...	0,370	0,578	1,063	**2,011**
Luftfracht	...	0,190	0,302	0,557	**1,049**
Binnenschiffe	...	...	0,240	0,111	**0,351**

Abbildung 6.2: Absolute externe Umwelt- und Unfallfolgekosten des Verkehrs in Deutschland 1991 in Mrd. ECU

der Universität Karlsruhe (IWW) und der INFRAS AG in Zürich vor, die im Auftrag der UIC (Union Internationale des Chemins de Fer), des internationalen Eisenbahnverbandes, erstellt worden ist. In dieser Studie werden unter anderem aktualisiert für ganz Europa die externen Kosten des Verkehrs im Hinblick auf Umwelt und Unfälle bei den einzelnen Verkehrsträgern ermittelt. Mit externen Kosten sind die Kosten gemeint, die der Nutzer eines Verkehrsmittels nicht direkt trägt, wenn er sich in den Zug, das Auto oder das Flugzeug setzt, sondern die letztendlich andere, der Steuerzahler oder die Allgemeinheit, übernehmen.

Bei den absoluten Werten der Unfallfolge- und Umweltkosten sind über neunzig Prozent dem Straßenverkehr zuzuschreiben. Die ungenügende Sicherheit im Straßenverkehr trägt zu einem wesentlichen Teil zu dessen externen Kosten bei. Aber auch die Bahnen können nicht behaupten, sie stünden blendend da und müßten gar nichts tun. Im Gegenteil: Nach dieser Studie gibt es zum Beispiel beim Thema Lärm für die Bahnen einen großen Handlungsbedarf. Außerdem unternimmt die Straße große Kraftanstrengungen, um durch sparsame und sicherere Autos ihre externen Kosten in den nächsten Jahren stark zu senken.

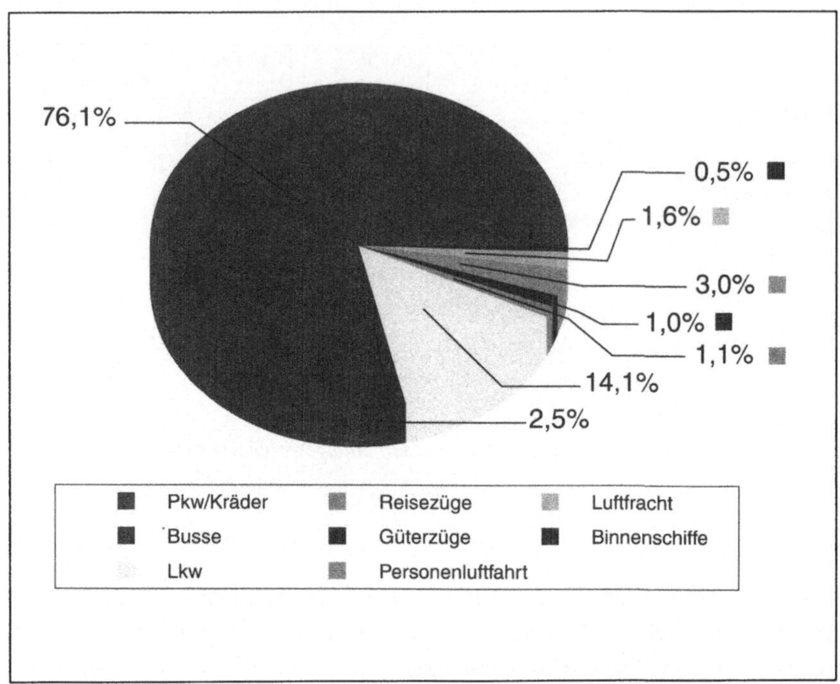

Abbildung 6.3: Anteile der Verkehrsträger an den absoluten externen Umwelt- und Unfallfolgekosten

Im Moment gilt, daß auch bei einem Vergleich der relativen externen Kosten (bezogen auf die Transporteinheit) die Schiene wesentlich besser dasteht als die Straße. Für die EU zeigt die Studie beim Personenverkehr ein Verhältnis von Schiene zu Straße von eins zu sieben. Beim Güterverkehr beträgt es etwa eins zu fünf.

Das Thema der externen Kosten im Verkehr ist für die EU-Kommission sehr interessant, und sie will noch dieses Jahr Vorschläge machen, wie man das Problem in den Griff bekommen kann. Wenn Kosten bei einer Verkehrsart entstehen, die deren Nutzer nicht bezahlt, dann verzerrt das den Wettbewerb zwischen den Verkehrsträgern. Aus diesem Grund und weil «umweltverträgliche Mobilität» auch in Brüssel zusehends als ein wichtiges Thema erkannt wird, sieht die EU-Kommission Handlungsbedarf.

	Unfälle	Lärm	Luftver-schmutzung	Treibhaus-effekt	**Gesamt**
Pkw/Kräder	50,7	8,0	6,8	7,7	**73,3**
Busse	10,8	5,1	4,6	2,7	**23,3**
Lkw	17,7	10,9	10,2	7,5	**46,3**
Reisezüge	2,1	4,4	2,4	4,5	**13,5**
Güterzüge	1,0	5,4	0,6	1,5	**8,4**
Personen-luftfahrt	...	3,8	5,9	10,8	**20,5**
Luftfracht	...	18,8	30,0	55,1	**103,9**
Binnenschiffe	...	...	4,2	2,0	**6,2**

Abbildung 6.4: Relative externe Umwelt- und Unfallfolgekosten des Verkehrs (ECU pro 1000 Personen- bzw. Tonnenkilometer)

Welche Pläne hat nun die Deutsche Bahn AG beim Umweltschutz? Was können wir der Politik anbieten im Hinblick auf das Ziel 25 bis 30 Prozent CO_2-Einsparung bis 2005?

Im Sommer letzten Jahres hat der Vorstand der DB AG ein sogenanntes «Energiesparprogramm 2005» verabschiedet. Der spezifische Energieverbrauch soll zum Beispiel bei steigender Nachfrage um 25 Prozent reduziert werden. Wenn keine zusätzlichen Fahrgäste oder Güter transportiert werden können, dann lediglich um 15 Prozent. Aber das erste Jahr als Bahn AG hat uns Mut gemacht. Im Güterverkehr wurden fast 10 Prozent mehr Tonnen befördert. Wenn sich dieser Trend in den nächsten Jahren fortsetzt, können unsere Ziele erreicht werden.

Stein des Anstoßes sind oft die Lärmemissionen des Schienenverkehrs. Diese sollen in den nächsten Jahren um fünf dB (A) gesenkt werden. Was an Lärmsenkung möglich ist, zeigt der ICE, der, wenn er 250 Stundenkilometer fährt, nicht lauter ist als ein konventioneller InterCity mit einer Lokomotive und vielen Wagen.

Der aktive und passive Lärmschutz an unseren Strecken wird weiter verbessert. Die Bemühungen, die Oberfläche der Schienen glatt zu halten, werden verstärkt, denn durch die sogenannte Riffelbildung entsteht oft unnötiger Lärm. Neue, leisere Güterwagen sollen eingesetzt werden, wobei es das Problem gibt, daß wir einen europäischen Pool von Güterwagen haben. Selbst wenn die DB ihre Wagen rasch modernisiert, wird es noch eine Weile dauern, bis der letzte alte Wagen von Europas Gleisen verschwunden ist.

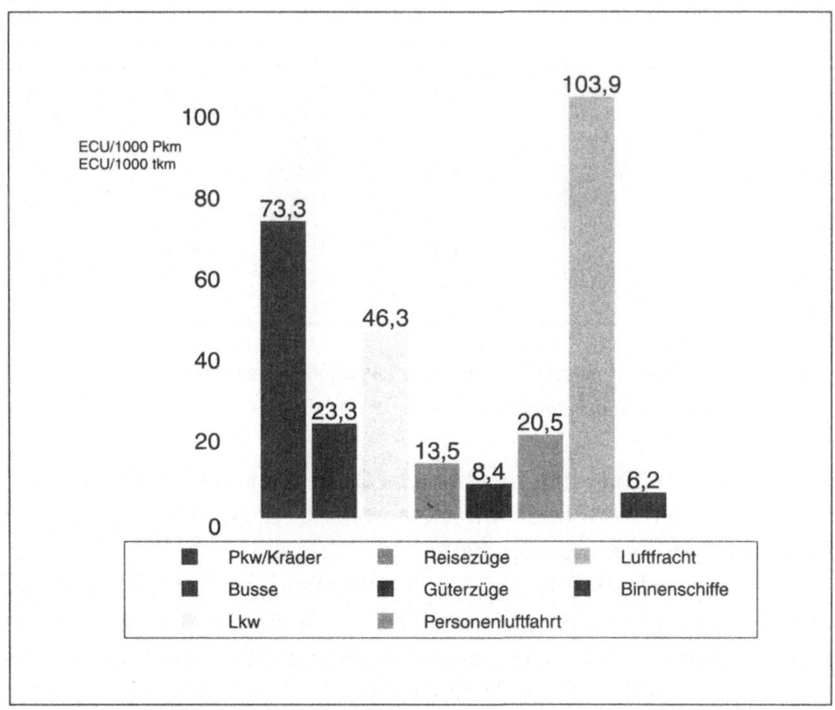

Abbildung 6.5: Relative Kosten im Vergleich der Verkehrsmittel

Das Sondermüllaufkommen soll um fünfzig Prozent reduziert werden. Hierzu gehört auch das Thema ökologische Altlasten. Davon gibt es leider eine Menge, besonders in den neuen Bundesländern aus den Zeiten der Reichsbahn, wo zum Beispiel in den Werken und Betriebshöfen über Jahrzehnte Öl und andere Schmierstoffe in den Böden versickert sind. Um die Schäden zu beheben, wurde im Rahmen der Bahnreform ein milliardenschweres Altlastenbeseitigungsprogramm eingeleitet. Mit der Gründung der DB AG wurde ein Umweltmanagementsystem eingeführt, mit dem derartige Umweltbelastungen zukünftig vermieden werden sollen. Darüber hinaus wollen wir gemeinsam mit der Bahnindustrie die Recyclingrate unserer Schienenfahrzeuge auf bis zu neunzig Prozent steigern.

Das Hauptziel bleibt, unseren spezifischen Energieverbrauch in den nächsten Jahren zu senken. Mit veränderten Preissystemen soll die Auslastung der Züge erhöht werden. Das ist beim «Schönen-Wochenende-Ticket» im Regionalverkehr schon gelungen. Sonst oft leere Züge am Wochenende konnten besser ausgelastet werden. Angestrebt wird auch ein verbesserter Produktionsablauf im Betrieb auf den Strecken. Heute gibt es in der Regel alle paar Kilometer ein Signal, und zwischen diesen beiden Signalen kann dann kein anderer Zug fahren. Es gibt jetzt neue Technologien, bei denen man im Bremsabstand fahren kann, praktisch wie auf der Straße. Und das bedeutet, daß sehr viel mehr Züge auf einer Strecke bewegt werden können. Dies führt einerseits zu erheblichen Kapazitätssteigerungen und zum anderen zu weniger Überholvorgängen und damit zu einem wesentlich geringeren Energieverbrauch.

Ein Beitrag zur besseren Auslastung ist der zukünftig verstärkte Einsatz von Triebwagen. Sie haben den Vorteil, daß sie flexibel an- und abkuppelbar sind und sehr gut an den tatsächlichen Bedarf angepaßt werden können. Die S-Bahn-Systeme in Deutschland zeigen das. Auch im Verkehr in der «Fläche» sollen neue Fahrzeuge kommen. Es wird gerade mit der Bahnindustrie an einem Achtzig-Personen-Leichttriebwagen gearbeitet, der, auf den Sitzplatz bezogen, nur unwesentlich teurer sein soll als ein Bus und der auch einen sehr niedrigen Energieverbrauch haben wird.

Zusammenfassend möchte ich nochmals stichwortartig die Leitlinien unserer Unternehmenspolitik im Umwelt- und Technologiebereich darstellen:

- *Die leistungsstarke Bahn:* Den Anforderungen der Verkehrswirtschaft und einer eventuell veränderten Aufgabenteilung der Verkehrsträger in Deutschland soll mit einer leistungsstarken Bahn begegnet werden. Die Bahn ist schon heute von den Kapazitäten her in der Lage, wesentlich mehr Verkehr aufzunehmen, ohne daß überall an unseren Hauptstrecken ein drittes Gleis verlegt werden muß.
- *Die leichte Bahn:* beispielsweise durch Einsatz leichter Triebwagen im Nahverkehr und leichter ICE im Fernverkehr.
- *Die leise Bahn:* durch Lärmreduzierung, besonders im Güterverkehr.
- *Die energiearme Bahn:* durch 25 Prozent weniger Energieverbrauch bis zum Jahr 2005.

- *Die sanfte Bahn:* weniger Erschütterungen sowohl für die Anwohner als auch für unsere Kunden in den Zügen.
- *Die saubere Bahn:* Die Stromerzeugung wird laufend optimiert, zum Beispiel durch Kraftwerke, die mit Wärme-Kraft-Kopplung arbeiten.
- *Die effiziente Bahn:* Andere Bahnen haben derzeit noch eine wesentlich höhere Produktivität als die DB AG. Die Bahnreform hat jedoch die Weichen gestellt für eine ökonomische und ökologische Bahn, wie Wirtschaft und Gesellschaft sie erwarten.

Visionen
für die Energie der Zukunft

«Wozu Atomkraftwerke, bei uns kommt der Strom aus der Steckdose» – dieser hintersinnige Spruch zeigt die Zwiespältigkeit der Energiefrage in unserem Bewußtsein: So allgegenwärtig sie auch ist, wird sie von kaum jemandem wahrgenommen.

Es steht außer Zweifel, daß die heutige Energieversorgung nicht auf Dauer bestehen kann. Sie basiert auf erschöpflichen Ressourcen, die innerhalb kürzester Zeit – sei es in 80, sei es in 120 Jahren – erschöpft sein werden. Durch den zunehmenden Energiebedarf der Dritten Welt wird sich dieser Prozeß weiter beschleunigen.

Da in Deutschland in diesen Jahren die Stromverträge auslaufen, gibt es momentan die einmalige Möglichkeit, das Oligopol der Energieversorger aufzubrechen und als globaler Vorreiter regional effiziente, erneuerbare Energien einzusetzen. Der Durchbruch für die Windenergie erfolgte durch das Stromeinspeisungsgesetz, das der Deutsche Bundestag 1991 verabschiedet hat – und dies, obwohl einige Energiegiganten sich mit allen Mitteln dagegen gesträubt hatten.

Die Basis aller zukunftsfähigen Energie ist die Sonne. Ihre Energie kann auf vielfältige Weise genutzt werden: von passiver Nutzung (Solararchitektur) über Photovoltaik bis zu großtechnischen Projekten in Verbindung mit Wasserstoff zur Energiespeicherung. Es ist ein großer Vorteil der Sonnenenergie, daß sie auch im kleinen und kleinsten Bereich angewendet werden kann. So ist es jedem von uns möglich, individuell ins Solarzeitalter einzusteigen.

Wird Solarenergie in großem Maßstab genutzt, ergeben sich verblüffende Perspektiven: Schon ein Zehntel der überbauten Fläche Deutschlands genügt, um unseren gesamten Strombedarf durch Sonnenenergie zu decken. Das Konzept «Solarhauptstadt Berlin», bei dem Solaranlagen in die zukünftigen Regierungsgebäude integriert werden sollen, sowie ein erweitertes Förderprogramm könnten die Photovoltaik zur Marktreife führen und die solare Revolution in Deutschland einleiten.

Der wichtigste Punkt ist jedoch die Vermeidung. Es wird allzuoft vergessen, daß wir Energie in großem Maß einsparen können. Der heutige globale Energieverbrauch kann langfristig nicht aufrechterhalten werden. Deshalb müssen vor allem in den Industriestaaten die vorhandenen Einsparpotentiale genutzt und neue geschaffen werden, auch um der Dritten Welt eine angemessene Energieentwicklung zu ermöglichen.

Einführung in den Vortrag von Franz Alt
Ökonomie und Ökologie sind eine Einheit
Peter Oberender, Lehrstuhl für Wirtschaftstheorie, Universität Bayreuth

Ich bin liberaler Ökonom, aber ich habe den Eindruck, daß Herr Alt und ich gar nicht soweit auseinanderliegen. Wir haben nur andere Begriffe. Bezüglich des Ansatzes – ich werde das ausführen – sehe ich nicht viel Unterschied zwischen uns beiden.

Franz Alt hat sehr breit studiert, was damals noch ging, und promovierte 1967 mit einer Arbeit über Konrad Adenauer. Seit 1968 ist er in den Medien aktiv. Durch verschiedene Fernsehsendungen, in denen er auch sehr provokativ war, ist Herr Alt bekannt geworden. Manchmal war die Provokation etwas überzogen, aber das ist eine subjektive Feststellung. Vielleicht ändert man in der Welt nur etwas, wenn man ein bißchen überzieht.

Nach mehreren Veröffentlichungen zu den Themen Liebe, Friede und Bergpredigt hat er sich 1992 der Umwelt zugewandt. Herr Alt hat «Schilfgras statt Atom» geschrieben. Das ist eine sehr interessante Sache. Das Szenario, das hier entworfen wird, enthält viele Dinge, die tatsächlich umsetzbar sind und angewendet werden müssen, wenn wir aus der Sackgasse herauskommen wollen. Das letzte Werk Franz Alts ist «Die Sonne schickt uns keine Rechnung».

Herr Alt zeigt auf, daß Auswege möglich sind. Die Wege, die er im einzelnen vorschlägt, finde ich diskussionswürdig. Man muß sich nur überlegen, wie man es umsetzt, und dazu hat er auch bestimmte Überlegungen. Ich teile seine Auffassung, wenn er sagt, wir könnten eine Änderung nur von unten nach oben erreichen. Das heißt, wir müssen – deswegen auch sein Vortrag hier – von unten das Bewußtsein dafür schaffen.

Wie man das erreicht, darin unterscheiden wir uns noch etwas. Ich als Ökonom meine: Man kann eine Verhaltensänderung letztlich nur herbeiführen, wenn man über die Preise steuert. Ohne Preissteuerung ist nichts zu verändern in der Welt. Das heißt, daß Handeln und Verantwortung zusammengehören.

Als Ludwig Erhardt in den sechziger Jahren forderte: «Wir müssen maßhalten!», sagte jeder: «Ja, das stimmt.» Aber was ist eingetreten? Nichts! Sie müssen jeden einzelnen an seinem Einkommen packen, das heißt, er muß bezahlen. Das bedeutet für mich, wir müssen versuchen, eine Einheit herzustellen zwischen Ökologie und Ökonomie. Wir müssen begreifen, daß wir interdependente Systeme haben. Wir können nicht ein System verändern, ohne das andere zu beeinflussen.

Die Energiepolitik in Deutschland ist falsch. Die alternativen, umweltfreundlichen Energiequellen werden diskriminiert. Wie geschieht das? Die negativen externen Effekte werden nicht internalisiert. Es sind hier Berechnungen angestellt worden, daß mit 1 Liter Benzin 10000 Liter Luft vernichtet werden. Was müßte ein Liter Benzin kosten, wenn man alle externen Effekte internalisieren würde, wenn man ihm also zuordnet, was an Umwelt- und Folgekosten entsteht? Es ist herausgekommen: Ein Liter Benzin müßte einen Preis von fünf bis sechs Mark haben. Wenn Sie das verlangen, dann schaffen Sie die Voraussetzung, daß alternative Energienutzung auch ökonomisch interessant wird. Diese ökonomische Steuerung würde zur ökologischen Wende führen.

Ökologie und Ökonomie sind kein Gegensatz, sondern eine Einheit. Franz Alt hat zusammen mit fünf weiteren Initiatoren einen ökologischen Marshallplan gefordert. Er besitzt Zivilcourage und ist jemand, der handelt. Franz Alt ist wichtig in unserer Gesellschaft; deswegen bin ich der BAYREUTHER INITIATIVE sehr dankbar, daß sie ihn hierher an die Universität gebracht hat. Ich glaube, daß auch die Bücher von Herrn Alt und seine Ideen viel bewegt haben. Ich wünsche Herrn Alt, daß sein Vortrag auch hier viel bewegt. Ich fände das sehr wichtig.

Über die Notwendigkeit einer Energiewende
Franz Alt, Publizist

> Der Mensch müßte als Auto auf die Welt kommen,
> dann wäre er moralisch geschützt.
> *Europäische Studie zur Religiosität*

Ökonomie und Ökologie müssen in der Tat kein Widerspruch sein. Sie haben denselben Wortstamm: «oikos». Für mich ist gute Ökonomie wirklich Ökologie. Wenn wir das nicht begreifen, dann gehören wir zur letzten Generation. Ökonomie hat etwas mit Haushalten zu tun. Wenn die Ökonomen nicht haushalten lernen, dann haben wir alle keine Zukunft. Insofern muß die Ökonomie ökologisch werden im 21. Jahrhundert. Sonst wird eintreten, was Pessimisten wie Hoimar v. Ditfurth oder Herbert Gruhl uns vorausgesagt haben: daß Schluß ist mit der Spezies Mensch auf unserem Planeten.

Die Energiefrage ist der Schlüssel für unser Überleben. Wir werden in Zukunft nicht weniger, sondern weit mehr Energie verbrauchen – global gesehen. Alle Energietheoretiker, die meinen, das Energieproblem sei mit Sparen zu lösen, haben einen eurozentrischen Ansatz und keinen globalen.

Der Energiehunger der Welt ist unendlich groß – und übrigens leicht zu stillen. Das ist überhaupt kein Problem, wenn man weiß, was uns Sonne und Wind liefern, was uns Wasser und Biomasse in Zukunft ermöglichen. Nur so, wie es heute läuft, wird es nicht gelingen.

Wenn die Chinesen eine Autodichte bekämen wie wir in Deutschland, hätte es verheerende Folgen für die Umwelt. Wenn es weltweit eine Autodichte gäbe, wie wir sie in Deutschland haben, dann hätten wir nur noch acht Wochen Luft zum Atmen auf dieser Erde, sagt das Wuppertal Institut für Klima, Umwelt, Energie. Acht Wochen!

Wir verspielen die Zukunft unserer Kinder; im Grunde genommen, verspielt meine Generation Ihre Zukunft. Solange wir Idiotenautos bauen, die zehn Liter Sprit auf hundert Kilometer verbrauchen, obwohl laut Herrn Piëch von VW technisch das Einliterauto gebaut werden kann, solange wir nicht machen, was wir technisch längst können, im Energie-, Verkehrs- und Wasserschutzbereich, verspielen wir die Zukunft. Ich will das am Beispiel der Energie und unseres heutigen Verkehrsverhaltens verdeutlichen.

Der falsche Weg

Was sagt uns die offizielle Politik über unser künftiges energetisches Verhalten? Sie sagt zum Beispiel in einer Anzeige, wie man sie täglich in der Zeitung lesen kann: «Wer global gegen CO_2 ist, muß lokal für Kernkraft sein.» Das ist der Ausweg, der uns angeboten wird. Zunächst einmal ist die CO_2-Problematik, also die Klimakatastrophe, nicht mehr zu bestreiten. Seit dem Rio-Gipfel hat das auch die Energiewirtschaft akzeptieren müssen, nachdem 160 Staaten dieser Erde übereinstimmend festgestellt haben, daß die Klimakatastrophe kommt, und 95 Prozent der Klimaforscher der Meinung sind, wir stünden schon an ihrem Anfang. Also muß sich auch die deutsche Energiewirtschaft etwas einfallen lassen. Und was sagt sie? «Freunde, Kernkraft!» Und das ist die Alternative?

Übrigens: «Atom» wird nie gesagt, sondern immer «Kernkraft». Das erste, was einem bei diesen Anzeigen auffällt, ist, daß die Atomwirtschaft niemals von «Atomkraft» spricht, sondern immer von etwas ganz Harmlosem, das so klingt wie «Kernobst» oder «kerngesund». Die Atomlobby hat voriges Jahr in Deutschland 150 Millionen Mark zur Finanzierung der Atompropaganda ausgegeben. Da sehen Sie mal, was mit den Stromgebühren passiert. Und am Schluß dieser Anzeigen heißt es dann immer wieder: «Wir können im nächsten Jahrhundert drei bis vier Prozent des Energieverbrauchs aus regenerativen Energiequellen gewinnen.» Drei bis vier Prozent, meine Damen und Herren! Wenn wir das unterschreiben, wenn das Realität wird, können wir uns verabschieden von diesem Planeten! Dann schlage ich vor, wir denken nicht mehr über Alternativen nach, sondern wir feiern das letzte Fest auf der «Titanic», und das war's dann für uns. Dann haben die Natur und die Evolution vielleicht in ein paar Millionen Jahren erneut die Möglichkeit, mit einer anderen Spezies anzufangen, die sich Krone der Schöpfung nennt und es vielleicht besser macht als wir.

Wenn Sie die sogenannten Energiekonsensgespräche in Bonn verfolgt haben, dann wissen Sie, es waren praktisch Energienonsensegespräche! Die beiden großen Dinosaurierparteien, CDU/CSU auf der einen, SPD auf der anderen Seite, hängen am Tropf der Energiewirtschaft wie ein Junkie an der Nadel. Die einen sagen «Atom», und die anderen sagen «Kohle». Infolgedessen ist das Patt programmiert. Wenn man dann noch die Abhängigkeit der Energiewirtschaft von der Deutschen Bank und den Großbanken überhaupt kennt, dann weiß man, wo die Manager der Klimakatastrophe heute sitzen. Dann weiß man auch, daß sich nichts bewegen wird. Es sei denn, die Leute wachen auf.

An dem Gesprächstisch, an dem es um den Ausstieg aus der Atomenergie geht, sitzt niemand anderes als die Atomlobby. Das ist so, als würden Sie mit der Metzgerinnung über die Einführung des Vegetarismus in Deutschland diskutieren wollen. Und da wundert man sich, daß nichts herauskommt. Es kann nichts herauskommen, wenn wir nicht einen grundsätzlich anderen Ansatz nehmen als den, der bis heute gilt: «Wenn schon weniger Kohle, Gas und Öl, dann bitte mehr Atomkraftwerke.»

Ich will keinen Vortrag über Atomenergie halten, aber auf eines hinweisen: Ich habe neulich mit dem Atomphysiker Wladimir Tschernosenko, er war Direktor der Aufräumarbeiten in Tschernobyl, ein Fernsehgespräch geführt. Tschernosenko war gerade aus Kiew gekommen und hatte die neuesten Verstrahlungsunterlagen aus Rußland, Weißrußland und der Ukraine gesehen, die noch immer geheim sind. Nachdem er über diese Unterlagen nach bestem Wissen und Gewissen diskutiert hatte, hat er vor der Kamera gesagt: Tschernobyl werde in den nächsten zehn Jahren fünfzehn Millionen Folgetote haben. Ein Atomwissenschaftler, Tschernosenko, hat dies erklärt. Tschernobyl liegt nicht hinter uns, Tschernobyl liegt vor uns!

Und wenn jetzt zum erstenmal der Umweltminister der Ukraine von 120000 Toten sprach, die es schon gegeben habe, kann man sich vorstellen, was noch auf uns zukommt. Besonders, wenn man weiß, wie viele Jahre danach, beispielsweise bei Kindern, Krebs ausbricht und wirklich erkennbar ist.

Ein atomares Restrisiko bestreitet niemand, nicht einmal die intensivsten Anhänger der Atomenergie. Dieses Restrisiko ist nach allem, was wir heute wissen, jenes Risiko, das uns jeden Tag den Rest geben kann. Deshalb heißt das Ding ja auch «atomares Restrisiko».

Ich sage dies nicht mit erhobenem moralischen Zeigefinger, dazu habe ich keinen Grund. Ich war 26 Jahre CDU-Mitglied und habe bis Tschernobyl den Fachleuten geglaubt, die gesagt haben, es könne alle 10000 Jahre etwas passieren. Sie sagen es zum Teil heute noch. Ich habe dann ganz laienhaft einmal angeguckt, was bisher passiert war. In den letzten vierzig Jahren gab es vier große Unfälle. Eigentlich sollte alle 10000 Jahre einer passieren, jetzt aber ereignete sich in jedem Jahrzehnt einer. So schnell vergeht die Zeit.

Man darf sich von den Fachleuten nichts vormachen lassen, sondern muß genau hinschauen: 1953 Sellafield, England, erster großer Unfall. Ergebnis heute: um Sellafield herum zehnmal so viele krebskranke Kinder wie im Landesdurchschnitt nach einer Studie der englischen Regierung. Zweiter großer Unfall 1957 im Ural, damals verschwiegen von den Sowjets. Heute wissen wir: Tausende von Toten, Zehntausende von Folgetoten. Dann kam Harrisburg, dann Tschernobyl. Was muß eigentlich noch passieren, bis irgend etwas geschieht?

Es ist kein Fehler, daß wir Fehler machen. Es ist auch kein Fehler, daß wir irgendwann einmal beinahe einen gesellschaftlichen Konsens hatten: Atom ist Fortschritt. Aber es ist ein Fehler, ein unter Umständen tödlicher Fehler, aus Fehlern nichts zu lernen. Wenn wir auf Systeme setzen, die unfehlbar sein müssen, damit wir überleben können, machen wir einen Riesenfehler.

Es gibt keine unfehlbaren Systeme. Deshalb halte ich nach dem, was wir heute wissen können, die Atomenergie nicht für einen Ausweg aus der Energiekrise, schon gar nicht aus der Treibhausfalle.

Ich will einmal deutlich machen, wo wir heute stehen. Wenn man über Alternativen nachdenkt, muß man genau wissen, wie dramatisch oder undramatisch die Lage ist. Ich will hier als Fernsehjournalist versuchen, so etwas wie eine ökologisch wahrhaftige «Tagesschau» für heute, den 15. Juli 1995, zu formulieren. Was müßten meine Hamburger Kolleginnen und Kollegen uns sagen? Zum Beispiel, daß wir wegen unserer Energie- und Verkehrspolitik auch heute wieder weltweit etwa 100 bis 200 Tier- und Pflanzenarten ausgerottet haben. An diesem einen Tag. Daß wir auch heute wieder die Wüsten auf unserem Planeten um 20 000 Hektar vergrößert haben. Daß wir auch heute wieder 86 Millionen Tonnen fruchtbaren Boden unbrauchbar gemacht haben, weil er abgeschwemmt und abgetragen wurde. Das heißt, die Hungernden auf unserem Planeten haben am Ende dieses Tages noch weniger Fläche zum Anbau von Reis und Hirse. Diese ökologisch realistische «Tagesschau» müßte vielleicht enden mit dem Hinweis, daß wir auch heute wieder durch das Verbrennen von Kohle, Gas und Öl hundert Millionen Tonnen Treibhausgase freigesetzt haben.

Das machen wir jeden Tag: hundert Millionen Tonnen CO_2. Das geht morgen so weiter und übermorgen und jeden Tag der nächsten Woche und jeden Tag des nächsten Monats. So lange, bis wir eine grundsätzlich andere Energiepolitik machen. Nicht so ein paar Prozent im nächsten Jahrhundert, wie die Energieversorger uns vorschlagen, sondern eine zu hundert Prozent andere Energiepolitik. Mit Kohle, Gas und Öl verbrennen wir heute an einem Tag, was die Natur in einer Million Tagen geschaffen hat. Das heißt, wir benehmen uns energetisch jeden Tag eine Million Mal falsch gegen die Gesetze der Natur.

Nun weiß jedes Kind, daß man sich eine Zeitlang gegen die Gesetze der Natur verhalten kann, aber nicht auf Dauer. Es sei denn, man will Selbstmord begehen. Und das tun wir heute als Spezies, wenn wir nicht lernen, andere Energiequellen zu finden und zu nutzen. Nicht ein bißchen, sondern sehr intensiv. Ich sage: Die Natur stellt alle Möglichkeiten bereit, es anders zu machen.

Sonnenenergie als Alternative

Es gibt weltweit keine stärkere politische Kraft als die Energiewirtschaft. Wenn Sie die Autolobby dazunehmen, dann haben Sie die Atom-, Kohle-, Gas-, Öl- und Automobilinteressen gebündelt. Sagen Sie mir eine Kraft in der Welt, die politisch stärker ist als diese! Es gibt nur eine, die noch stärker ist: Das ist die Kraft des Volkes. Solarenergie ist die Energie des Volkes. Zum Glück kann man keine Aktien an der Sonne erwerben; das ist der Riesenvorteil. Schon Jesus von Nazareth hat uns prophezeit, daß die Sonne, also ein System, das über Gerechten und Ungerechten scheint, über allen Menschen auf dieser Erde, uns kostenlos alles zur Verfügung stellt, was wir benötigen. Er hat dies mit Bildern umschrieben. So mit dem des himmlischen Vaters, der für uns sorgt. Und in Anlehnung daran sage ich nun: «Die Sonne schickt uns keine Rechnung!»

Praktisch führen wir heute einen Dritten Weltkrieg, aber diesmal gegen die Natur. Die Solarenergie ist die Chance, einen Friedensvertrag mit der Natur zu schließen. Das ist nicht nur eine große ökologische, sondern zugleich eine ökonomische Chance, eine Riesenchance für die Wirtschaft. Die Sonnenenergie schafft sehr viele Arbeitsplätze und ist als einzige Energiequelle auf Dauer ethisch vertretbar. Heute wird mehr und mehr von ganzheitlichen Konzepten gesprochen. Die Solarstrategie ist ein klassisch ganzheitliches Konzept, weil sie unter allen Voraussetzungen, die wir bedenken müssen – sozialen, ethischen, ökologischen und ökonomischen –, vorteilhaft ist gegenüber dem, was heute läuft. Die Sonne hat uns am Ende dieses Tages etwa 15000mal mehr Energie zur Verfügung gestellt, als alle sechs Milliarden Menschen, die wir demnächst sein werden, verbrauchen. 15000mal mehr!

Da kommen diese Energieheinis und erzählen uns: «Wir haben leider keine Alternativen.» Es kann nur noch gelacht werden über den Schwachsinn, der uns jeden Tag vorgesetzt wird und den die Regierung uns immer noch zumutet. Es ist ein Anschlag auf die Menschenwürde, was da stattfindet.

Die großen Einwände der Energiewirtschaft sind: «Erstens, alles viel zu teuer, und, zweitens, das geht gar nicht in Deutschland.» Denn in diesem kleinen Land gebe es zu viele Menschen, achtzig Millionen, und wir hätten viel zu wenig Fläche.

Ich wollte genau herausfinden, was es mit diesen Einwänden auf sich hat. Damit ich, wenn ich zu diesem Thema Fernsehsendungen mache und Bücher veröffentliche, konkret aufgrund eigener Erfahrungen weiß, wovon ich spreche, haben wir seit zwei Jahren zwei Solaranlagen auf unserem Dach: eine Photovoltaik- und eine Sonnenkollektoranlage.

Die Sonnenkollektoranlage rechnet sich schon nach etwa sieben, acht Jahren, wenn man das intelligent macht. Es gibt sogenannte Phönix-Systeme, wodurch die Solaranlage bereits um ein Drittel billiger wird als noch vor zwei Jahren. Die Anlage braucht sieben Quadratmeter. Von wegen «wir haben nicht genug Fläche in Deutschland». Sieben Quadratmeter auf dem Dach rechnen sich nach sieben bis acht Jahren. Die Sonnenkollektoren halten etwa dreißig Jahre. Ich kann davon ausgehen, daß ich nach acht Jahren Geld verdiene. Die Sache funktioniert nicht, wenn ich eine Strom- oder eine Ölrechnung über ein Jahr nehme und die Sonnenkollektorrechnung danebenlege. Wir müssen längerfristig denken und rechnen lernen, damit sich solche Anlagen lohnen. Wenn wir kurzfristig rechnen, machen wir mit der Sonne kein Geschäft.

Auch bei der Photovoltaikanlage gibt es kein Flächenproblem. Ein Viertel der Dachfläche eines normalen Einfamilienhauses genügt, um mehr Strom zu produzieren, als eine durchschnittliche deutsche Familie verbraucht. Es reicht sogar noch für ein Solarauto. Das, was diese Energieleute einem erzählen von wegen der Fläche, können Sie vergessen. Das ist absoluter Quatsch.

Eine Photovoltaikanlage rechnet sich bei den heutigen Preisen noch nicht, aber dann ganz rasch, wenn es eine Massenproduktion gibt. Das erreichen wir jedoch nur, wenn die Politik die Rahmenbedingungen ändert und die Voraussetzungen dafür schafft. Wenn die Politik in Deutschland beispielsweise das macht, was Regierung und Wirtschaft gerade in Japan beschlossen haben, nämlich ein 65000-Dächer-Programm. Wenn Solaranlagen also in großem Stil produziert werden. Übrigens: Diese japanische Initiative läuft mit deutscher Technologie. Die Japaner haben in den letzen drei Jahren sämtliche deutschen Solarpatente gekauft und starten jetzt die solare Weltrevolution. Das werden sie durchziehen. Und Sie dürfen dreimal raten, wo die Arbeitsplätze im 21. Jahrhundert sind. Mit Hilfe deutscher Technologie werden sie in Japan gerade geschaffen.

Und was machen wir? Wir subventionieren Kohle und Atom. Wenn Sie sämtliche Subventionen für die Kohle addieren, dann kommen Sie auf 23,6 Milliarden Mark pro Jahr. So sind wir heute – dinosaurierhaft. Sie kennen das Dinosaurierprinzip: viel Masse und wenig Hirn. Genauso werden wir heute regiert. Kohle, das ist unsägliches, tiefstes 19. Jahrhundert! Und damit wollen wir ins 21. gehen! Wir verschlafen dabei auch jede Zukunftstechnologie, die diesen Namen verdient. Dann noch Atomkraft, mit etwa 700 Millionen Mark jährlich subventioniert. Nach vierzig Jahren Anwendung der angeblich so billigen

Atomtechnologie in großem Stil muß der deutsche Steuerzahler noch immer 700 Millionen pro Jahr zuschießen. Der Forschungsminister dieser Republik, der über Ihre Zukunft entscheidet, hat ein Jahresbudget von 9,6 Milliarden, und allein für Steinkohle und Braunkohle geben wir 23,6 Milliarden im Jahr aus. Nicht für die Zukunft, sondern für den Schnee von gestern, der auch noch die Zukunft verbaut, indem er die Umwelt zerstört.

Es gibt zwanzig Millionen Dächer in Deutschland. Stellen Sie sich einmal folgende Vision vor: Die Kirchen würden die Herausforderung begreifen und dem Heiligen Geist endlich Landemöglichkeiten auf den Kirchendächern bieten. Der will das ja, nur wir begreifen es nicht. Aus liturgischen Gründen, meine Damen und Herren, sind alle Kirchen von Westen nach Osten gebaut, das heißt, es gibt viel Fläche nach Süden. Der Altar muß immer im Osten sein: Ex oriente lux. Sonnenkollektoren auf Kirchendächern – das wäre Energie von oben und interessant für die Kirchen. Stellen Sie sich vor, was für ein positives Zukunftsmodell, wie gesellschaftspolitisch aufregend es wäre, wenn die Kirche solche Signale setzen würde.

Die Bundesregierung hat vor drei Jahren ein 1000-Dächer-Programm gestartet, es ist gerade ausgelaufen. 1000 Dächer, und jetzt ist nichts mehr. Statt dessen: Kohle und Atom. Die Japaner hingegen haben deutsche Solarpatente gekauft und jetzt dieses 65000-Dächer-Programm beschlossen. Das heißt, 65000 Menschen bekommen etwa zwei Drittel der Kosten für eine Solaranlage als Zuschuß vom Staat erstattet. Dann rechnet sich auch eine Photovoltaikanlage. Statt in Kohle und Atom investieren die Japaner in Solartechnologie, so wird die Voraussetzung für den großen Markt geschaffen. Das muß man nur ein paar Jahre tun, dann kann man alle Subventionen für die Solartechnologie vergessen. Es wäre eigentlich die Aufgabe einer modernen Politik, so etwas anzuschieben, anzureizen und sich dann zurückzuziehen. Das wäre ökologische Marktwirtschaft.

Ökologisch ist nur sinnvoll, was sich langfristig von selbst rechnet. Was wir ökologisch wollen, darf nicht zu einer Subventionsspirale führen. Es geht nicht, daß wir eine ökologische Politik betreiben, die auf Dauer am staatlichen Tropf hängt. Es darf nur – da bin ich Marktwirtschaftler wie Herr Oberender – ökologisch in die Gänge geleitet werden, was sich nach gewissen Anschubsubventionen selbst trägt.

Nehmen Sie das Beispiel der Computertechnologie in Deutschland in den letzten zehn Jahren. Da sehen Sie genau den Vorlauf, den neue Technologien zum Durchbruch brauchen. Ein Freund von mir hat sich vor zehn Jahren einen der ersten PCs gekauft. Der hat damals, 1984, 30000 Mark gekostet. Voriges Jahr hat er sich ein Nachfolgemodell gekauft, effektiver, kleiner, besser: 2500 Mark. Innerhalb von zehn Jahren fiel der Preis von 30000 auf 2500 Mark, um den Faktor zwölf. Genau das gleiche werden wir erleben bei der Solartechnologie, wenn anfangs Subventionen gegeben werden und der Staat sich dann zurückzieht.

Nichts wird so teuer sein und die Ökonomie – also den berühmten Wirtschaftsstandort Deutschland – so sehr aufs Spiel setzen wie das Weitermachen wie bisher in der Energiepolitik. Unabhängig von allen ökologischen Überlegungen, rein ökonomisch gesehen.

Jürgen Möllemann (FDP), sicherlich nicht als linksradikal verdächtig oder als grüner Spinner bekannt, hat als Bundeswirtschaftsminister beim Fraunhofer-Institut eine Studie in Auftrag gegeben. Er wollte wissen, wie teuer Atomstrom wirklich sein müßte, wenn realistisch gerechnet würde und wenn beispielsweise Atomkraftwerke realistisch versichert wären. Sie wissen, wir haben die sichersten Atomkraftwerke der Welt. Aber keine Versicherung der Welt ist bereit, die Atomkraftwerke in Deutschland zu versichern. So sicher sind unsere sicheren Atomkraftwerke!

Das Ergebnis der Studie des Fraunhofer-Instituts sieht wie folgt aus: Wenn Atomkraft realistisch versichert wäre, dann müßte die Kilowattstunde Atomstrom 3,60 Mark kosten. Da bitte ich Sie, mir eine einzige regenerative Energiequelle zu nennen, die auf einen solchen Wahnsinnspreis kommt wie 3,60 Mark. Ich kenne amerikanische Solarproduzenten, die sagen mir, in zwei Jahren seien sie soweit, die Kilowattstunde Solarstrom für 16 Pfennig zu liefern.

Das ist in Deutschland heute noch Utopie. Dort, wo die Kommunalpolitik schon so weit ist, daß sie eine kostendeckende Vergütung für Solarstrom bezahlt, wie beispielsweise in Freising, Hammelburg, Schwäbisch Hall oder auch in Berlin, liegt der Preis zwischen 1,40 und 2 Mark. Heute! Wenn man das intelligent macht, könnte man in zehn Jahren auch bei 16 bis 18 Pfennig sein. Entscheidend ist also, daß die Politik die Strukturen so anlegt, daß wir zu einer Massenproduktion kommen.

Peter Gauweiler (CSU), noch ein Unverdächtiger, hatte als Wirtschaftsminister dieses schönen Freistaats eine kluge Idee. Da war eine Fassade am Umweltministerium in München fällig, und er hat gesagt: Laßt uns doch nicht eine herkömmliche Fassade bauen und dann eine Solaranlage daraufsetzen, sondern die Fassade als Solaranlage konstruieren – solararchitektonisch sehr interessant. So geschah es, und es entstand eine Anlage von hundert Quadratmetern. Sie produziert inzwischen Strom für zehn Elektroautos und speist noch eine Menge in das öffentliche Netz ein. Als ich fragte, was dieser Spaß gekostet habe, hat der zuständige Referatsleiter geantwortet, die hundert Quadratmeter Solarfassade wären etwa so teuer wie eine konventionelle gewesen.

Ein anderes aktuelles Beispiel, das wir zum Weltklimagipfel 1995 gefilmt haben. Es gibt in Freiburg ein wunderbares Haus mit sehr viel technischer Installation. Darin sind Büros und Wohnungen. Das Haus dreht sich der Sonne nach. Seine Bewohner haben also jede Stunde einen anderen Blick. Das ist eine Lebensqualität, die man sich in normalen Häusern gar nicht vorstellen kann, davon träumt man höchstens. Dieses Haus – von einem klugen Solararchitekten erdacht – produziert fünfmal mehr Strom, als in ihm verbraucht wird. Und dann kommen diese Energiefuzzis und sagen: «Es geht leider nicht, es ist viel zu teuer.» Dieses Energie-plus-Haus ist aber erheblich billiger als ein konventionell gebautes Haus.

Es ist in den letzten Jahren viel diskutiert worden über Niedrigenergiehäuser, also über Häuser, die weit weniger verbrauchen als bisher, beispielsweise für die Heizung. Wenn deutsche Architekten einmal lernen würden, wo Süden ist, dann hätten wir allein durch diese schlichte Erkenntnis die Hälfte der Heizenergie gespart.

Man kann also eine Menge machen mit Energiespartechnologie, mit Energieeffizienz. Wenn Sie heute eine Glühbirne austauschen gegen eine moderne Energiesparlampe, dann haben Sie ein System, das zunächst teurer ist, aber fünfmal länger lebt und ein Achtel der Energie einer gewöhnlichen Glühlampe verbraucht. Sie können mit einem Faktor von 1:8 Energie sparen beim gleichen Effekt: Sie haben gutes Licht.

Wir könnten vieles intelligenter machen, als wir es heute tun. Von wegen «das geht nicht». Es gibt viele Systeme. Ich mache gerade Sendungen, in denen solche konkreten Fälle präsentiert werden. Wir stellen auch Elektroautos vor. Ein sehr schönes Elektroauto ist der Hotzenblitz. Er ist im Hotzenwald konzipiert worden, deshalb der Name. Frederic Vester hat ihn als das intelligenteste Auto, das es heute auf der Welt gibt, bezeichnet. Der Hotzenblitz braucht auf hundert Kilometern für knapp zwei Mark Strom. Ich habe den Konstrukteur neulich wieder im Zug getroffen, und da sagte er mir, er habe gerade zusammen mit russischen Wissenschaftlern eine neue Batterietechnologie entwickelt. Das Auto hat bisher eine Reichweite von 120 Kilometern, bis Sie die Batterie wieder aufladen müssen. Mit den neuen Batterien kann die Reichweite verdoppelt werden.

Da sind noch viele weitere Entwicklungen und Fortschritte in den nächsten Jahren zu erwarten. Wir haben also doch Alternativen, vor allem im Verkehr.

Gewinn statt Verzicht

Wohlstandsverzicht ist überhaupt nicht das Thema. Wir müssen nicht verzichten. Wir müssen umdenken und brauchen neue Leitbilder. Manche Ökofundis, denen das Müsli aus den Ohren herausläuft, müssen lernen, daß nicht Verzicht oder Askese angesagt ist, sondern intelligenteres Produzieren und intelligentere Politik. Es ist nicht wahr, daß wir auf Mobilität verzichten müssen. Nur diese Idiotenkarren, die heute durch die Gegend fahren – 1,5 Tonnen Blech, um 70 Kilogramm Mensch und 250 Gramm Butter zu befördern –, halte ich nicht für sonderlich intelligent. Unsere heutige Mobilität bedeutet, daß wir in unseren Innenstädten mit dem herkömmlichen Pkw eine Durchschnittsgeschwindigkeit von 16,2 Stundenkilometern erreichen. Pferdefuhrwerke im Mittelalter hatten eine Durchschnittsgeschwindigkeit von 16,8 Stundenkilometern. Intelligent soll das sein? Das bezweifle ich sehr!

Was das mit Wohlstand zu tun haben soll, daß die Autos immer größer, die Luft aber immer schlechter wird, hat mir noch nie jemand erklären können. Was hat das mit Wohlstand zu tun, daß wir immer mehr Energie verbrauchen, weil wir nicht richtig bauen können? Oder daß das Wasser immer schlechter wird und der Wald stirbt? Das habe ich noch nie begriffen.

Ich bin für mehr Wohlstand im alten, klassischen Ludwig Erhardtschen Sinn. Für mehr Wohlstand, den wir allerdings sehr anders definieren müssen als bisher. Ich bin für mehr ökologischen Wohlstand. Es hat nichts mit Wohlstand zu tun, wenn wir alle Mercedes S-Klasse fahren, aber kein Wasser mehr trinken können. Ich bestreite das entschieden. Genauso bestreite ich den Ökofundis gegenüber, daß es irgend etwas mit Askese zu tun hat, wenn ich mich statt in ein zehn bis zwölf Liter verbrauchendes Auto in den Zug setze, von Baden-Baden bequem mit dem InterRegio nach Nürnberg und von dort mit dem schönen Pendolino weiter bis nach Bayreuth fahre.

Das ist ausschließlich Gewinn. Ich habe Zeit gewonnen, ich kann arbeiten, ich habe ein sicheres Verkehrssystem. Ich muß kein Verkehrsmittel benutzen, das 10000 Tote pro Jahr produziert und 350000 Verletzte.

Das hat nichts mit Askese zu tun. Genausowenig die Alternativen, über die in dieser Vortragsreihe nachgedacht wird, oder das Thema, das wir heute besprechen. Das hat mit mehr Lebensqualität zu tun. Allerdings, Lebensqualität etwas vernünftiger, intelligenter durchdacht, als wir das bisher gesehen haben. Bei allem Verständnis, das man für meine Elterngeneration und meine Generation, die 1945 bei Null anfing, noch haben mußte, dafür, daß beispielsweise Auto fahren und immer größere Wohnungen für sie ein Fortschritt waren, denke ich, daß wir ein anderes, intelligenteres Wohlstandsmodell brauchen. Nicht eines, das so energie- und ressourcenaufwendig ist wie das jetzige.

Sie wissen, die globale ökologische Diskussion wurde 1972 angeregt vom Club of Rome mit dem berühmten Buch «Die Grenzen des Wachstums». Der Club of Rome hatte mich jüngst eingeladen zu einer Diskussion, bei der die neue Studie «Faktor vier» nochmals besprochen und durchdacht wurde. Da gibt es fünfzig Modelle von den USA über Europa bis Japan für Wohlstand bei weniger Energieverbrauch. Doppelter Wohlstand, halber Energieverbrauch. Es wird beispielhaft gezeigt, wie wir heute schon mit weniger Energieaufwand – und somit weniger Kosten am Schluß – mehr Wohlstand erzeugen können. Wir können um den Faktor vier günstiger produzieren, innerhalb von zehn Jahren in großem Stil um den Faktor vier günstiger! Wenn die Umweltbewegung in Deutschland das begreift, ist sie plötzlich mehrheitsfähig, weit über alle Parteischranken hinweg. Hier geht es um die evolutionäre Weiterentwicklung dessen, was wir bisher Wohlstand genannt haben.

Mit der ökologischen Steuerreform zur Energiewende

Die Antworten von gestern sind keine Antworten auf die Fragen von morgen. Das heißt aber nicht, daß wir alles das, was gestern war und was uns heute noch zum großen Teil gefällt, vergessen müssen. Nehmen Sie einmal die Steuerpolitik. Die Preise von dem, was wir kaufen, müssen die ökologische Wahrheit sagen. Von unseren Wohnungen über unsere Klamotten bis hin zu den Autos und dem Benzin. 1,50 Mark für einen Liter Benzin sagen eben nicht die ökologische Wahrheit. Nun ist es natürlich keine intelligente Politik, zu sagen: Also bitte den Benzinpreis hoch auf 5 Mark, wie es die Grünen manchmal fordern. Das geht nicht. Das ist nicht wirtschaftsverträglich, und sie erschrecken alle Leute; vor allem diejenigen, die auf das Auto angewiesen sind.

Vernünftig wäre eine ökologische Steuerreform, die die Energie- und Rohstoffpreise über zwanzig Jahre hinweg pro Jahr um fünf Prozent erhöht. Damit soll aber Herr Waigel nicht mehr Geld in die Kasse bekommen. Der Staatssektor darf nicht erweitert werden. Ich habe für die Sendung «Zeitsprung» von einem wissenschaftlichen Institut errechnen lassen, daß wir in wenigen Jahren so weit sind, daß zwei Drittel von dem, was ein Deutscher verdient, vom Staat als Steuer kassiert wird. Ich halte das für einen Anschlag auf die Menschenwürde. Im Gegenzug für eine Energie- und Rohstoffverteuerung sollten vielmehr die Lohn- und Nebenkosten gesenkt werden. Die Leute müssen zurückbekommen, was ihnen auf der anderen Seite abgezogen wird. Die deutschen Unternehmen haben nämlich damit am meisten zu kämpfen, daß wir die weltweit höchsten Lohnnebenkosten haben. Ich meine nicht die Löhne und Gehälter, sondern ausschließlich deren Nebenkosten.

Ich zeige einmal kurz in Zahlen, was diese auf zwanzig Jahre angelegte Steuererhöhung bedeuten könnte. Wenn man 1998 mit der ökologischen Steuerreform anfängt – auf der einen Seite hoch, auf der anderen runter, also aufkommensneutral –, dann bringt das pro Jahr 470 Milliarden Mark, und man hat die Lohnnebenkosten glatt halbiert. Dann wird es im Effekt für Unternehmen nicht mehr interessant sein, Menschen zu entlassen, sondern Kilowattstunden, Kubikmeter Gas oder Liter Benzin. Das heißt, die Produktivität der Energie wird in dem Augenblick gesteigert werden, in dem die Preise langsam anziehen.

Wenn uns vor 200 Jahren zu Beginn des industriellen Zeitalters jemand gesagt hätte, daß wir in sechs Generationen die Produktivität einer menschlichen Arbeitsstunde verfünfzehnfachen würden, hätte das niemand geglaubt. Und das geht weiter durch die technologische Entwicklung. Aber jetzt müssen wir umsteuern: Wir dürfen nicht nur die menschliche Arbeitskraft produktiver machen, sondern auch die Energie. Hier muß die Effizienz gesteigert werden, damit ich künftig mit dem Auto nur einen Liter auf hundert Kilometer verbrauche. Daß das schon ginge, hat mir Herr Piëch bestätigt. Und ein Vorstandsmitglied von Mercedes-Benz hat mir einmal gesagt: «Wir haben Pläne in der Schublade für weit unter einem Liter Spritverbrauch.» Unter einem Liter! Das sind natürlich völlig andere Autos. Das sind nicht 1,5 Tonnen Blech. Die Verkehrs- und die Energiefrage haben sehr viel miteinander zu tun.

Alternativer Energiemix für die Zukunft

Ich komme zurück auf die Energiefrage. Wenn Helmut Kohl erreichen will, was er auf dem Weltklimagipfel in Berlin gesagt hat: 25 Prozent weniger CO_2 bis zum Jahr 2005 – also bereits in zehn Jahren –, kann er nicht nur den Energiebereich angehen. Er muß das auch mit dem Verkehr tun. Was nutzt es, wenn unsere Autos im Jahr 2005 vielleicht zehn bis fünfzehn Prozent weniger Benzin verbrauchen, es aber zwanzig Prozent mehr Autos gibt? Dann haben wir den positiven Effekt mehr als aufgehoben. Es muß im Mobilitäts- und im Energiebereich etwas geschehen, um das Ziel zu erreichen. Es reicht nicht, nur Ziele zu verkünden. Man muß Instrumente einsetzen, damit sie auch erreicht werden. Beispielsweise die ökologische Steuerreform: Lohnnebenkosten runter, Energiepreise hoch. Das ist die Philosophie einer intelligenten Steuerpolitik.

Windenergie ist das zweite große Potential, das wir nutzen können. Übrigens: Alle Energiequellen, über die ich jetzt nachdenke, sind im weitesten Sinn des Worts solare Energiesysteme. Der Wind hängt mit der Sonne zusammen, das Wasser mit dem Lauf der Sonne, und Biomasse ist abhängig von der Sonneneinstrahlung. Die direkte Sonnenenergienutzung erfolgt über Photovoltaikanlagen für Strom und über

Kollektoranlagen für Warmwasseraufbereitung und Heizen. Mir haben Bauern in Dänemark schon vor vier Jahren gesagt, daß sie mit Hilfe des Windes Strom produzieren für 16 bis 18 Pfennig pro Kilowattstunde. Inzwischen hat die Windenergiebranche auch in Deutschland durch das gelungene Stromeinspeisungsgesetz viel Aufwind bekommen. Seither rechnet sich die Windenergie. Wir haben in Deutschland Windenergiepreise von 20 bis 22 Pfennig. Das ist konkurrenzfähig.

Da sieht man, wie intelligente Politik zukünftig gestaltet werden muß. Wir brauchen ganz andere Koalitionen und politische Zusammenarbeit. Das geht nicht im alten parteipolitischen Hickhack, in dem die Partei A dagegen ist, und sei es noch so vernünftig, nur weil es von der Partei B kommt. Diese Art von Infantilität können wir uns nicht länger leisten. Wenn ich den Deutschen Bundestag als Kindergarten bezeichne, ist das eine Beleidigung für Kinder. Unter vier Augen sagen die «bürgerlichen» Abgeordneten uns: «Natürlich haben die Grünen ganz tolle Ideen. Aber wir müssen dagegen sein, es kommt ja von den Grünen.» Das ist austauschbar. Oder wie oft haben mir CDU-Politiker gesagt: «Ja, Alt, du hast eine gute Geschichte gemacht. Wenn das nicht von der SPD käme, wären wir sofort dafür.» So läuft das. Die politische Kultur ist am Ende.

Man fragt sich bei halbwegs gesundem Menschenverstand: Wenn die Dinge alle so sind, wie ich sie Ihnen erzähle, und die Modelle besichtigt werden können und funktionieren; wenn wir Fernsehfilme machen und diese Dinge vorstellen, warum werden sie dann nicht verwirklicht? Weil die Politik nicht mitkommt mit dem, was die Technik heute schon leisten könnte. So ist es auch bei der Solarenergie, wo die Japaner es begriffen haben, und Bonn schläft immer noch.

Zurück zum Wind. Wir haben seit fünf Jahren bei den Windtechnologien jährliche Zuwachsraten von hundert Prozent. Es gibt keine andere Wirtschaftsbranche, die so boomt. Da kommen manche Ökofundis und schreien sofort wieder: «Halt! Grenzen des Wachstums.» So kann man doch keine Politik machen. Ja, Grenzen welchen Wachstums? Was ist der Sinn von Wachstum? Wir brauchen bei alternativen Technologien viel Wachstum.

Es gibt Bereiche, in denen es nicht wachsen darf: Kohle, Gas, Öl und Atom. Aber man kann doch nicht gegen alles sein. «Hauptsache dagegen» ist noch keine Politik, sondern ich muß klug überlegen: Wofür bin ich, was darf wachsen? Und natürlich müssen die Wind-, die Solar- und die Wasserenergiebranche wachsen. Und der Biomasseanteil ebenfalls. Wir brauchen Wirtschaftsbereiche mit Riesenwachstumsschritten, wenn es ökonomisch und ökologisch Sinn hat. Bei den genannten alternativen Technologien hat es Sinn, und wir brauchen Energie. Es schont auch die Natur. Abgesehen von der Produktion der Technologien, bedeutet es null Gramm Abgase, wenn man die Kraft der Sonne, des Wassers, des Windes und nachwachsende Rohstoffe richtig nutzt.

Es gab in Bayern und Baden-Württemberg zu Beginn dieses Jahrhunderts 20 000 kleine Wasserkrafträder. 20 000! Sie sind alle stillgelegt worden, weil die Energiemonopole nicht wollen, daß die Leute selbst dezentral ihre Energieversorgung organisieren. Monopole haben es an sich, daß sie gegen jede Konkurrenz sind. Was da im Energiebereich läuft, hat mit Marktwirtschaft nichts zu tun. Wenn wir Marktwirtschaft hätten, hätte ich nicht die geringste Sorge, daß der alte Quatsch ganz schnell weggeputzt würde. Nur haben wir falsche Preise und keine Marktwirtschaft. Die Monopole bestimmen auf der Basis des Energiewirtschaftsgesetzes von 1935 – Adolf läßt grüßen – heute, im Jahr 1995, die Energiepolitik. Damals haben die Nazis dieses Gesetz und die Monopole geschaffen. Nur mit deren Hilfe konnten sie den Zweiten Weltkrieg führen. Diese alten Strukturen wurden hinübergerettet in die Bundesrepublik und bestimmen heute noch die Politik. Nur deshalb kann das Neue bisher nicht in die Gänge kommen. Und wenn man von den Verflechtungen zwischen der Politik und den Aufsichtsräten und Vorstandsetagen der Energieversorger weiß, dann wird einem klar, wo die Manager der Klimakatastrophe sitzen. Ein anderes Energiewirtschaftsgesetz und eine ökologische Steuerreform sind Voraussetzungen dafür, daß die neuen Solarenergiesysteme eine Chance haben.

Jetzt zur neuen großen Energiequelle, der Biomasse. In Bayern weiß man darüber ein bißchen mehr, sonst ist Biomasse in Deutschland noch ein Fremdwort. Als ich «Schilfgras statt Atom» schrieb, ein umstrittenes Buch, wurde es von der «Frankfurter Allgemeinen Zeitung» über die «Zeit» bis hin zum «Spiegel» verrissen. Vor drei Jahren haben alle gelacht. Heute lacht keiner mehr, weil die ersten Kraftwerke laufen. Gehen Sie nach Sulzbach-Rosenberg, da sehen Sie ein Biomassekraftwerk, das 15 000 Tonnen Reststoffe aus dem Wald und der Landwirtschaft und Biomasseprodukte wie Schilfgras verbrennt. Auf eine sehr moderne Weise wird mit einem Blockheizkraftwerksystem, die Energie doppelt nutzend, Strom und Wärme produziert. Ministerpräsident Edmund Stoiber hat in einer Regierungserklärung Anfang 1995 gesagt, die bayerische Energiepolitik sei darauf angelegt, daß bis zum Jahr 2000 circa zehn Prozent der Energie, die in Bayern verbraucht wird, aus nachwachsenden Rohstoffen kommt. Im Jahr 2010 sollen es bereits zwanzig Prozent sein. Man kann daraus leicht dreißig, vierzig oder sogar fünfzig Prozent machen, wenn man Energie einspart.

«Energie vom Acker»: Als ich vor vier Jahren die ersten Fernsehfilme darüber machte, damals noch bei «Report», haben sich meine Kollegen halb totgelacht. Journalisten sind meistens Männer, und Männer wollen Mordsapparate, große Energiesysteme sehen. So ein Atomkraftwerk hat viel Potenz. Es steckt immer ein Potenzproblem dahinter. Das ist ja was, so ein riesiges Atom- oder Kohlekraftwerk. Aber dann kommt einer und sagt: «Gras statt Atom.» Da war Gelächter republikweit.

An dieser Entwicklung innerhalb von drei Jahren sehen Sie, wie rasch eine neue Technologie sich durchsetzen kann. Die Bauern haben sie begriffen, haben angefangen, Schilfgras- und andere Felder anzulegen. Sie wußten damals schon, wie man beispielsweise aus Rapsöl Energie gewinnen kann. Für sie war das keine Sensation. Das Sensationelle bei dem Vorschlag «Schilfgras statt Atom» ist nur, daß es sich um eine andere Pflanze handelt.

Schilfgras bringt zehnmal soviel Biomasse wie der Wald. Übrigens auch viermal mehr als Raps. Wir haben vom Raps viel über Energiegewinnung aus Biomasse gelernt. Der nächste Schritt wäre jetzt, die effektivste Pflanze zu nehmen, und das ist Schilfgras. Ich war in der Zwischenzeit fünfmal bei Ernten, und ich habe Ernten erlebt mit bis zu dreißig Tonnen Trockenbiomasse pro Hektar. Das ist soviel Energie, wie in 40000 Litern Öl oder 18 Tonnen Kohle steckt. Jedes Jahr pro Hektar – Bauern sind die Ölscheichs der Zukunft.

Wenn das die Politik begreifen würde. Stoiber fängt an, es zu verstehen. Die Brandenburger machen es jetzt nach. Thüringen verfolgt ebenso ein großes Schilfgrasprojekt; Sachsen und Hessen haben gleichfalls Schilfgrasfelder. Bei uns in Baden-Württemberg sagt mir die Landesanstalt für Pflanzenbau, die seit vier Jahren Schilfgrasfelder hat, daß wir nicht die geringsten ökologischen Probleme haben, weil diese C4-

Pflanzen nur die Hälfte des Wassers verbrauchen, verglichen mit unseren heimischen C3-Pflanzen. Sie nutzen die Sonnenenergie anders. Sie sind Kinder des Lichts.

Sie sind aber auch viel mehr auf die Sonne angewiesen. Deswegen kann man Schilfgras nicht in jeder Gegend anbauen. Ab einer gewissen Höhe, so 600 bis 700 Meter, würde ich Bauern nicht empfehlen, das Gras zu nehmen. Dort kann man aber andere Pflanzen verwenden. Der Einwand der Ökofundis ist natürlich immer gleich: Monokultur. Wer für Monokulturen ist, hat in der Tat nichts von Ökologie verstanden. Aber wieso Monokulturen? Von diesen Schilfgräsern gibt es 1745 verschiedene Arten. Die Natur hat alle Voraussetzungen geschaffen.

Mich hat einmal ein Bauer abgeholt zu einer Kreislandwirtschaftsversammlung des Bauernverbands, und da roch es ein bißchen in seinem Auto. Ich fragte: «Was fahren Sie denn? Es riecht so nach Pommes frites?» Er antwortete: «Ja, das ist mein Rapsöl.» Ein paar Tage später war ich bei einer anderen Bauernversammlung, da hat mich jemand abgeholt, in dessen Auto es nach Bratkartoffeln roch. Ich fragte: «Was machen Sie denn für schöne Sachen?» Er sagte: «Ich fahre Leinöl.»

Dieses kleine Geruchsproblem läßt sich beheben. Ich bin einmal in einem Lkw mitgefahren, der mit Rapsöl 600000 Kilometer in Europa zurückgelegt hat. Der hat nicht gerochen. Der Fahrer sagte, daß das nur ein technisches Problemchen sei.

Sie sehen, die Natur hat Möglichkeiten verschiedener Art geschaffen. In studentischen Kreisen ist inzwischen die Diskussion um Hanf voll entbrannt. Am Anfang habe auch ich gesagt: «Hanf? Wieso sollen wir Hanf in Deutschland anbauen? Es ist doch seit 1982 verboten, weil das irgend etwas mit Marihuana zu tun hat.» Hanf ist aber ein wirklich interessanter nachwachsender Rohstoff. Zwar nicht für Energie, aber damit kann man Kleider und Papier herstellen. Da ist diese Pflanze eine vorteilhafte Alternative gegenüber der heutigen Kleider- und Papierproduktion.

Es gibt noch ein paar weitere Wege zu neuen Energien, beispielsweise solarer Wasserstoff. Herr Bölkow ist ja auch noch eingeladen. Er wird Ihnen sein Konzept des solaren Wasserstoffs vorstellen. Ich bin da etwas zurückhaltend, weil solarer Wasserstoff sicherlich ein CO_2-neutraler Energieträger ist, es aber sehr aufwendig ist, ihn zu produzieren. Wir kommen in unseren Breitengraden damit schnell an Grenzen. Das müssen wir in Afrika oder Südeuropa machen, wo es mehr Sonne gibt, und dann hierhertransportieren. Aber es ist nicht unmöglich.

Für mich ist solarer Wasserstoff, nach allem, was ich von den klassischen Solarenergiesystemen weiß, sozusagen eine Reserveenergie. Solare Wasserstoffgewinnung, so, wie sie Herrn Bölkow vorschwebt, ist Großtechnologie. Er bringt gerne ein Bild: eine Anlage von tausend Quadratkilometern in der Sahara für die Produktion von solarem Wasserstoff, und wir haben die Energieprobleme in der ganzen Welt für alle Zeiten gelöst. Nur, was machen wir, wenn dort etwas passiert? Wir könnten die Energiefrage intelligenter lösen, indem wir auf kleine, dezentrale Energieversorgungssysteme setzen.

Wenn man alle die alternativen Möglichkeiten, über die ich mit Ihnen nachgedacht habe (Sonne, Wind, Wasser und Biomasse) und weitere, die ich nicht besprochen habe (z. B. Gezeitenenergie, Geowärme, Energiesparen und Energieeffizienz), addiert, dann ist es bis zum Jahr 2030 – so meine Vision – möglich, die gesamte Energie, die wir brauchen, um etwa in heutigem Wohlstand leben zu können, zu hundert Prozent regenerativ, umweltfreundlich und nicht mehr klimaschädlich zu produzieren. Das, und nur das, rettet das Weltklima. Nicht drei oder vier Prozent, wie uns die Energieversorger sagen, sondern hundert Prozent. Das geht, wenn man es wirklich will.

Die Notwendigkeit eines Paradigmenwechsels

Wir hatten mal einen Atomminister namens Franz Josef Strauß, und dieser hat mit viel Power dafür gesorgt, daß die Atomenergie eingeführt wurde. Wenn wir heute einen ähnlich dynamischen Solarminister hätten, einen Bundeskanzler oder eine Umweltministerin, die das begreifen und die Energiewende mit gleicher Intensität – aber bei einem Fünftel des finanziellen Einsatzes, der notwendig war, um die Atomenergie zum Laufen zu bringen – pushen würden, dann wären wir in einigen Jahrzehnten aus der Treibhausfalle heraus. Und wenn ein Land das macht, so, wie es sich die Japaner vorgenommen haben, dann wird die ganze Welt nachziehen. Denn alle brauchen Energie, und die Kohle, das Gas, das Öl und übrigens auch das Uran gehen zu Ende.

In der «Frankfurter Allgemeinen Zeitung» las ich neulich eine Überschrift, die mich sehr stutzig gemacht hat. Da hieß es: «Es gibt keine Energiekrise mehr». Nanu, was ist jetzt los? Da schreiben die Kollegen – sie wissen, es stecken immer kluge Köpfe hinter dieser bekannten Zeitung –, es gebe keine Energiekrise, denn die Erdölvorräte reichten mindestens noch vierzig Jahre. Eine tolle Perspektive für die heutige Generation oder unsere Kinder. Das ist zwar bescheuert, aber es ist genau die Sicht der Politiker. Und wir Journalisten sind kein bißchen besser. Wir denken nur von jetzt auf gleich. Wir haben einen Bundeskanzler, der immer wieder in seinen Wahlkampfreden sagt: «Politiker ist, wer an die nächste Wahl denkt. Ein Staatsmann, wer an die nächste Generation denkt.» Ach, wäre er doch Staatsmann, kann ich nur sagen.

Offensichtlich brauchen wir eine neue Generation. Vielleicht begreift es die Aufbaugeneration nach 1945 nicht. Das ist auch psychologisch nicht so leicht, denn die Bundesrepublik Deutschland ist ja ein politisches Erfolgsmodell. Ich wünsche mir aber, daß wir auf den Weg zu einer wirklichen Demokratie kommen. Wir sind erst am Anfang. Alle vier Jahre zu wählen, und dazwischen ist nichts, reicht nicht.

Vielleicht haben die Erfahrungen der letzten Woche mit der «Brent Spar» und Shell gezeigt, daß sich doch etwas bewegt von unten. Es ist allerdings keine Heldentat, an einer Tankstelle vorbeizufahren und die nächste zu benutzen. Darauf brauchen wir uns nicht soviel einzubilden. Ich frage mich, ob ein deutscher Bundeskanzler oder ein CSU-Generalsekretär Greenpeace auch unterstützt hätte, wenn es einen deutschen Konzern betroffen hätte. Da habe ich große Zweifel.

Dreißig Jahre politischer Journalismus lassen mich an vielem zweifeln. Dennoch, man hat jetzt gesehen, wie rasch die da oben reagieren müssen, wenn sich unten etwas bewegt. Shell hat nicht reagiert auf den Bundeskanzler. Es ist Shell egal, was ein Helmut Kohl sagt. Bei John Major, dem britischen Regierungschef, ist Helmut Kohl auch abgeblitzt. Shell hat es genausowenig interessiert, daß Greenpeace anfing, diese Aktionen durchzuführen. Auch wenn sie Abend für Abend über den Bildschirm gehen, sind sie Shell gleichgültig, solange der Verbraucher sich nicht anders verhält. Aber wenn es überschwappt und zwanzig Prozent an der Shell-Tankstelle vorbeifahren, dann muß der Konzern reagieren. Hochinteressant für die politische Kultur. Daraus können wir viel lernen, wenn wir klug sind.

Wir brauchen andere Koalitionen. Nach dem Krieg hatten wir Deutsche Glück mit dem ökonomischen Marshallplan, mit dem uns die Amerikaner mit über zehn Milliarden US-Dollar wieder hochgepäppelt haben. Das war eine große Leistung der Sieger für die Besiegten. Ich habe mit Umweltministern die parteiübergreifende Aktion «Globaler Ökologischer Marshallplan» gestartet, damit diese Erde für unsere Kinder bewohnbar bleibt. Unsere Forderungen und Überlegungen haben wir als programmatische Skizze zusammengetragen. 800 000 Menschen haben das Konzept in wenigen Monaten unterschrieben. Plötzlich gibt es ganz neue Koalitionen mit Leuten, denen man das gar nicht zugetraut hätte. Das geht von Günther Grass über den Dalai Lama bis zu Udo Jürgens. Auch der SC Freiburg beteiligt sich. Er fängt jetzt an, die ersten Solaranlagen auf einem Stadion zu installieren. Während der Bundesligaspiele wird auf der Stadiontafel eingeblendet: «Unsere Spieler duschen mit der Sonne.» Da ist nicht mehr der Mercedes vor der Haustür das Prestigeobjekt, sondern die Solaranlage ist in. Das andere ist mega-out.

Ich glaube, meine Damen und Herren, dieser Paradigmenwechsel wird kommen. Ein Beispiel aus der Schweiz: Ich habe bei Ciba-Geigy einen Film gedreht. Beim Mittagessen mit einem Vorstandsmitglied habe ich gefragt: «Wie machen Sie das denn? Ich sehe überhaupt keine Parkplätze. Tausende von Mitarbeitern in Basel und keine Parkplätze?» Da sagte er: «Aber, Alt, wo leben wir denn? Wieso Parkplätze? Das ist viel zu teuer! Bei uns bekommt jeder Mitarbeiter ein Ticket für das öffentliche Verkehrssystem. Und ich als Direktor kann dann auch nicht mit dem Auto kommen. Autofahren ist bei uns asozial. Da werden Sie schräg angeguckt.» Angesichts der heutigen Dreckschleudern ist diese Haltung vernünftig.

Bei einer Recherche für einen Film zur Verkehrswende in der Schweiz fand ich heraus, daß ein Schweizer heute im Schnitt viermal so häufig Bahn fährt wie ein Deutscher. In Tokio ist 90 Prozent des Verkehrs öffentlich. Die deutsche Großstadt mit dem größten Anteil an öffentlichem Verkehr ist Freiburg mit 37 Prozent. Da sehen Sie den Unterschied, wenn intelligente Politik gemacht wird. Es ist nicht wahr, daß wir keine Alternativen haben, daß wir die Zukunft verspielen müssen.

Wichtig ist, daß wir die Ressource Hoffnung nicht verspielen. Diese No-future-Mentalität darf nicht um sich greifen. Das Leben, das vor

Ihnen liegt, ist viel zu schade dafür. Es geht aber nicht um Askese, sondern um Wohlstand und Glück von Menschen. Das sehe ich auch bei allen großen, wirklich maßgebenden Menschen in der Geschichte. Jesus von Nazareth war kein Asket. Er meinte immer die Fülle des Lebens. Dazu gehört Lebensfreude und Lebensglück. Nicht, was die Kirchen daraus gemacht haben. Man muß einmal die wunderbaren ökologischen Bilder der Bergpredigt betrachten. Da ist nicht von Askese die Rede.

Ich glaube, wir haben viel Grund, bei diesen Zukunftsüberlegungen mitzudenken und mitzuhandeln. Unser Hauptproblem ist: Wie kommt es vom Kopf, vom Umdenken, in die Hand, zum «Umhandeln». Warum läuft es nicht? Weil es vor allen Dingen uns Männern, die heute noch den Ton angeben in der Gesellschaft, besonders schwerfällt, diese innere Instanz zwischen Kopf und Hand zu mobilisieren. Das ist wahrscheinlich eher eine weibliche Instanz. Die Theologen würden sagen: das Herz. Die Psychologen würden sagen: die Seele. Und die Humanisten vielleicht: das Gewissen. Diese ungenügend ausgeprägte innere Instanz ist heute unser großes Manko. Äußerlich und materialistisch sind wir Weltmeister, aber im Psychischen sind wir sehr unterentwikkelt. Ohne die Mobilisierung dieser inneren Ressource wird es uns nicht gelingen, den Ausweg aus den Sackgassen zu finden, in die wir uns verrannt haben.

Neulich habe ich in einem Fernsehinterview wieder mit dem Dalai Lama gesprochen, dem großen Religionslehrer aus Asien, von dem ich viel gelernt habe. Ich habe ihn gefragt, was heute für ihn Religion sei. Er antwortete, daß sich heute nur der religiös nennen dürfte, der mitarbeite an der Bewahrung der Schöpfung. Das ist modern verstandene Religiosität. Ich denke, er hat recht. Es wird deutlich, daß dieser ethische Impuls mit der Technik endlich zusammenkommen muß. Dann kommen auch Ökonomie und Ökologie zusammen und alle Dinge, die zusammengehören. Dann werden wir erleben, wie sich die Verhältnisse relativ rasch ändern. Doch sie werden sich nur ändern, wenn unten Menschen wie du und ich dieses Nach-oben-Starren aufgeben.

Zum Schluß möchte ich Ihnen eine Fabel erzählen. Drei Mäuse sind in die Milch gefallen: eine optimistische, eine pessimistische und eine realistische. Die optimistische Maus sagt: «Weiter so! Noch geht es mir gut. Mir ist ohnehin noch nie etwas passiert.» Blubb, blubb, weg ist sie.

Die pessimistische Maus sagt: «Ich bin in die Milch gefallen. Furchtbar! Ich habe immer gewußt, daß es so kommen wird.» Blubb, blubb, weg ist sie. Die realistische Maus hingegen sagt sich: «Die Lage ist ernst, aber nicht hoffnungslos. Was kann ich tun?» Sie hat die alles entscheidende Frage gestellt. Sie jammert nicht, sondern fängt an, mit allen vieren zu rudern. Die Milch um sie herum wird immer dicker, und nach einer halben Stunde ist aus der Dickmilch Butter geworden. Sie steigt auf den Butterberg und ist gerettet.

Sie sehen, alles hängt von uns ab!

Diskussion

Frage: Herr Alt, Sie haben davon geredet, daß wir fossile Primärenergien verbrauchen, die in Millionen von Jahren entstanden sind. Wenn Sie jetzt von Bioenergie reden, dann gehen wir davon aus, daß wir bei ihnen ein Gleichgewicht erhalten müßten. Das, was wir in einem Jahr erzeugen, können wir in einem Jahr verbrauchen. Wie können Sie sich vorstellen, einen vernünftigen Prozentsatz der fossilen Primärenergien durch Biomasse zu ersetzen? Es hört sich an, als könnten wir das niemals schaffen.

Alt: Ich habe lange gebraucht, bis ich den Unterschied zwischen Kohle-, Gas-, Ölverbrennung und Biomasseverbrennung verstanden habe. In beiden Fällen wird CO_2 freigesetzt. Der Unterschied ist der, daß bei den nachwachsenden Pflanzen genausoviel CO_2 aus der Luft aufgenommen wird, wie nachher bei der Verbrennung freigesetzt wird. Aber wenn ich in einem Jahr verbrenne, was in einer Million Jahren gewachsen ist, bekomme ich keinen geschlossenen Kreislauf.

Ich sage nicht, daß alle Energie aus nachwachsenden Rohstoffen gewonnen werden soll. Die Chance der Sonnenenergie ist der Mix verschiedener Nutzungsalternativen. Im Jahr 2000 haben wir fünf Millionen Hektar brachliegender Fläche in Deutschland. Mein Vorschlag ist, die Hälfte für nachwachsende Rohstoffe zur Energieerzeugung einzusetzen. Dann können wir im nächsten Jahrhundert dreißig Prozent der Energie, die wir brauchen, aus nachwachsenden Stoffen beziehen. Ein weiteres Drittel erhalten wir aus der direkten Energienutzung, das letzte Drittel aus Wind und Wasser.

Eine Zeitlang werden wir auch noch die heutigen fossilen Energieträger nutzen müssen. Aber wenn es in Bayern möglich ist, bereits in fünf Jahren zehn Prozent der Energie aus nachwachsenden Rohstoffen zu gewinnen, ist es auch anderswo möglich. Wenn noch circa acht Prozent durch Wasser, zwei oder drei Prozent durch Wind hinzukommen würden, dann erkennt man bereits die Richtung.

Das Biomasseenergiesystem in Sulzbach-Rosenberg produziert schon für viele Menschen Strom und Wärme. Wenn man solche Systeme regional organisiert, alle dreißig bis vierzig Kilometer, dann lohnt es sich. Man darf nicht den alten Fehler machen und große, zentrale Systeme bauen. Die Anfahrtwege dürfen nicht lang sein.

In Thüringen gibt es jetzt das erste Strohheizkraftwerk. Es funktioniert hervorragend, und die Bauern sind begeistert. Das Unterpflügen von Stroh verursacht ökologische Probleme, und viele Bauern wissen nicht, wohin mit überschüssigem Stroh. Da könnte man auch mit unseren Wäldern sehr viel mehr machen, vor allem, seitdem es soviel Sturmholz gibt. Tausende Tonnen von Holz verrotten ungenutzt, statt energetisch genutzt zu werden. Wenn wir viele kleine Biomassekraftwerke haben, können wir allein mit dem, was in unseren Wäldern jährlich anfällt, weitere zehn Prozent des Energieverbrauchs decken.

Frage: Sie haben von Ihren Gesprächen mit Vorstandsmitgliedern erzählt. Sie sind da ja am Kopf vom Dinosaurier. Was wollen die tun, wenn die sagen, sie können Einliterautos bauen?

Alt: Die wollen natürlich ihre Anlagen, in die sie Milliarden investiert haben, so lange wie möglich laufen lassen. Das ist betriebswirtschaftlich verständlich. Volkswirtschaftlich ist das aber eine Katastrophe. Aber die sagen mir immer, wenn die Politik die Rahmenbedingungen ändere, dann würden sie das machen. Nehmen Sie doch das Beispiel der Einführung des Dreiwegekatalysators. Da hat die deutsche Automobilindustrie geschrien: «Geht nicht. Wettbewerbsverzerrung! Deutschland ist dann kein interessanter Standort mehr!» Dann haben sie es machen müssen, und kurz danach war der Dreiwegekatalysator ein Exportschlager.

Die heutige Führungsschicht in den Konzernen hat es mittlerweile dreißig Jahre so gemacht und sich in den jetzigen Strukturen hochgearbeitet, so daß sich bei denen aus psychischen Gründen kaum noch etwas bewegt. Da muß einer schon viel an sich arbeiten, um neu anzufangen. Ich hoffe, daß mit einer neuen Generation mehr Kreativität und Phantasie kommt. Die Führungsschicht in Politik und Wirtschaft hängt an den alten Strukturen und kann sich nicht vorstellen, daß es auch andere, intelligentere Wege gibt. Wenn die Politik nicht Vorgaben macht, dann wird die Wirtschaft von sich aus nichts tun.

Ich könnte Ihnen viele Beispiele schildern, wie sich führende Wirtschaftskonzerne in Deutschland ein ökologisches Mäntelchen zulegen, aber Angst haben, daß es dann groß ins Spiel kommt. Ich kenne einen großen Energieproduzenten in Deutschland, der ein Schilfgrasfeld angelegt hat. Der gibt jetzt ständig falsche Zahlen heraus, weil das Schilfgras leider erfolgreich ist. Ich weiß, wie das läuft. Andere Energiekonzerne in der Münchener Umgebung haben Solaranlagensysteme aufgekauft, um das Monopol zu bekommen und die Patente in der Schublade verschwinden zu lassen. Für teures Geld aufgekauft, um es kaputtzumachen. Da gibt es in der Literatur Tausende von Beispielen, wie der Durchbruch des Neuen verhindert wird und die alten Strukturen weitergepflegt werden.

Wir müssen die Machtfrage begreifen. Siebzig Prozent der Deutschen sind gegen Atomkraft. Achtzig Prozent sagen, allein die Sonne sei die Zukunft. Nur, sie wählen falsch. Was glauben Sie, wie rasch die beiden großen Dinosaurierparteien aufwachen würden; aber erst dann, wenn die Machtfrage gestellt wird. Wir begreifen nicht, wie politisch die Themen ökologische Steuerreform, Solarenergie oder öffentliche Verkehrssysteme sind. Das sind für uns mehr technische Fragen. Wir sehen das Problem nicht ganzheitlich. Wenn es einmal eine Gewissensfrage wird, ob man es verantworten kann, Auto zu fahren, kriegt das eine ganz andere Dynamik. Dann hat es auch wahlpolitische Konsequenzen, und die Politik reagiert sofort. Aber erst dann.

Frage: Wie kann man Automobilkonzerne dazu zwingen, diese Einliterautos, von denen Sie gesprochen haben, auf den Markt zu bringen?

Alt: Verfolgen Sie einmal, wie viele Jahre der Renommierkonzern Daimler-Benz uns das Swatch-Automobil noch versprechen wird. Vor drei Jahren wurde gesagt, es komme 1995. Beginn dieses Jahres hieß es bereits 1997. Irgendwo habe ich jetzt gelesen: 1998. Alles klar, wie das läuft. Ich wette, daß es 1998 nicht kommt. Autosalon um Autosalon, Autoausstellung um Autoausstellung wird das Öko-Auto versprochen und nie produziert. Wir werden verarscht und für dumm verkauft.

Aber wir rechnen auch falsch. Eine Investition von 40 000 Mark soll billiger sein als Zug fahren? Noch nie etwas von der BahnCard gehört? Als Journalist muß ich sehr mobil sein. Früher bin ich 50 000 bis 60 000 Kilometer mit dem Auto gefahren. Ich habe einfach versucht, mich umzustellen. Ich reise jetzt sicherer, bequemer und ökonomischer mit der Bahn. Heute fahre ich bei gleicher Terminzahl nur noch ein Zehntel der Autokilometer gegenüber früher, ohne daß mir etwas fehlt. Wenn ein Großteil der Autofahrer das auch tun würde, dann wären viele Probleme schon gelöst. Wenn ich öffentliche Verkehrsmittel benutze, brauche ich nur ein Viertel des Energie- und ein Fünftel des Umwelteinsatzes. Wenn in allen Autos vier Personen säßen, dann wäre es ein vernünftiges Beförderungsmittel. Aber wir haben eine durchschnittliche Autobelegung von 1,2 Personen. Wobei die meisten Fahrten unter fünf Kilometern liegen, wo man eigentlich laufen, radfahren oder Bus und Straßenbahn benutzen könnte.

Nur, häufig fehlen die Voraussetzungen, fehlt die Infrastruktur. Wir müssen in unserer Zeit vom Staat verlangen, daß er vernünftige, menschenwürdige Voraussetzungen schafft, damit man sich auch ohne Auto fortbewegen kann. Ich bin nicht für Politiker, die uns das Autofahren verbieten. Aber ich bin für Politiker, die sich für Alternativen einsetzen und das, was heute möglich ist, auch machen. Straßenbahnpolitik wie in Karlsruhe bitte. Dort fährt in der Innenstadt alle neunzig Sekunden eine Straßenbahn. Kein Mensch denkt daran, das Auto zu benutzen. Alle neunzig Sekunden! Demnächst gibt es auch noch ein Frühstück in der Straßenbahn.

Ich bin für mehr Wohlstand. Es muß Spaß machen, es muß schön sein. Warum soll ich von München bis Hamburg ICE fahren ohne Sauna? Wieso eigentlich? Das ist doch kein Problem, das zu machen. Und wenn dann auch irgendwann noch das Essen anständig wird, dann ist es noch interessanter.

Es gibt nur zwei Möglichkeiten

Energie für die kommenden Generationen erfordert Entscheidungen heute

Ludwig Bölkow, Gründer von
Messerschmitt-Bölkow-Blohm (MBB)

> Ein wichtiger Punkt der Lebensweisheit besteht in
> dem richtigen Verhältnis, in welchem wir unsere
> Aufmerksamkeit teils der Gegenwart, teils der
> Zukunft widmen, damit nicht die eine uns die
> andere verderbe.
> *Arthur Schopenhauer*

Wie aus der Entwicklung des Altersaufbaus der deutschen Bevölkerung von 1910 bis heute und einer Prognose für 2040 ersichtlich ist, wird es in Zukunft mehr ältere Menschen geben als jüngere. Die Verantwortung für die Zukunft liegt bei der älteren Generation, den Menschen über vierzig.

Energieverbrauch auf der Erde

Der Weltenergieverbrauch setzt sich heute folgendermaßen zusammen: Öl 36,2 %, Kohle 26,6 %, Gas 19,6 %, Wasser 6 %, Kernenergie 5,7 %, Biomasse 5,5 %, Geo und Wind 0,1 %. Die Dominanz der fossilen Energieträger Öl, Kohle und Gas ist klar erkennbar. Die Kernenergie besitzt einen verhältnismäßig geringen Anteil am Gesamtverbrauch.

In der Bundesrepublik Deutschland liegt eine ähnliche Verbrauchsstruktur vor (Öl 41 %, Kohle 29 %, Gas 18 %, Kernenergie 10 %, Sonstige 2 %). Unterschiede gibt es nur bei der Kernenergie, deren Anteil bei uns höher ist, und bei der Biomasse und Wasserkraft, die bei uns deutlich niedriger als der Weltdurchschnitt ist.

Heute ist nur ein geringer Teil der Primärenergie (etwa ein Drittel) als Nutzenergie verfügbar. Der Rest, nämlich zwei Drittel, geht bei Erzeugung, Transport, Verteilung und Energieumwandlung verloren. Die Nutzenergie wird zu etwa 47 Prozent als Raumwärme, zu 30 Prozent als Prozeßwärme, zu 13 Prozent zur Verrichtung mechanischer Arbeit und zu Beleuchtungszwecken und zu etwa 10 Prozent im Verkehr benötigt.

Wer braucht die Energie in der Welt? 17 Prozent der Weltbevölkerung in den «reichen» Ländern verbrauchen 57 Prozent der Weltenergie. Die Übernutzung der Erdressourcen findet somit nicht im Süden, sondern im Norden statt.

Der Gegensatz zwischen arm und reich in der Welt ist nicht nur beim Energieverbrauch gegeben, sondern ebenso beim Bruttosozialprodukt, beim Anteil am Welthandel und an den Investitionen. Die Wohlstands- und Habenichtsländer machen je ein Fünftel der Weltbevölkerung aus. Die Industriestaaten teilen rund 85 Prozent der Reichtümer der Welt unter sich auf, während sich das ärmste Fünftel mit nur 1 Prozent begnügen muß.

Der Energiebedarf, gemittelt auf alle Menschen, liegt bei etwa zwei Kilowatt pro Kopf der Weltbevölkerung (dies entspricht etwa zwei Tonnen Kohle pro Jahr). Während den Bürgern in den Entwicklungsländern weniger als ein Zehntel dessen zur Verfügung steht, benötigen die reichen Länder bis zum Zehnfachen des Weltdurchschnitts (Abbildung 7.1).

Eine Betrachtung der historischen Änderungen der Energieverbrauchsstrukturen (Abbildung 7.2) zeigt, daß diese Änderungen immer sehr lange Zeit in Anspruch genommen haben und daß eine neue Energieform immer viele Jahrzehnte gebraucht hat, um ihren Marktanteil entscheidend auszuweiten. Prognosen über den künftigen Verbrauch haben immer den Beigeschmack des Handlesens: So mag man darüber streiten, ob die derzeit bekannten fossilen Energievorräte in fünfzig oder in hundert Jahren zur Neige gehen, ob der zunehmende Verbrauch dem ein schnelleres Ende setzt oder neue Funde diese Grenze hinausschieben. Sicher ist jedoch, daß langfristig eine Energieversorgung nicht auf endlichen Energievorräten aufgebaut werden kann. Die Menschheit wird die Nutzung des Energieflusses der Sonne benötigen, um ihren Energiehunger zu stillen. Die Übergangsphase dorthin wird

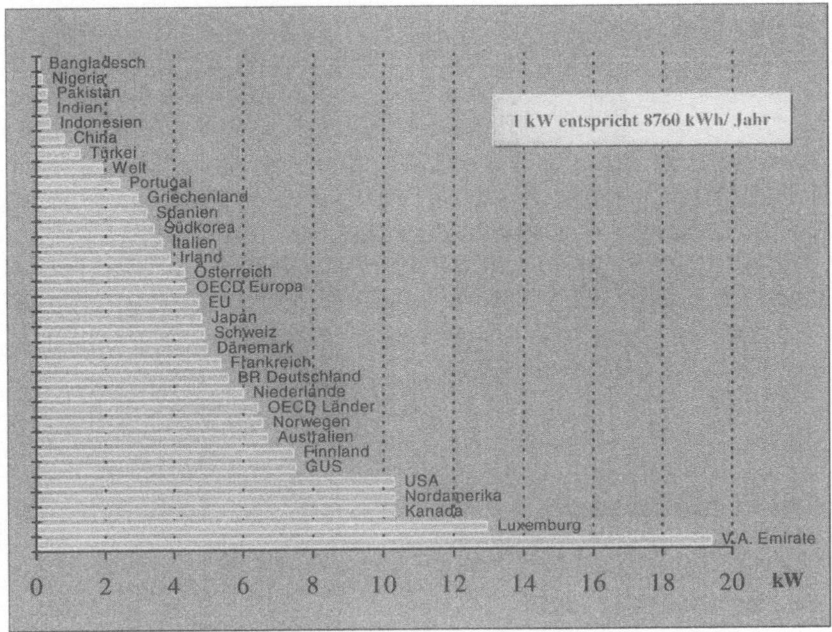

Abbildung 7.1: Jährlicher Energiebedarf pro Kopf der Bevölkerung 1992

jedoch einige Zeit benötigen. Den Beginn dieser Übergangsphase – weg von der Nutzung begrenzter Energievorräte, hin zur (nach unseren Maßstäben) unbegrenzten Nutzung des Energieflusses der Sonne – erleben wir heute. Diese Phase mag sich hundert Jahre oder vielleicht auch länger hinziehen. Das Ziel ist vorgegeben, die Weichen, wie schnell wir dieses erreichen können, werden jedoch mit unseren heutigen Entscheidungen gestellt: Wir können beschleunigen, oder wir können behindern und verlangsamen, wir werden jedoch nicht verhindern können.

Die Endlichkeit der fossilen Brennstoffe kann man sehr schön am Beispiel Erdgas darstellen. Selbst wenn wir von einer Vervierfachung der gegenwärtig bekannten Erdgasreserven ausgehen, so läßt sich zeigen, daß bei einem Wachstum des Verbrauchs von mehr als zwei Prozent die Reserven früher oder später im nächsten Jahrhundert erschöpft sein werden.

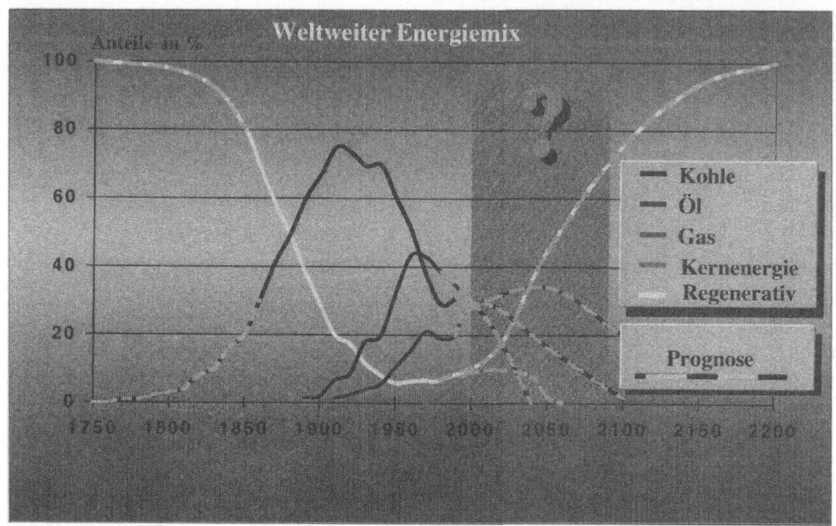

Abbildung 7.2: Die zeitliche Entwicklung der Energieträgeranteile

Die Situation läßt sich auch verdeutlichen, wenn man alle fossilen Brennstoffe wie Erdgas, Erdöl und Kohle in einen Topf wirft und zunächst untereinander als beliebig austauschbar betrachtet. Die statistische Reichweite dieser Vorräte beträgt dann beim heutigen Verbrauch neunzig Jahre. Würde die ganze Welt im Schnitt soviel Energie verbrauchen wie die Bevölkerung der USA, so wären die Vorräte bereits in siebzehn Jahren erschöpft. Dies zeigt, daß unsere Lebensweise nicht auf den Rest der Welt übertragbar ist: Wir sind kein Modell für die langfristige Entwicklung der Welt.

Aber nicht nur die Endlichkeit der Ressourcen stellt ein Problem dar. Genauso schwerwiegend sind die Auswirkungen des ungehemmten Verheizens der fossilen Brennstoffe auf das Klima. So nahm zum Beispiel der Kohlendioxidgehalt der Atmosphäre, hauptsächlich verursacht durch den Abbrand fossiler Brennstoffe, seit 1850 von 270 ppm (parts per million) auf heute 355 ppm zu, also um dreißig Prozent. Dies ist eine wesentliche Ursache für die verstärkte Zurückhaltung von Wärme auf der Erde. Bis heute stieg dadurch die globale Temperatur um etwa ein Grad Celsius. Prognosen von Klimatologen legen bis zum

Ende des nächsten Jahrhunderts einen weiteren Temperaturanstieg um drei bis fünf Grad Celsius nahe, sofern dem nicht aktiv entgegengewirkt wird.

Der Club of Rome hat den CO_2-Anstieg 1972 genauso vorausgesagt, wie er im Jahr 1990 eingetroffen ist. Der CO_2-Gehalt der Atmosphäre ist heute so hoch wie noch nie seit Bestehen der Menschheit – mit steigender Tendenz. Die Geschwindigkeit der Zunahme ist einmalig! Das heißt, wir machen momentan auf der Erde ein Experiment mit der Atmosphäre, dessen Ausgang äußerst ungewiß und gefährlich ist.

Welche Handlungsmöglichkeiten haben wir?

Die großen fossilen Energien Öl und Gas werden in ein paar Jahrzehnten erschöpft sein, deshalb müssen wir diesen großen Anteil an der Weltenergieversorgung durch CO_2-freie Energien ersetzen. Es gibt grundsätzlich nur zwei Möglichkeiten:

- Kernenergie und
- Sonnenenergie.

Einige Bemerkungen zur Kernenergie: Die Reichweite des Energieträgers Uran ist weniger entscheidend als die ungelöste Entsorgungsfrage. Besonders gilt das für das hochgiftige Plutonium, von dem es weltweit gegenwärtig circa 800 Tonnen gibt und bei dem allein aus der zivilen Nutzung der Kernenergie weltweit 70 Tonnen jährlich dazukommen.

Welche Gefahren diese Mengen in sich bergen, mag Ihnen folgendes Beispiel verdeutlichen: Weniger als 150 Kilogramm Plutonium, gleichmäßig auf die Lungen der 5,7 Milliarden Erdbewohner verteilt, würden ausreichen, um bei jedem einzelnen Lungenkrebs zu erzeugen. Ein weiteres Problem liegt im militärischen Bereich. Mittlerweile ist anerkannt, daß man mit circa einem Kilogramm Plutonium eine Atombombe bauen kann. Durch die veränderte weltpolitische Situation ist es derzeit für terroristische Gruppen zunehmend leichter möglich, an eine solche Menge Plutonium zu kommen. Aufgrund der langen Halbwertszeit von Plutonium von 24000 Jahren werden Hunderte von Generationen mit diesem gefährlichen Stoff leben müssen. Und das sind hauptsächlich die Generationen, die nach dem Aufbrauchen der Uranvorräte ohne Kernenergieeinsatz leben würden. Die kommenden Generationen werden mit dem Umgang eines Stoffs belastet, den es in der Natur vorher nicht gegeben hat.

Wir sollten uns vergegenwärtigen, seit welchen Zeiten es überhaupt menschliche Siedlungen gibt: höchstens seit 10000 Jahren. Ich kann mir nicht vorstellen, daß unsere gegenwärtigen zivilisatorischen und weltpolitischen Gegebenheiten Zehntausende von Jahren stabil und immer kontrollierbar sein werden.

Erinnern wir uns noch einmal an den gesamten Weltenergieverbrauch. Der Beitrag der Kernenergie ist demnach circa fünf Prozent vom Primärenergiebedarf der Weltbevölkerung. Es gibt heute 420 Kernkraftwerke. Ich werde Ihnen jetzt eine kleine Rechnung vorführen, die klar zeigt, daß ein Ersatz der fossilen Energieträger Kohle und Gas durch die Kernkraft utopisch ist. Angenommen, wir müssen innerhalb der nächsten fünfzig Jahre vierzig bis fünfzig Prozent der fossilen Energien durch Kernkraft ersetzen, dann würde das einen Zubau von circa 4000 Kernkraftwerken bedeuten. Das wären 80 Kernkraftwerke jährlich über die nächsten fünfzig Jahre oder: Alle vier bis fünf Tage müßte während der nächsten fünfzig Jahre ein neues Kernkraftwerk ans Netz gehen.

Meiner Meinung nach ist die einzig realistische Option für die Zukunft die Versorgung der Menschheit mit Sonnenenergie. Lange Zeit wurde als Argument angeführt, es sei in unseren Breitengraden wegen der geringen Dichte der Sonnenenergie und wegen der Schwankungen im Jahresablauf unmöglich, ein Haus autark mit Sonnenenergie zu versorgen. Heute gibt es einige Beispiele dafür, die diesen Sachverhalt eindeutig widerlegen. Das prominenteste Beispiel ist ein vom Fraunhofer-Institut in Freiburg 1992 entwickeltes und gebautes energieautarkes sogenanntes Nullenergiehaus (Abbildung 7.3). Dieses Haus bezieht seine Energie ausschließlich von der Sonne. Passive Solararchitektur reduziert den Energiebedarf für die Heizung. Aktive Solartechnik dient zur Warmwasserbereitung und zur Stromerzeugung. Als Energiespeicher dient Wasserstoff, der aus dem erzeugten Strom gewonnen wird. Der Wasserstoff wird verwendet als Brennstoff für Heizen und Kochen.

Abbildung 7.3: Das energieautarke Solarhaus (Freiburg 1992)

Mittlerweile werden ähnliche Konzepte bereits auf dem Markt angeboten zu spezifischen Preisen von unter 4000 Mark pro Quadratmeter Wohnfläche (Abbildung 7.4).

Auch das im März 1994 vom wissenschaftlich-technischen Beirat der bayerischen Staatsregierung vorgelegte Gutachten zu einem möglichen Beitrag der erneuerbaren Energien zur CO_2-Reduktion in Bayern kommt zu dem Ergebnis, daß die technischen Potentiale den Bedarf um ein Vielfaches übersteigen.

Diente anfangs noch das Argument, Energieversorgung durch die Sonne sei technisch nicht möglich, dazu, den Einstieg in eine solare Energieversorgung zu verhindern, so tritt an dessen Stelle heute zunehmend das Argument: Sonnenenergie sei nicht wirtschaftlich. Dieses Argument hat aber eine andere Qualität.

Ob wir uns eine Energieversorgung durch die Sonne leisten können, sollen oder wollen, ist eine ganz andere Frage. Dies hat auch sehr viel mit den gegenwärtigen Marktstrukturen zu tun. Im Energiesektor werden die Marktbedingungen durch Monopole und staatliche Rahmen-

Abbildung 7.4: Das Nullenergiehaus der Firma Solar Diamant

bedingungen gemacht und erhalten. In Wirklichkeit lassen wir Markt im Energiesektor gegenwärtig gar nicht zu.

Wir haben auch heute in der Energiewirtschaft eine vielfach verzerrte Preissituation. Zum einen gibt es überhaupt keinen richtigen Markt im Sinn der ökonomischen Theorie, sondern einen in vielfältiger Weise regulierten und administrierten Markt. Auf diesem Markt sind außerdem langfristige Knappheiten nicht berücksichtigt (künftige Generationen können über den Preis des Öls nicht mitbestimmen), und die Preise spiegeln besonders nicht die externen Kosten unserer Energieversorgung wider. Das heißt, daß Umweltschäden und die Lasten künftiger Generationen von den heutigen Konsumenten nicht bezahlt werden. Allein die von vielen geforderte Internalisierung externer Kosten würde zu einer völlig anderen Situation auf den Energiemärkten führen und schon heute die Wettbewerbsfähigkeit von erneuerbaren Energien sowie von Investitionen in größere Energieeffizienz drastisch verbessern.

Außerdem ist es auch unter wirtschaftlichen Gesichtspunkten viel zu eng, nur die Kostenseite zu betrachten. Solarenergie und Energieeinsparungstechniken bieten vielfältige neue ökonomische Chancen. Es können neue Märkte erschlossen werden, die neue Arbeitsplätze schaffen. Ein rechtzeitiges Eintreten in diese Märkte kann künftige Wettbewerbsvorteile schaffen. Ich erinnere dabei nur an das Beispiel Dänemarks, das als kleines Land und durch das frühzeitige Erkennen der Chancen eine führende Rolle als Hersteller von Windenergieanlagen gewonnen hat.

Aber auch in Deutschland wurde durch veränderte Rahmenbedingungen ein Markt für Windkraftanlagen geöffnet. Durch das Einspeisegesetz des Bundeswirtschaftsministeriums geregelt, muß der Energieversorger dem Betreiber Windstrom mit etwa siebzehn Pfennig pro Kilowattstunde vergüten. Innerhalb von nur fünf Jahren wurde hierdurch ein Markt geschaffen mit einem Umsatz von etwa einer Milliarde Mark pro Jahr und 5000 Arbeitsplätzen. Und dabei steht man hier erst am Anfang. Heute gehören deutsche Windanlagenhersteller zu den «global players» auf dem rasch expandierenden Weltmarkt.

Die Nutzung der Sonnenenergie

Der Wunsch nach einer gezielten und intensiven Nutzung der Sonnenenergie ist keine Erfindung heutiger Tage. Im folgenden möchte ich Ihnen einen Überblick über die Nutzungsvielfalt der Sonnenenergie geben:

- Photosynthese und Biomasse
- Petroleumbäume und Algenfarmen
- Strömungskraftwerke
- Windkraftwerke
- Wasserkraftwerke
- Wellenkraftwerke
- thermische Meereskraftwerke
- solarthermische Kraftwerke
- Kühlung und Heizung von Gebäuden
- direkte Stromerzeugung durch die Sonne (Photovoltaik)
- Elektrolyse
- Gewächshäuser

Abbildung 7.5: Das solarthermische Kraftwerk Kramer-Junction

Bei der Elektrolyse wird der mittels der Photovoltaik gewonnene Strom dazu verwendet, Wasser in die gasförmigen Bestandteile Wasserstoff und Sauerstoff zu zerlegen. Wasserstoff als Energieträger ist speicherbar, transportierbar, umweltneutral, vielseitig anwendbar (als Rohstoff in der Chemie) und unbegrenzt verfügbar. Bei der Verbrennung entsteht wieder Wasser. Einschränkend muß hier jedoch angemerkt werden, daß elektrolytisch erzeugter Wasserstoff nur dort eine sinnvolle Ergänzung bildet, wo er nicht in Konkurrenz zu günstigerer Nutzung des regenerativ erzeugten Stroms steht.

Das Nullenergiehaus zeigt nicht nur die dezentrale Nutzung der Sonnenenergie in unseren Breiten, sondern auch die wesentliche Grundstruktur des Vorteils eines Wasserstoffeinsatzes. Bei der zeitlichen Entkopplung von Energieangebot und Nachfrage wird ein Speichermedium notwendig. Wollte man zum Beispiel die im Solarhaus notwendige Energie über Batterien speichern, so wäre ein Akkumulator von vierzig Tonnen notwendig. Mit Hilfe des Wasserstoffs genügt ein fünf Kubikmeter großer Wasserstoffdruckspeicher. Abgesehen von der Kostenfrage, zeigt dies schon die Unmöglichkeit, in großem Maßstab den Strom direkt zu speichern, also die zwingende Notwendigkeit

Abbildung 7.6: Das photovoltaische Kraftwerk Carissa-Plains

der Nutzung des Wasserstoffs. Über die Entwicklung eines Speichermediums wird gleichzeitig die Energie auch transportabel; das heißt, man kann zusätzlich zur heimischen Erzeugung Energie in sonnenreichen Gegenden ernten, in Wasserstoff speichern und die gespeicherte Energie dorthin transportieren, wo sie gebraucht wird.

Die Gegenden der Erde mit höchster Strahlungsintensität liegen in Kalifornien, Mexiko, dem andinen Hochland Südamerikas, Nordafrika, Südafrika, Südindien und Australien. Diese Gegenden sind in idealer Weise für solare Großkraftwerke geeignet. Zugleich liegen sie zum Teil weit von den Verbrauchszentren entfernt, so daß ähnlich dem heutigen Öl- und Gasmarkt ein Wasserstoffwelthandel denkbar wird.

Bereits verwirklichte Kraftwerke sind auf den Abbildungen 7.5 und 7.6 zu sehen.

Wenn wir die Sonnenenergie im Sonnengürtel der Erde in größeren Kraftwerken ernten wollen, dann stellt sich das technische Problem des Energietransports. Dazu gibt es prinzipiell zwei Möglichkeiten:

- den dort erzeugten Strom über Hochspannungsleitungen zu uns transportieren oder

- in den Kraftwerken den Strom mittels Elektrolyse in Wasserstoff umwandeln und über ein Pipelinenetz zum Beispiel nach Mitteleuropa zu befördern.

Letztere Vorstellung muß keine Utopie sein (Abbildung 7.7). Bereits heute gibt es große Leitungen, über die ganz Europa mit Erdgas versorgt wird. Diese Infrastruktur kann langfristig auch zum Transport von Wasserstoff genutzt werden. Aktuelles Beispiel für eine noch weitergehende Nutzung dieser Möglichkeit ist der Bau einer großen Erdgasleitung von Algerien über Marokko unter der Meerenge von Gibraltar nach Spanien.

Abhängig von der Transportentfernung und der Endanwendung, kommt neben dem gasförmigen Transport in Pipelines auch dem Transport in flüssiger Form auf Schiffen Bedeutung zu. Dies ist in Analogie zum heutigen Flüssiggastransport parallel zum Pipelinetransport zu sehen. Besonders in der ersten Phase der Wasserstoffgewinnung wird man als Primärenergiequelle die billige Wasserkraft wählen. Günstiger Standort hierfür wäre das wasserkraftreiche Nordamerika. Damit wird aber ein transatlantischer Transport zu den europäischen Verbrauchszentren notwendig. Hier bietet der Flüssiggastransport heute die kostengünstigste Möglichkeit.

So, wie wir in der Vergangenheit technisch effiziente und kostengünstige Verfahren gefunden haben, Gas in unterirdischen Kavernen zu speichern, so ist es denkbar, die bestehenden Kavernenspeicher künftig auch für Wasserstoff zu nutzen. Die dabei bestehenden technischen Probleme sind lösbar.

Ein weiterer möglicher Weg ist der Energietransport über weite Strecken mittels Hochspannungsgleichstromübertragung. Natürlich soll man diese dort benutzen, wo sie die kostengünstigere Möglichkeit darstellt. Abhängig von der Übertragungsleistung, wird mit zunehmender Entfernung jedoch der Wasserstofferntransport kostengünstiger und damit präferabel. Aber es ist noch zu früh, dazu eine endgültige Aussage zu treffen. Besonders dort, wo man in der Endanwendung tatsächlich den Wasserstoff haben möchte, wäre es unsinnig, diesen erst in Europa mit teurem Strom zu erzeugen.

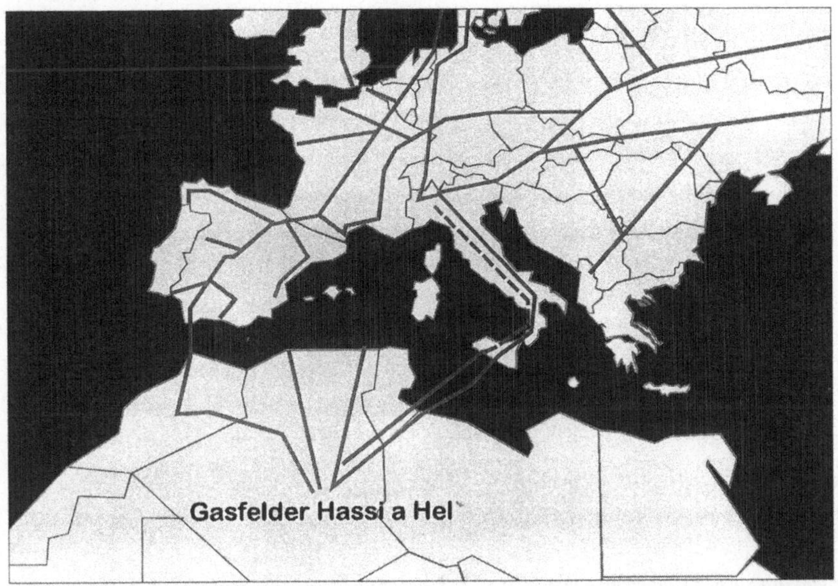

Abbildung 7.7: Europäischer Erdgasverbund

Abschließend möchte ich Ihnen noch einmal die Dimension der Aufgabe vor Augen führen. Dieses Bild zeigt drei auf die Weltkugel projizierte Quadrate (Abbildung 7.8). Übrigens bin ich auf dieses Bild besonders stolz, da es von einem noch unter mir bei MBB auf den Weg gebrachten Satelliten gemacht wurde. Das große Quadrat entspricht der Fläche, die notwendig wäre, um den gesamten Weltenergiebedarf allein aus Photovoltaik in Verbindung mit einer solaren Wasserstoffwirtschaft zu decken. Das mittlere Quadrat wäre notwendig, um unter den gleichen Randbedingungen den Energiebedarf Europas zu decken. Das kleinere Quadrat zeigt den Flächenverbrauch zur Deckung des Bedarfs der BRD. Rein technisch genügt zur Versorgung der BRD eine Fläche, die kleiner ist als die bereits heute mit Gebäuden und Verkehrswegen überbaute Fläche Deutschlands.

Ich möchte an dieser Stelle nicht mißverstanden werden. Diese Abschätzung ist nicht die Empfehlung, für die Zukunft ein ausschließlich zentralistisches Energieversorgungsszenario anzustreben. Neben

Abbildung 7.8: Erforderliche Fläche zur Deckung des Primärenergiebedarfs durch ein photovoltaisches Kraftwerk in der Sahara

der Photovoltaik haben wir noch viele weitere Erzeugungsmöglichkeiten (Solarthermie, Wind, Wasser, Biomasse, Meeresenergie, Geothermie), um durch einen zukünftigen Energiemix den Bedarf zu decken. Dieser wird in noch viel stärkerem Maß als heute auch dezentrale Elemente und inländische Produktionsmöglichkeiten enthalten. Auch für viele Entwicklungsländer stellt eine dezentrale Solarenergieversorgung die einzige realistische Möglichkeit dar, den Lebensstandard in absehbarer Zukunft zu verbessern.

Eine Stärke der Sonnenenergie liegt gerade in der Vielfalt der Optionen, die sie eröffnet. Es kommt gar nicht sosehr darauf an, den sich schließlich ergebenden Endzustand heute in allen Details richtig vorherzusehen und zu beschreiben. Wichtig ist, daß wir überzeugt davon sein können, daß der Weg über Sonnenenergie gangbar ist und erfolgreich sein wird.

Der Weg zu einer solaren Energiewirtschaft

Wo also sollte sich der Staat engagieren? In der Vergangenheit sind durchaus beachtliche Summen in die Forschung für erneuerbare Energien gegangen, auch wenn sie im Vergleich zu den entsprechenden Mitteln für Kernforschung lächerlich niedrig waren. Ich glaube, daß in Zukunft der Schwerpunkt nicht mehr auf der staatlichen Forschungsförderung liegen sollte, sondern vielmehr auf Markteinführungsprogrammen sowie auf neuen, intelligenteren und effizienteren Steuerungsmechanismen für den Energiemarkt. Markteinführungsprogramme müssen langfristig angelegt sein, damit sie für Industrie und Verbraucher berechenbar sind. Sie müssen groß genug sein, um eine spürbare Wirkung auf dem Markt zu entfalten, und sie müssen so angelegt sein, daß es ständige Anreize gibt, durch verbesserte Techniken und Produktionsausweitungen erzielte Kostensenkungen an die Kunden weiterzugeben.

Das vielgelobte 1000-Dächer-Programm des Bundesforschungsministeriums hat diese Effekte leider nicht gehabt, wohl aber die Förderung der Windenergie über eine Festlegung der Einspeisevergütung. Es sieht so aus, als würde sich in der Photovoltaik Japan mit einem großangelegten und langfristigen Programm auf einen derartigen Weg begeben und sich damit sicherlich einen internationalen Wettbewerbsvorteil verschaffen. Es kann kein Zweifel daran bestehen, daß wir uns nennenswerte Summen für diesen Zweck leisten können und langfristig leisten müssen. Und diese Summen muß man in Relation sehen zu den rund sieben Milliarden Mark pro Jahr an Subventionen für die deutsche Steinkohle. Einmal geht es um die Arbeitsplätze von gestern, im anderen Fall um die von morgen.

Parallel dazu müssen die Steuerungsmechanismen für den Energiesektor völlig neu gestaltet werden. Wir brauchen mehr Markt und intelligentere Anreize für Verbesserungen; wir brauchen besonders den Einstieg in die Dezentralisierung der Energieerzeugung über das gesamte Spektrum verträglicher Versorgungstechniken. Dies reicht von der Nutzung kleiner, ökologisch verträglicher Laufwasserkraftwerke über einen wesentlich stärkeren Einsatz der Wärme-Kraft-Kopplung bis hin zu Wind und Photovoltaik.

Die neue Wärmeschutzverordnung schöpft zum Beispiel die Möglichkeiten nur halbherzig aus. Statt den maximalen Wärmebedarf für Bauten vorzuschreiben, wäre es sinnvoller, die maximal mögliche Bedarfsdeckung durch fossile Energieträger vorzuschreiben und so ein Potential individueller Möglichkeiten zu eröffnen, wie diese Maximalwerte unterboten werden können. Generell sollten Investitionen in Stromerzeugungskapazitäten nur noch getätigt werden, wenn sie in einem Least-Cost-Planning-Ansatz als notwendig erscheinen.

Die Frage, die sich uns in diesem Zusammenhang stellt, ist: Wie schaffen wir den Übergang dorthin? Dieser Übergang wird von vielen als große Gefahr und als Einengung unserer gegenwärtigen Möglichkeiten gesehen. Ich glaube, es ist viel angemessener, diesen Übergang als eine Chance für intelligente Techniken und für die Schaffung neuer Arbeitsplätze zu betrachten. Die vielen Arbeitsplätze, die gegenwärtig in alten Industriezweigen verlorengehen, können in neuen Tätigkeiten wieder entstehen, nämlich beim notwendigen Umbau unserer Wirtschaft zu einer ökologischeren Wirtschaftsweise. Dazu werden wir sicher langfristig steigende Energiepreise brauchen. Wir werden uns diese aber leisten können, wenn der Umbau begleitet wird von einer ökologischen Steuerreform, die Arbeit von Steuern entlastet und Energie- und Stoffverbräuche steuerlich belastet. Die Wirtschaft, die diesen Umbau zuerst schafft, wird in Zukunft stark sein, und nicht diejenige, die sich am längsten dagegen sträubt.

Zum Schluß appelliere ich an die Verantwortung der jetzigen Entscheidungsträger für das langfristige Überleben der Menschheit: Wenn wir in fünfzig Jahren ein Ergebnis haben wollen, dann müssen wir heute dringend damit anfangen.

Anhang

Die BAYREUTHER INITIATIVE
für Wirtschaftsökologie e. V.

Fluctuat nec mergitur.

Die BAYREUTHER INITIATIVE für Wirtschaftsökologie e. V. ist eine interdisziplinäre und bundesweit agierende Gruppe von Studierenden der Universität Bayreuth. Ihre rund achtzig Mitglieder sind überwiegend Wirtschaftswissenschaftler. Zu über einem Drittel finden sich in ihren Reihen Biologen, Chemiker, Physiker, Geoökologen, Geographen sowie Juristen, die die Interdisziplinarität der Initiative gewährleisten und wichtige Impulse und Wissen in die gemeinsame Arbeit einbringen. Die BAYREUTHER INITIATIVE wurde 1988 gegründet und ist seit 1992 als gemeinnütziger Verein eingetragen.

Seit ihrer Gründung setzt sie sich für den Abbau des Spannungsfelds zwischen Ökonomie und Ökologie ein. Eines ihrer Hauptanliegen ist die Integration ökologischen Problemdenkens in die wirtschaftswissenschaftliche, besonders in die betriebswirtschaftliche Hochschulausbildung. Dabei soll vor allem durch Information der Studierenden und Lehrkräfte mit Vortrags- und Seminarveranstaltungen das Bewußtsein für die ökologischen Auswirkungen ökonomischen Handelns geschärft werden. Durch Kontakte zu anderen studentischen Initiativen, Unternehmen, Verbänden und Behörden wird der Informationsfluß zwischen Lehre und Praxis gefördert. In der Zusammenarbeit mit der Wirtschaft sammeln die Mitglieder der Initiative Erfahrungen, wobei sie ihr Wissen und ihre Ideen praxisorientiert anwenden.

Im Mai 1996 wurde der BAYREUTHER INITIATIVE für Wirtschaftsökologie e. V. der Arno-Esch-Preis verliehen. Der Verband Liberaler Akademiker e. V. vergab den Mitgliedern diese Auszeichnung für ihr Engagement in einer «die deutsche Hochschullandschaft prägenden fachübergreifenden Initiative, die umweltethisches Profil als neue wettbewerbsfeste Unternehmenskultur praktiziert».

In der BAYREUTHER INITIATIVE arbeiten verschiedene Projektgruppen gleichberechtigt nebeneinander. Hier ein Überblick über ihre Aktivitäten:

- **Lehrstuhl für Betriebsökologie**: Seit ihrer Gründung setzt sich die Initiative für diese wichtige Ergänzung des betriebswirtschaftlichen Fächerkanons an der Universität Bayreuth ein. Ein erster Teilerfolg wurde 1996 mit der Gründung der Interdisziplinären Forschungsstelle Umweltmanagement erzielt. Geschäftsführer ist Georg Müller-Christ, einer der Initiatoren der BAYREUTHER INITIATIVE. Für die Universität hat die Einrichtung des Lehrstuhls oberste Priorität, auch das Kultus- und das Umweltministerium in München unterstützen das Anliegen. Die letzte Hürde stellt die Finanzierung dar. Die BAYREUTHER INITIATIVE bemüht sich, Unternehmen oder Privatpersonen zu finden, die durch eine Anschubfinanzierung des Lehrstuhls für Betriebsökologie die Ausbildung im Umweltmanagement auf eine breitere Basis stellen möchten.

- **PUM (Praktikum im UmweltManagement)** ist das bundesweit bekannteste Projekt der BAYREUTHER INITIATIVE. Die Initiative vermittelt seit 1993 Praktika, die von Unternehmen und Institutionen zur Verfügung gestellt werden. Derzeit gibt es etwa sechzig Praktikumsstellen im deutschsprachigen Raum. Ein Netz von Regionalpartnern an mittlerweile zwanzig Universitäten gewährleistet die ortsnahe Betreuung der Bewerber und Anbieter. Seit 1995 arbeitet PUM mit B.A.U.M., dem Bundesdeutschen Arbeitskreis für Umweltbewußtes Management, zusammen.

- **Servicekonzepte** ist die Projektgruppe, die 1993 eine Tagung zum Thema «Kreislaufwirtschaft statt Abfallwirtschaft» veranstaltet hat. Namhafte Wissenschaftler, wie Michael Braungart, Friedrich Schmidt-Bleek und Walter R. Stahel, konnten als Referenten gewonnen werden. Es entstand eine Zusammenarbeit mit dem Wuppertal Institut für Klima, Umwelt, Energie, die in einigen Veröffentlichungen mündete. Das Buch zur Tagung «Kreislaufwirtschaft statt Abfallwirtschaft» liegt seit 1995 in der 2. Auflage vor. Die Gruppe erarbeitete 1995/96 in Zusammenarbeit mit innovativen Unternehmen neue Fallstudien zu ihrem Thema. Die Ergebnisse werden 1997 veröffentlicht, voraussichtlich unter dem Titel «Das Ende des Eigentums».

- **Kooperation Lettland**: Gemeinsam mit dem Latvian Pollution Prevention Center (LPPC) und Studenten der Universität Riga arbeitet seit 1995 ein Team der Initiative an einem Projekt für den lettischen

Automobilhersteller RAF. Es soll ein Konzept entwickelt werden, wie der Wasserverbrauch in der Galvanik zu senken ist. Aufgabe der BAYREUTHER INITIATIVE ist dabei, die Kosten und das Einsparpotential verschiedener Investitionen abzuschätzen, weitere Umweltbelastungen zu dokumentieren und eine Prioritätenliste der dringenden Umweltschutzmaßnahmen zu erstellen.

- **Öko-Kontakt**: Die BAYREUTHER INITIATIVE hat im Juni 1996 ein Kontaktforum für Unternehmen und Studenten veranstaltet, auf dem Konzepte der Lehre und Praxis des Umweltmanagements vorgestellt und diskutiert worden sind. Die «Öko-Kontakt '96» stand unter der Schirmherrschaft des bayerischen Ministerpräsidenten Edmund Stoiber. Mittelpunkt der Veranstaltung war der Dialog zwischen Wissenschaftlern, Studenten, Unternehmen und Unternehmensberatungen, der durch zwanglose Gesprächsrunden ermöglicht wurde. Unternehmen präsentierten ihre Aktivitäten im Umweltmanagement und knüpften erste Kontakte mit qualifizierten examensnahen Studenten verschiedener Fachrichtungen und Hochschulen.

- **Consulting**: 1994 hat die BAYREUTHER INITIATIVE in einem Pilotprojekt für die Deutsche Post AG in Bayreuth ein Abfallwirtschaftskonzept erstellt. Aus der Beschäftigung mit der EG-Öko-Audit-Verordnung erwuchsen der Studenteninitiative Unternehmenskontakte, die zu weiteren Kooperationen geführt haben. Die Projektgruppe hat ein umfassendes Konzept erarbeitet, das die Durchführung des Audits in Klein- und Mittelbetrieben erleichtert, und bietet konkrete Beratung für diese Zielgruppe an.

- **Förderkreis**: Die vielfältigen Aktivitäten der Initiative bringen einen entsprechenden finanziellen Aufwand mit sich. Die Mitglieder des Förderkreises (Unternehmen und Einzelpersonen) helfen mit ihrem Beitrag, daß die Studierenden ihre Arbeit erfolgreich fortsetzen können. Sie werden ständig über die Aktivitäten der Initiative informiert und erhalten Vergünstigungen bei Dienstleistungen und Veranstaltungen.

- **Information**: Zu jedem Semester wird ein Kommentiertes Vorlesungsverzeichnis (KVV) aller Veranstaltungen an der Universität Bayreuth erstellt, die im weitesten Sinn mit Ökologie zu tun haben. Viele Studenten nutzen das Angebot, um sich interdisziplinär fortzubilden. Zusätzlich veranstaltet die BAYREUTHER INITIATIVE Vortragsreihen, Exkursionen und Seminare, wie zum Beispiel ein Informationsseminar in Zusammenarbeit mit dem Club of Rome, das 1996 zum Thema «Lokale Agenda 21» in Hamburg stattgefunden hat.

- **Veröffentlichungen:** In der Schriftenreihe der BAYREUTHER INITIATIVE werden die Ergebnisse von Tagungen und Vortragsreihen sowie der Forschung des Vereins einer breiten Öffentlichkeit zugänglich gemacht. So gibt es neben Diskussionspapieren, wie beispielsweise zum Thema der ökoeffizienten Dienstleistungen, auch das Buch «Umweltmanagement in Theorie und Praxis», das sich mit Ökobilanzen, Ökocontrolling und Ökoaudits auseinandersetzt.

- **Suffizienz** ist ein Gegenstand der Diskussionszirkel der Initiative, in denen bereits die Themen «Chemie und Umwelt», «Erdpolitik» und «Ökomarketing» vertieft worden sind. Im Gegensatz zur technischen Effizienzrevolution wurde die «Revolution der Genügsamkeit», die ebenfalls notwendig erscheint, um die Herausforderungen des Umweltschutzes in Zukunft meistern zu können, bisher noch zuwenig erforscht. Zu diesem Themenkomplex hat sich daher 1995 eine Projektgruppe gebildet.

Der Erfolg der letzten Jahre zeigt, daß sich die Konzeption der BAYREUTHER INITIATIVE für Wirtschaftsökologie e. V. bewährt hat. Ihre Mitglieder setzen sich mit ihren individuellen Stärken für eine nachhaltige Wirtschaft und Gesellschaft ein. Die Initiative ist immer offen für neue Projektideen und Menschen, die sie unterstützen und mit ihr gemeinsam etwas bewegen wollen.

Nur durch den ständigen Dialog zwischen Praxis und Lehre in verschiedenen Fachrichtungen können die interdisziplinären Herausforderungen der Zukunft gemeistert werden. Es lohnt sich, in diesen Dialog einzutreten, damit uns eine lebenswerte Umwelt auch im nächsten Jahrtausend erhalten bleibt.

Wolfgang Sperber, Pressesprecher

BAYREUTHER INITIATIVE für Wirtschaftsökologie e. V.
Postfach 11 03 08, D-95422 Bayreuth,
Tel.: (09 21) 55-52 95, Fax: 55-52 97
E-Mail: bayreuther.initiative@uni-bayreuth.de
Internet: http://www.uni-bayreuth.de/students/bayreuther-initiative

Die Herausgeber

Honi soit qui mal en pense.

Philipp G. Axt

Jahrgang 1974, stammt aus Straubing. Er begann 1993 sein Studium der Betriebswirtschaftslehre an der Universität Bayreuth. Seit 1994 ist er  Mitglied der BAYREUTHER INITIATIVE und war erst als deren Pressesprecher und zuletzt als Geschäftsführer tätig. Mehrere Praktika im In- und Ausland, unter anderem bei Procter & Gamble, haben sein Wirken im Spannungsfeld Wirtschaftsökologie intensiviert. Im Rahmen der Zusammenarbeit der Initiative mit dem Wuppertal Institut war er maßgeblich am Projekt «Servicekonzepte» beteiligt und ist Autor verschiedener Fallstudien zu diesem Thema. 1995/96 studierte er ein Jahr an der Ecole de Hautes Etudes Commerciales du Nord (EDHEC) in Nizza (Frankreich), wo er als Projektleiter die «Rencontres Vertes» organisiert hat.

Thomas Höfer

Jahrgang 1970, aus Roth, begann nach einer zweijährigen Tätigkeit im Aufklärungsstab des NATO Headquarters Central Army Group in Heidelberg 1991 sein Studium der Betriebswirtschaftslehre mit den  Schwerpunkten Organisation und Finanzen. Praktische Erfahrung sammelte er im Controlling der Leonischen Drahtwerke AG. 1994 arbeitete er für den Sonderforschungsbereich «Identität in Afrika» an der Universität Bayreuth. Nach einem halbjährigen Studienaufenthalt an der School of Business and Economic Studies und im Environment Centre der University of Leeds (Großbritannien) hat er 1996 die Geschäftsführung der BAYREUTHER INITIATIVE übernommen. Er engagiert sich für die Annäherung von Ökologie und Ökonomie und befaßt sich mit dem Management von Non-Profit-Organisationen.

Klaus Vestner

Jahrgang 1967, stammt aus Gunzenhausen. Der Bäcker und Konditor-
meister war in seinem Beruf in Schwäbisch Hall, Gunzenhausen, Lu-

zern (Schweiz), Toronto (Kanada) und Franken-
muth (Michigan/USA) tätig. Seit seinem Zivil-
dienst beim Bund Naturschutz interessiert er sich
für das Spannungsdreieck Wirtschaft-Umwelt-
Politik. 1993 begann er sein Studium der Be-
triebswirtschaft an der Universität Bayreuth, das
er in den Fächern Organisation/Management
und Steuern/Unternehmensbewertung vertieft.
Der ehemalige Geschäftsführer der BAYREUTHER
INITIATIVE arbeitet seit Studienbeginn als Projektleiter für den Lehrstuhl
für Betriebsökologie. Außerdem ist er zur Zeit Leiter der überkonfes-
sionellen christlichen Hochschulgruppe Bayreuth der Studentenmis-
sion Deutschland (SMD).

Die Autoren

Franz Alt

Jahrgang 1938, studierte Geschichte, Politische Wissenschaft, Theologie und Philosophie in Freiburg und Heidelberg und promovierte

1976. Seit 1968 wirkt Franz Alt als Redakteur und Reporter beim Südwestfunk in Baden-Baden. Von 1972 bis 1991 war er Leiter und Moderator des politischen Magazins «Report», seit 1992 leitet er die Zukunftsreihe «Zeitsprünge». Er hat zahlreiche Preise erhalten, unter anderem 1994 den Europäischen Solarpreis. Nach mehreren Veröffentlichungen zu den Themen Liebe, Friede und Bergpredigt erschien 1992 sein Buch «Schilfgras statt Atom». Sein jüngstes Werk ist «Die Sonne schickt uns keine Rechnung».

Thomas Bargatzky

Jahrgang 1946, stammt aus Brannenburg. Er promovierte 1977 in Hamburg, nach langjähriger Arbeit als Assistent erfolgte die Habili-

tation. Nach seiner Lehrtätigkeit in Tübingen und Heidelberg kam er 1990 als Professor für Ethnologie an die Universität Bayreuth. Thomas Bargatzky war 1989 bis 1993 Zweiter Vizepräsident der Deutsch-Pazifischen Gesellschaft und ist seit 1989 Direktoriumsmitglied der International Society for the Study of Human Ideas on Ultimate Reality and Meaning (URAM) in Toronto. Seine aktuellen Forschungsschwerpunkte liegen in der Kulturtheorie, Kulturökologie, Religion und der Politischen Organisation.

Thilo Bode
Jahrgang 1947, studierte ab 1969 Soziologie und Volkswirtschaftslehre an den Universitäten München und Regensburg. Infolge seiner For-

schung über «Direktinvestitionen in Entwicklungsländern» wurde er 1975 promoviert. Von 1975 bis 1981 war er bei Lahmeyer International und der Kreditanstalt für Wiederaufbau tätig. Nach einer unabhängigen Consultingtätigkeit für internationale Organisationen, Regierungen und Unternehmungen übernahm er 1986 eine Führungsposition für Strategie und Controlling bei einem internationalen Metallkonzern. Thilo Bode wurde 1989 zum Geschäftsführer von Greenpeace Deutschland e. V. ernannt. Seit 1995 leitet er Greenpeace International.

Ludwig Bölkow
Jahrgang 1912, trat nach seinem Studium von 1933 bis 1938 an der Technischen Hochschule in Berlin-Charlottenburg in die Messer-

schmitt AG ein. 1956 gründete er die Bölkow-Entwicklungen KG, die später zur weltweiten Messerschmitt-Bölkow-Blohm (MBB) und damit zum Kern der deutschen Luft- und Raumfahrtindustrie wurde. 1977 schied er aus und rief 1983 eine Stiftung ins Leben, die Systemforschung für Energieerzeugung, biologische Landwirtschaft und futuristische Verkehrstechniken betreibt. 1987 wurde er Ehrendoktor der Universität der Bundeswehr (München). Heute widmet sich der Träger zahlreicher Auszeichnungen den erneuerbaren Energien, der solaren Wasserstofftechnik, dem Transportwesen und dem Schutz der Umwelt.

Heinz Dürr

Jahrgang 1933, studierte nach Abschluß einer praktischen Ausbildung

als Stahlbauschlosser an der Technischen Universität Stuttgart. Nachdem er von 1957 bis 1980 in der Firma Otto Dürr, zuletzt als Geschäftsführer, tätig war, ist er heute Aufsichtsratsvorsitzender der daraus hervorgegangenen Dürr Beteiligungs-AG. Im Zeitraum von 1975 bis 1980 war er zudem Vorsitzender des Verbands der Metallindustrie Baden-Württemberg. 1980 bis 1990 war er Vorsitzender des Vorstands der AEG Aktiengesellschaft Berlin und Frankfurt am Main, von 1986 bis Ende 1990 außerdem Mitglied des Vorstands der Daimler-Benz AG. Ab 1991 führte er die Deutsche Bundesbahn und die Deutsche Reichsbahn. Seit 1994 ist er Vorstandsvorsitzender der Deutschen Bahn AG.

Dieter Fricke

Jahrgang 1936, promovierte an der Universität Köln und schrieb dort

auch seine Habilitation über die Verteilungswirkung von Inflation. Nach Lehrstuhlvertretungen in Trier und Siegen ist er seit 1980 Ordinarius für Volkswirtschaftslehre, besonders Finanzwissenschaft, an der Universität Bayreuth. Er ist Projektleiter im Sonderforschungsbereich «Identität in Afrika» sowie im Bayerischen Forschungsverbund Forarea. Weiterhin ist er Gründungsmitglied der 1996 ins Leben gerufenen Interdisziplinären Forschungsstelle Umweltmanagement an der Universität Bayreuth.

Josef Göppel
Jahrgang 1950, ist ausgebildeter Förster. Nach politischer Tätigkeit in der CSU und der Durchsetzung der ökologischen Flurbereinigung  Triesdorf gründete er 1986 den Landschaftspflegeverband Mittelfranken. Heute ist er Vorsitzender des Deutschen Verbands für Landschaftspflege. 1987 gründete er die Mittelfränkische Gesellschaft zur Förderung der solaren Wasserstoffwirtschaft. Die Berufung in die Bayerische Akademie für den ländlichen Raum erfolgte 1990. 1994 wurde er in den Bayerischen Landtag gewählt und ist derzeit Mitglied der Ausschüsse für Umwelt und Landwirtschaft. Zudem ist er seit 1991 Leiter des Umweltarbeitskreises der CSU.

Anselm Görres
Jahrgang 1952, studierte Volkswirtschaftslehre und Rechtswissenschaften in Heidelberg und Genf. Nachdem er 1984 promovierte,  wurde er Unternehmensberater bei McKinsey & Co. 1992 bis 1994 fungierte er als geschäftsführender Gesellschafter der TGA Berlin GmbH. Seit 1994 ist er Partner einer Münchener Unternehmensberatung. Im Auftrag des Fördervereins Ökologische Steuerreform leitete er das Projekt für ein Memorandum zur ökologischen Steuerrefom unter Beteiligung des Wuppertal Instituts und von Mitarbeitern des ifo-Instituts.

Frank Matthias Ludwig

Jahrgang 1957, studierte nach seiner Ausbildung zum Industriekaufmann bei der Siemens AG an der Universität München Rechtswissenschaften. 1988 schloß er sein Studium ab und wurde Trainee bei Siemens. Ludwig war ab 1989 wissenschaftlicher Mitarbeiter in der Hauptabteilung der Deutschen Bundesbahn. 1992 promovierte er und wurde stellvertretender Leiter der Hauptabteilung Verkehrs- und Unternehmenspolitik der Bundesbahn. Anfang 1994 wurde er zum Leiter Verkehrs- und Konzernpolitik im Vorstandsbereich Konzernentwicklung in der Zentrale der Deutschen Bahn AG ernannt.

Jörg Maier

Jahrgang 1940, erlangte 1970 an der Universität München die Doktorwürde. Ein Jahr nach seiner Habilitation wurde er 1977 auf den Lehrstuhl für Wirtschaftsgeographie und Regionalplanung an der Universität Bayreuth berufen. Jörg Maier ist Mitglied des Beirats für Raumordnung beim Bundesbauministerium. Darüber hinaus gehört er dem Naturschutzbeirat bei der Regierung von Oberfranken an. 1996 hat er als Gründungsmitglied die Interdisziplinäre Forschungsstelle Umweltmanagement an der Universität Bayreuth mit ins Leben gerufen.

Uwe Möller

Jahrgang 1935, stammt aus Hamburg. Nach dem Studium der Volkswirtschaft begann er 1960 seine Tätigkeit als Mitarbeiter von Haus

Rissen, dem Internationalen Institut für Politik
und Wirtschaft. 1983 zum Institutsdirektor berufen, leitet er heute 25 Mitarbeiter und führt jährlich zahlreiche Seminare, Kolloquien, internationale Konferenzen und Studienreisen in Deutschland und Osteuropa durch. Möller ist Präsident
der Deutschen Gesellschaft Club of Rome sowie
Mitglied vieler anderer Vereinigungen, unter anderem des Übersee-Clubs in Hamburg und der
Society for International Development. Seine Interessengebiete sind
politische Ökonomie, europäische Integration, Weltwirtschaft, Dritte
Welt und globale Ökologie.

Rolf Monheim

Jahrgang 1941, studierte Geographie, Geschichte und Soziologie an den
Universitäten Bonn, München und Aachen. 1968 promovierte er in

Geographie. Von 1968 bis 1978 war er wissenschaftlicher Assistent am Geographischen Institut der Universität Bonn. Nach seiner Habilitation wurde er 1978 Professor für Angewandte
Stadtgeographie an der Universität Bayreuth.
Seine Hauptarbeitsgebiete sind Stadtplanung,
Verkehrsplanung und Verkehrsverhalten, Woh-
nungswesen, Einzelhandel, Fremdenverkehr
und Freizeitverhalten sowie Entwicklungspro-
bleme in Süditalien.

Peter Oberender

Jahrgang 1941, stammt aus Nürnberg. Er studierte Wirtschafts- und Sozialwissenschaften an den Universitäten Erlangen-Nürnberg und München und promovierte 1972 an der Universität Marburg. 1976/77 war Oberender Guest Scholar bei der Brookings Institution, Washington, D. C. Nach seiner Habilitation 1980 in Marburg nahm er den Ruf auf einen Lehrstuhl für Volkswirtschaftslehre an der Universität Bayreuth an. Oberender ist Direktor der Forschungsstelle für Sozialrecht und Gesundheitsökonomie an der Universität Bayreuth. 1987 bis 1990 war er Mitglied der Enquete-Kommission «Strukturreform der gesetzlichen Krankenversicherung» des Deutschen Bundestags. 1991/92 war er Gründungsdekan der Wirtschaftswissenschaftlichen Fakultät der Friedrich-Schiller-Universität in Jena.

Florian Patron

Jahrgang 1971, stammt aus Gstaadt. Der ehemalige Geschäftsführer und derzeitige Pressesprecher der BAYREUTHER INITIATIVE für Wirtschaftsökologie e. V. studiert an der Universität Bayreuth Wirtschaftsgeographie und Regionalplanung. Er ist Mitveranstalter der Umweltkontaktmesse «Öko-Kontakt» der BAYREUTHER INITIATIVE. Florian Patron beschäftigt sich mit Umweltkommunikation und Ökosponsoring. Er wird sein Studium voraussichtlich im Sommer 1997 beenden.

Andreas Remer

Jahrgang 1944, studierte an der Universität München Betriebswirt-

schaftslehre. Er promovierte 1974 an der Universität Augsburg und habilitierte sich 1980 an der Universität Essen mit einer Arbeit zur Unternehmenspolitik. Nach Lehrstuhlvertretungen in Saarbrücken und Bayreuth erhielt er den Ruf nach Bayreuth auf den Lehrstuhl für Betriebswirtschaftslehre mit Schwerpunkt Organisation. 1988 veranstaltete er einen Kongreß zum Thema «Ökologie in der Betriebswirtschaftslehre – Modethema oder Notstand?» Zusammen mit anderen Lehrstuhlvertretern hat er 1996 die Interdisziplinäre Forschungsstelle Umweltmanagement gegründet.

Jochen Sigloch

Jahrgang 1944, ist Steuerberater und seit 1977 Inhaber des Lehrstuhls

für Betriebswirtschaftslehre, besonders Betriebswirtschaftliche Steuerlehre und Wirtschaftsprüfung, an der Universität Bayreuth. Er studierte Betriebswirtschaftslehre an den Universitäten Freiburg und München. In München erfolgte 1972 die Promotion und 1976 die Habilitation. Arbeitsschwerpunkte sind interne Unternehmensrechnung mit lang- und kurzfristigen Entscheidungskalkülen, Unternehmensbewertung und externe Rechnungslegung durch Bilanz.

Wolfgang Sperber

Jahrgang 1968, stammt aus Ludwigsburg. Der gelernte Großhandelskaufmann studiert seit 1992 Betriebswirtschaftslehre an der Universität Bayreuth. 1993/94 absolvierte er ein halbjähriges Praktikum bei L'Equipe Monteur S. A. in Córdoba (Argentinien). Seit 1993 Mitglied der BAYREUTHER INITIATIVE, ist er derzeit Leiter der Projektgruppe «Öko-Kontakt». Bis Anfang 1996 war er für eineinhalb Jahre Pressesprecher der Studenteninitiative. Sein Studium mit den Schwerpunkten Organisation und Marketing beendet er voraussichtlich 1997.

Walter R. Stahel

Jahrgang 1946, studierte an der ETH Zürich Architektur sowie Orts-, Regional- und Landesplanung. Nachdem er mehrere Jahre als Architekt in Großbritannien und der Schweiz gearbeitet hatte, wurde Stahel 1979 zum persönlichen Assistenten des Präsidenten einer Industrieholding mit weltweiten Aktivitäten in Seeschiffahrt, Eisenbahnen und Immobilien ernannt. Seit 1984 ist er als unabhängiger Berater und Forscher, besonders auf den Gebieten der Langlebigkeit und Kreislaufwirtschaft, tätig. Er ist Direktor des Institut de la Durée (Institut für Produktdauerforschung) in Genf.

Andreas Troge

Jahrgang 1950, studierte Volkswirtschaftslehre an der Technischen Universität Berlin und promovierte 1980 an der Universität Bayreuth. Nach gutachterlichen Tätigkeiten für das Umweltbundesamt war er Referent für Umweltpolitik im Bundesverband der Deutschen Industrie e. V. (BDI) und von 1986 bis 1990 Geschäftsführer des Instituts für gewerbliche Wasserwirtschaft und Luftreinhaltung e. V. (IWL). 1990 wurde er Vizepräsident des Umweltbundesamts, seit 1995 ist er dessen Präsident. Er initiierte 1996 die Einrichtung der Interdisziplinären Forschungsstelle Umweltmanagement an der Universität Bayreuth.

Literaturempfehlungen

☞ *zum Einstieg empfohlen*

✍ *zur Vertiefung des Themas geeignet*

Lego ergo sum.

☞ ALT, Franz: Schilfgras statt Atom, Piper Verlag, München 1992.

☞ ALT, Franz: Die Sonne schickt uns keine Rechnung, Piper Verlag, München 1994.

✍ ARNDT, Hans-Knudt/LEINKAUF, Simone/SARTORIUS, Christian/ZUNDEL, Stefan: Elemente volkswirtschaftlichen und innerbetrieblichen Stoffstrommanagements (Ökoleasing, Chemiedienstleistung), Institut für ökologische Wirtschaftsforschung, Berlin 1993.

✍ AXT, Philipp/HAUCH, Sven/HOCKERTS, Kai/PETMECKY, Arnd: Conceptualisation of Eco-efficient Services – Analysis of Service Concepts as an Instrument to increase Business-Ecological Efficiency, in: Hinterberger, Fritz/Stahel, Walter R.: Eco-efficient Services, Kluwer Verlag, Doordrecht 1996.

☞ AXT, Philipp/HOCKERTS, Kai/LIEBENER, Steffen/DIETERICH, Almut: Das Ende des Eigentums – Eine Einführung in die verfügungsrechtliche Theorie wirtschaftsökologischer Dienstleistungen anhand detaillierter Fallstudien, Schriftenreihe der BAYREUTHER INITIATIVE für Wirtschaftsökologie e. V. Band 4, erscheint Anfang 1997.

☞ AXT, Philipp/HOCKERTS, Kai/MOELLER, Michael/PETMECKY, Arnd: Servicekonzepte als Element einer ökologisch effizienten Kreislaufwirtschaft, in: UmweltWirtschaftsForum, Nr. 7 und 8, Heidelberg 1994.

✍ AYRES, Robert/FLUECKIGER, Peter/HOCKERTS, Kai (Hrsg.): Report of the World Business Council on Sustainable Development, Second Antwerp Eco-Efficiency Workshop in March 1995.

✍ BAYERISCHE STAATSREGIERUNG: Gutachten zu einem Beitrag erneuerbarer Energien, München März 1994.

✍ BECKENBACH, Frank (Hrsg.): Die ökologische Herausforderung für die ökonomische Theorie, Metropolis Verlag, Marburg 1991.

☞ BRANDT, Eberhard/HAACK, Manfred/TÖRKEL, Bernd (Hrsg.): Verkehrskollaps – Diagnose und Therapie, Fischer Taschenbuchverlag, Frankfurt am Main 1994.

☞ BROWN, Lester R.: Zur Lage der Welt 1995 – Daten für das Überleben unseres Planeten, Fischer Taschenbuchverlag, Frankfurt am Main 1995.

☞ BRUHN, Jürgen: Öko-Report 2000 – Wege aus der Umweltkatastrophe, Weitbrecht-Verlag, Stuttgart und Wien 1994.

✍ BUSCH-LÜTY, C. u. a. (Hrsg.): Ökologisch nachhaltige Entwicklung von Regionen, Politische Ökologie, Sonderheft Nr. 4, 1992.

☞ BUND/MISEREOR (Hrsg.): Zukunftsfähiges Deutschland – Ein Beitrag zu einer global nachhaltigen Entwicklung, Studie des Wuppertal Instituts für Klima, Umwelt, Energie, Birkhäuser Verlag, Berlin/Basel/Boston 1996.

- BUTTIMER, Anne: Ideal und Wirklichkeit in der Angewandten Geographie, Münchner Geographische Hefte 51, Kallmünz 1984.
- DALY, Herman E.: Steady-State Economics, 2nd edition with New Essays, Island Press, Washington, D.C./Covelo, Cal. 1991.
- DEUTSCH, Christian: Abschied vom Wegwerfprinzip – Die Wende zur Langlebigkeit in der industriellen Produktion, Verlag Schäffer-Poeschel, Stuttgart 1994.
- DIEREN, Wouter van: Mit der Natur rechnen – Bericht an den Club of Rome, Birkhäuser Verlag, Berlin/Basel/Boston 1995.
- DÜRR, Hans Peter/GOTTWALD, Franz-Theo (Hrsg.): Umweltverträgliches Wirtschaften – Denkanstöße und Strategien für eine ökologisch nachhaltige Zukunftsgestaltung, agenda Verlag, Münster 1995.
- DYLLICK, Thomas (Hrsg.): Ökologische Lernprozesse in Unternehmen, Haupt Verlag, Bern und Stuttgart 1991.
- DYLLICK, Thomas u. a. (Hrsg.): Ökologischer Wandel in Schweizer Branchen, Haupt Verlag, Bern und Stuttgart 1994.
- DYLLICK, Thomas: Ökologisch bewußte Unternehmensführung, St. Gallen 1990.
- ELKINGTON, John/HAYLES, Julia: Who Needs It? Market Implications of Sustainable Lifestyles, SustainAbility Ltd., London 1995.
- ENGELFRIED, Justus/NEUMANN, Margitta: Ökoleasing – Voraussetzung zur Reduzierung der Abfallmengen und Umweltauswirkungen am Beispiel «Auto», Hamburger Umweltinstitut (HUI) e. V., Hamburg 1992.
- ENQUETE-KOMMISSION: Die Industriegesellschaft gestalten – Perspektiven für einen nachhaltigen Umgang mit Stoff- und Materialströmen, Bericht der Enquete-Kommission «Schutz des Menschen und der Umwelt – Bewertungskriterien und Perspektiven für umweltverträgliche Stoffkreisläufe in der Industriegesellschaft» des 12. Bundestages, Economica Verlag, Bonn 1994.
- ETZIONI, Amitai: Jenseits des Egoismus-Prinzips: Ein neues Bild von Wirtschaft, Politik und Gesellschaft, Verlag Schäffer-Poeschel, Stuttgart 1994.
- FUSSLER, Claude R.: The Sustainability Revolution – A Cure to Marketing Myopea, How to make Eco-Efficiency a Business Principle, in: Hinterberger/Stahel: Eco-efficient Services, Kluwer Verlag, Doordrecht 1996.
- GEHLEN, Ulrich von /SCHMELZ, Alexander (Hrsg.): Umweltmanagement in Theorie und Praxis – Öko-Bilanzen, Öko-Controlling & Öko-Audits, Schriftenreihe der Bayreuther Initiative für Wirtschaftsökologie e. V. Band 2, Bayreuth 1996.
- GIARINI, Orio/STAHEL, Walter R.: The Limits to Certainty – Facing Risks in the New Service Economy, Kluwer Verlag, Doordrecht 1989.
- GORE, Al: Wege zum Gleichgewicht, Fischer Taschenbuchverlag, Frankfurt am Main 1992.
- GÖRRES, Anselm/EHRINGHAUS, Henner/WEIZSÄCKER, Ernst Ulrich von: Der Weg zur ökologischen Steuerreform, Olzog Verlag, München 1994.
- GREENPEACE: Der Preis der Energie – Plädoyer für eine ökologische Steuerreform, Verlag C. H. Beck, München 1995.
- GREFE, Christiane/JÖRGER-BACHMANN, Ilona: «Das blöde Ozonloch» – Kinder und Umweltängste, Verlag C. H. Beck, München 1992.

🖎 HAUFF, Volker (Hrsg.): Unsere gemeinsame Zukunft – Der Brundtland-Bericht der Weltkommission für Umwelt und Entwicklung, Greven 1987.

🖎 HELLENBRANDT, Simone/RUBIK, Frieder (Hrsg.): Produkt und Umwelt, Anforderungen, Instrumente und Ziele einer ökologischen Produktpolitik, Metropolis Verlag, Marburg 1994.

🖎 HOCKERTS, Kai: Konzeptualisierung ökologischer Dienstleistungen, Dienstleistungskonzepte als Element einer wirtschaftsökologisch effizienten Bedürfnisbefriedigung, Institut für Wirtschaft und Ökologie, Diskussionspapier Nr. 29, St. Gallen 1995.

☞ HOCKERTS, Kai/PETMECKY, Arnd/HAUCH, Sven/SEURING, Stefan/ SCHWEITZER, Ralf (Hrsg.): Kreislaufwirtschaft statt Abfallwirtschaft – Optimierte Nutzung und Einsparung von Ressourcen durch Öko-Leasing und Servicekonzepte, Schriften der Bayreuther Initiative für Wirtschaftsökologie e. V., Band 1, (2. Auflage), Universitätsverlag, Ulm 1995.

☞ HUTTER, Claus-Peter u. a. (Hrsg.): Die Ökobremser – Schwarzbuch Umwelt Europa, Weitbrecht Verlag, Stuttgart 1993.

🖎 ISOE (Hrsg.): Sustainable Netherlands – Aktionsplan und eine nachhaltige Entwicklung der Niederlande, Frankfurt am Main 1994.

🖎 KING, Alexander/SCHNEIDER, Bertrand: Die erste globale Revolution – Ein Bericht des Rates des Club of Rome, Horizonte Verlag, Frankfurt am Main 1991.

🖎 LANGLOH, P. M./FREY, R. L. (ed.): The Use of Economic Instruments in Urban Travel Management, WW2-Report, Nr. 37, Basel 1992, S. 23-32.

🖎 LOVINS, Amory B./BARNETT, John/LOVINS, L. Hunter: Supercars – The Next Industrial Revolution, Rocky Mountain Institute Publication, Old Snowmass, Colorado 1993.

🖎 LOVINS, Amory B./LOVINS, L. Hunter: Least-Cost Climatic Stabilization, in: Annual Review of Energy and Environment 1991, S. 433-531.

☞ MEADOWS, Donella/MEADOWS, Dennis/RANDERS, Jürgen/BEHERNS, William: Die Grenzen des Wachstums, Deutsche Verlags-Anstalt, Stuttgart 1972.

☞ MEADOWS, Donella/MEADOWS, Dennis/RANDERS, Jürgen: Die neuen Grenzen des Wachstums. Die Lage der Menschheit: Bedrohung und Zukunftschancen, Deutsche Verlags-Anstalt, Stuttgart 1992.

🖎 MONHEIM, Rolf: Verkehrswissenschaft und Verkehrsplanung im Spannungsfeld von Trends und Zielen, in: Der Städtetag, Nr. 42, 1989, S. 691-696.

☞ ÖKO-INSTITUT (Hrsg.): Abschied vom Müll: Perspektiven für Abfallvermeidung in einer ökologischen Stoffflußwirtschaft, Öko-Institut, Göttingen 1992.

🖎 ÖKO-INSTITUT (Hrsg.): Produktlinienanalyse: Bedürfnisse, Produkte und ihre Folgen, Projektgruppe ökologische Wirtschaft des Öko-Institutes, Kölner Volksblatt-Verlag, Köln 1987.

☞ PESTEL, Eduard: Jenseits der Grenzen des Wachstums – Bericht an den Club of Rome, Deutsche Verlags-Anstalt, Stuttgart 1988.

🖎 PFRIEM, Reinhard: Ökologische Unternehmensführung, Schriftenreihe des IÖW 13/1989, Berlin 1989.

☞ RACHEL, Carson: Der stumme Frühling, Deutscher Taschenbuch Verlag, München 1971.

☞ REMER, Andreas/ESCH, Monika./MÜLLER, Georg: Ökologie in der Betriebswirtschaftslehre – Modethema oder Notstand?, R. E. A.-Verlag, Hummeltal 1991.

☞ ROSENKRANZ, Gerd/MEICHSNER, Irene/KRIENER, Manfred: Die neue Offensive der Atomwirtschaft – Treibhauseffekt, Sicherheitsdiskussion, Markt im Osten, Beck Verlag, München 1995.

☞ SCHEER, Hermann: Sonnenstrategie – Politik ohne Alternative, Piper Verlag, München 1993.

☞ SCHMIDHEINY, Stephan: Kurswechsel – Globale unternehmerische Perspektiven für Entwicklung und Umwelt, Artemis & Winkler Verlag, München 1992.

✍ SCHMIDT-BLEEK, Friedrich: Wieviel Umwelt braucht der Mensch? MIPS – das Maß für ökologisches Wirtschaften, Birkhäuser Verlag, Berlin/Basel/Boston 1994.

✍ SCHNEIDEWIND, Uwe: Chemie zwischen Wettbewerb und Umwelt, Metropolis Verlag, Marburg 1995.

✍ STAHEL, Walter R./REDAY, Geneviève: Jobs for Tomorrow – The Potential for Substituting Manpower for Energy, Vantage Press, New York 1981.

✍ STAHEL, Walter R.: Langlebigkeit und Materialrecycling, Strategien zur Vermeidung von Abfällen im Bereich der Produkte, Vulkan-Verlag, Essen 1991.

✍ STAHEL, Walter R.: The Utilization-Focused Service Economy – Resource-Efficiency and Product-Life Extension, in: Allenby, Braden R. (Hrsg.): The Greening of Industrial Ecosystems, National Academy Press, Washington D. C. 1994, S. 178-190.

✍ STEGER, Ulrich (Hrsg.): Handbuch des Umweltmanagements, München 1992.

✍ TOPP, H.: Ansatz zur Reduktion des Verkehrsaufwandes – Weniger Verkehr bei gleicher Mobilität?, in: Internationales Verkehrswesen, Nr. 9, 1994, S. 486-493.

☞ VESTER, Frederic: Crashtest Mobilität – Die Zukunft des Verkehrs, Heyne Verlag, München 1995.

✍ WEITZIG, J. K.: Gesellschaftsorientierte Unternehmenspolitik und Unternehmensverfassung, de Gruyter Verlag, Berlin 1979.

☞ WEIZSÄCKER, Ernst Ulrich von: Erdpolitik – Ökologische Realpolitik an der Schwelle zum Jahrhundert der Umwelt, 3. Auflage, Wissenschaftliche Buchgesellschaft, Darmstadt 1992.

☞ WEIZSÄCKER, Ernst Ulrich von: Umweltstandort Deutschland – Argumente gegen die ökologische Phantasielosigkeit, Birkhäuser Verlag, Berlin/Basel/Boston 1994.

☞ WEIZSÄCKER, Ernst Ulrich von/LOVINS, Amory B./LOVINS, L. Hunter: Faktor vier. Doppelter Wohlstand – halbierter Naturverbrauch. Bericht an den Club of Rome, Droemer Knaur Verlag, München 1995.

✍ WILLEKE, R.: Weniger Verkehr bei gleicher Mobilität? – Zur Entwicklung und Beurteilung von Verkehr und Mobilität in der Stadt, in: Internationales Verkehrswesen, Nr. 1/2, 1995, S. 13-19.

☞ WINTER, Georg: Das umweltbewußte Unternehmen – Handbuch der Betriebsökologie, 5. Auflage, Verlag C. H. Beck, München 1993.

Quellenverzeichnis

Abb. 2.1: Institut für Produktdauer-Forschung, Genf

Abb. 2.2: weiterentwickelt aus: Jackson; Marks: Measuring Sustainable Economic Welfare, 1994.

Abb. 2.3: Walter R. Stahel

Abb. 2.5: weiterentwickelt aus: Giarini, Orio; Stahel, Walter R.: The Limits to Certainty–Facing Risks in the New Service Economy, Kluwer Academic Publishers, Dordrecht, Boston 1989 / 1993.

Abb. 2.6: Walter R. Stahel

Abb. 2.7: niederländische Loep-Studie

Abb. 2.8: Rank Xerox Company

Abb. 3.1: Lendi, Martin / Bonus, Holger (Hrsg.): Umweltpolitik, Verlag der Fachvereine, Zürich 1991.

Abb. 4.1–4.2: Förderverein Ökologische Steuerreform

Abb. 4.3: Jürgen Freimann

Abb. 4.4–4.10: Förderverein Ökologische Steuerreform

Abb. 6.1: Prognos-Studie ADV/DB/LH/DVF, Februar 1995, Umrechnung nach Ilgmann: 1 l Benzin = 8,78 kWh

Abb. 6.2–6.5: INFRAS/IWW: Externe Effekte des Verkehrs, Zürich / Karlsruhe, November 1994

Abb. 7.1: IEA, Energy Balances 1991–1992, Paris 1994, eigene Berechnungen

Abb. 7.2: OECD Energy Statistics and Balances, Zittel, LBST

Abb. 7.3: Fraunhofer Institut

Abb. 7.4: Solar-Diamant, Wettringen, 1994

Abb. 7.5: Flachglas Solar

Abb. 7.6: Reinhold Wurster, LBST

Abb. 7.7: Ludwig-Bölkow-Systemtechnik GmbH

Abb. 7.8: Ludwig-Bölkow-Systemtechnik GmbH

Photo von Dr. Thilo Bode: Copyright Greenpeace / Stache

Index

Der neue Club-of-Rome-Bericht

Mit der Natur rechnen bietet verständliche Information zu ökonomischen und umweltbezogenen Argumenten, Umweltwerte in das System der Volkswirtschaftlichen Gesamtrechnungen einzubeziehen. Ziel des neuen Berichtes ist es, die Öffentlichkeit und die polititschen Akteure zu drängen, jetzt Schritte zu unternehmen, einen besseren „Kompaß" für unsere Gesellschaft zu entwerfen.

Wouter van Dieren
Mit der Natur rechnen
Der neue Club-of-Rome-Bericht

Aus dem Englischen von
Anja Köhne
ca. 300 Seiten. Broschur
ISBN 3-7643-5173-X

In allen Buchhandlungen erhältlich

Sonne, Wind und Wasser: die Energiequellen der Zukunft

Im Bereich der Energie-
wirtschaft stehen wichti-
ge Entscheidungen an:
Sollen die Industriestaa-
ten die Nuklearenergie
ausbauen? Wie können
die Entwicklungsländer
den Energiehunger ihrer
Bevölkerung stillen? Ist es
möglich, künftig alle
Menschen in die Lage zu
versetzen, sich ihre Hoff-
nungen auf ein besseres
Leben zu erfüllen? Dies,
so meinen die Autoren,
ermöglichen allein die
*erneuerbaren Energie-
quellen*. Dazu gehört die
direkte Nutzung der
Sonnenstrahlung zur
Erzeugung von Wärme
oder Strom und die
indirekte Nutzung der
Sonnenenergie in Form
von Biomasse, Wind und
Wasser.

Harry Lehmann,
Torsten Reetz
Zunkunftsenergien
Strategien einer neuen
Energiepolitik

282 Seiten, 37 sw-Abbildungen
und 19 Tabellen
Broschur
ISBN 3-7643-5144-6
Wuppertal Paperback

In allen Buchhandlungen
erhältlich